2. 鹌鹑父母代立体笼养

3. 肉鸽繁育基地

4. 育成鸽舍

5. 育肥中的乳鸽

6. 孵化机

1. 正在孵蛋的亲鸽
2. 正在孵蛋的银王鸽
3. 待哺的幼鸽
4. 即将分离的肉鸽母子

1. 雉鸡（公）

2. 雉鸡雏

3. 雉鸡笼养（公）

4. 雉鸡笼养（母）

5. 雉鸡种蛋

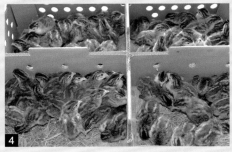

1. 珍珠鸡人工采精
2. 珍珠鸡人工输精
3. 入孵的珍珠鸡种蛋
4. 珍珠鸡雏
5. 珍珠鸡育雏

1. 珍珠鸡

2. 珍珠鸡地面散养

3. 笼养珍珠鸡（公）

4. 笼养珍珠鸡（母）

5. 鹧鸪立体笼养

6. 鹧鸪

1. 贵妃鸡种公鸡　　　　　　　2. 商品代贵妃母鸡散养

3. 贵妃鸡生态园　　　　　　　4. 贵妃鸡产蛋种鸡

5. 贵妃鸡种蛋　　　　　　　　6. 贵妃鸡雏

1. 青铜火鸡（公）
2. 青铜火鸡室外散养
3. 贝蒂娜火鸡
4. 贝蒂娜火鸡室内平养

1. 野鸭雏
2. 在水中嬉戏的野鸭群（万宪华摄）
3. 孔雀幼鸟
4. 蓝孔雀群（母）

特禽
养殖实用技术

TEQIN YANGZHI SHIYONG JISHU

杜炳旺　徐廷生　孟祥兵　编著

中国科学技术出版社
·北京·

图书在版编目（CIP）数据

特禽养殖实用技术/杜炳旺，徐廷生，孟祥兵编著．—北京：
中国科学技术出版社，2017.1
ISBN 978-7-5046-7394-7

Ⅰ.①特… Ⅱ.①杜…②徐…③孟… Ⅲ.①养禽学 Ⅳ.①S83

中国版本图书馆 CIP 数据核字（2017）第 000159 号

策划编辑	王绍昱
责任编辑	王绍昱
装帧设计	中文天地
责任校对	刘洪岩
责任印刷	马宇晨

出　　版	中国科学技术出版社
发　　行	中国科学技术出版社发行部
地　　址	北京市海淀区中关村南大街 16 号
邮　　编	100081
发行电话	010-62173865
传　　真	010-62173081
网　　址	http://www.cspbooks.com.cn

开　　本	889mm×1194mm　1/32
字　　数	246 千字
印　　张	11.625
彩　　页	8
版　　次	2017 年 1 月第 1 版
印　　次	2017 年 1 月第 1 次印刷
印　　刷	北京盛通印刷股份有限公司
书　　号	ISBN 978-7-5046-7394-7 / S・622
定　　价	36.00 元

（凡购买本社图书，如有缺页、倒页、脱页者，本社发行部负责调换）

Preface 前言

　　特禽,即特殊的禽类,也称珍禽,是指具有独特的外观和解剖生理特性、较强的野性和鸟类的自然属性、人类驯养时间较短、发展水平相对滞后,但其经济价值特殊(如肉用、蛋用、药用、观赏用、竞技用等)、深受民众喜爱、市场前景广阔的家养的或野生的珍稀禽类。

　　自1980年以来的30多年中,随着国人生活水平的不断提高,膳食结构的逐渐改变,特禽养殖业在我国应运而生并显现出勃勃生机,一些特禽从无到有,一些特禽由小规模到大规模,一些特禽由传统方式迈向现代化。据不完全统计,到目前为止,我国各地养殖的特禽已有30多种,年饲养总量超过4亿只。其中不乏既有观赏价值又有食用和药用保健价值的特禽品种。

　　目前用于食用的特禽主要有20多种:肉鸽、鹌鹑、雉鸡(山鸡)、火鸡、鹧鸪(石鸡)、珍珠鸡、鸵鸟、鸸鹋、蓝孔雀、肉用鸳鸯、黑天鹅、大雁、丝羽乌骨鸡、贵妃鸡、麒麟鸡(卷羽鸡)、绿壳蛋鸡、斗鸡、野鸭、番鸭、枞阳媒鸭等。用于观赏的主要有十几种:蓝孔雀、绿孔雀、黑天鹅、白天鹅、大雁、观赏鸽、信鸽、鸳鸯、花尾榛鸡、红腹锦鸡、白腹锦鸡、鸵鸟、鸸鹋、斗鸡、丝羽乌骨鸡、贵妃鸡、麒麟鸡等。

因篇幅所限,本书很难把每种特禽的养殖技术一一介绍。应出版社之约,我们结合国内近几年特禽业发展状况和国家相关法规,着重对目前在国内发展势头较好和潜力较大的10种特禽的养殖技术予以简要阐述,旨在为广大特禽养殖户、工作在特禽养殖第一线的技术人员提供一些基本的技术指导和实践参考,为我国特禽业的健康稳步发展尽绵薄之力。我们坚信,在我国从事特禽养殖业的科研单位、高等院校、生产企业及千万个养殖场户的共同努力下,我国的特禽业必将以崭新的面貌和独特的优势屹立于世界特禽之林。

鉴于作者水平有限,在成书过程中,参考和引用了许多专家学者的著作和论述,包括互联网上的相关资料,在此一并致以诚挚的感谢! 当然更希望所有阅读本书的同仁们不吝赐教,多提宝贵意见!

编著者

Contents 目 录

第一章
总　论

　　特禽,顾名思义,即特殊的禽类,也可称为珍禽,意思在于其珍贵,在于其特别。一句话,特禽是指具有独特的外观和解剖生理特性、较强的野性和鸟类的自然属性、人类驯养时间较短、发展水平相对滞后,但其生产性能尚好、经济价值特殊(如肉用、蛋用、药用、观赏用、竞技用等)、深受民众喜爱、市场前景广阔的家养珍稀禽类。

一、特禽的分类

　　主要包括食用特禽和观赏特禽。归纳起来,大致有30多种特禽(有些既用于食用,又用于观赏)。

(一)食用特禽

　　主要有21种:如肉鸽、鹌鹑、雉鸡(山鸡)、火鸡、鹧鸪(石鸡)、珍珠鸡、鸵鸟、鸸鹋、蓝孔雀、肉用鸳鸯、黑天鹅、大雁、丝羽乌骨鸡、贵妃鸡、麒麟鸡(卷羽鸡)、绿壳蛋鸡、瓢鸡、斗鸡、野鸭、番鸭、枞阳媒鸭等。

（二）观赏特禽

主要有 18 种：如蓝孔雀、绿孔雀、黑天鹅、白天鹅、大雁、观赏鸽、信鸽、鸳鸯、松鸡、花尾榛鸡、红腹锦鸡、白腹锦鸡、鸵鸟、鸸鹋、斗鸡、丝羽乌骨鸡、贵妃鸡、麒麟鸡等。当然一些观赏鸟如画眉、鹦鹉、八哥、云雀、相思鸟、金丝雀、百灵鸟等属于野生类特禽，这里暂未列入。

（三）我国发展较快的特禽种类

主要有 15 种：如肉鸽、鹌鹑、山鸡、珍珠鸡、鹧鸪、蓝孔雀、黑天鹅、野鸭、番鸭、火鸡、大雁、丝羽乌骨鸡、贵妃鸡、绿壳蛋鸡、麒麟鸡等。

二、特禽业的特点

特禽业是特种经济禽类养殖业的简称，其养殖对象是指那些驯化时间较短，保留着较强的野性和鸟类的自然属性，养殖数量较少，具有独特的性状、较高的观赏价值、营养价值、药用保健价值及经济价值的特种禽类。

其主要特点在于：不同国家和地区的养殖阶段和水平不尽相同；比传统家畜家禽养殖业要落后；地域性限制大；资源保护和品种选育严重滞后；普遍缺乏品种评定标准；营养需要、疾病控制的研究不足；产品加工水平落后；媒体的过分误导，造成相当的盲目投资。

三、发展特禽养殖业的意义

特禽养殖业已成长为畜牧业中的新贵，成为农村经济又一个新的增长点。因此,发展特禽养殖业是当前畜牧业内部结构调整的重要内容,是丰富人们菜篮子、改善城乡居民生活的需要,是增加出口创汇、支援国家建设的需要,是有利于野生动物资源的保护和国家生物种质安全的需要。

四、特禽养殖的现状及发展趋势

(一)国外特禽发展概况

国外从事特禽产业的不多,但比较集中,有影响的主要有美国的王鸽、火鸡和七彩山鸡,法国的蒙丹鸽,法国和英国的贵妃鸡,日本和朝鲜的鹌鹑,非洲和澳洲的鸵鸟等,这些品种都是在国际上享有盛誉的著名特禽,都是在 20 世纪 80—90 年代引入我国并得以推广和发展的特禽。特别是美国的王鸽、日本和朝鲜的鹌鹑、英国和法国的贵妃鸡在我国特禽业新品种选育、研究及开发应用中均有重要而积极的贡献。

(二)我国特禽业概况

自 20 世纪 80 年代以来,伴随着我国经济形势连年好转,人民生活水平稳步提高,以及国际贸易的不断发展,市场对特禽野味的需求量日趋增多,特禽养殖业应运而生,并得到快速发展,受到广大消费者和业界同行的普遍关注,特禽生产已成为养禽业的一支重要力量,成为当今我国农业结构调整的热点和出口创汇的优势产品。

特禽养殖业的发展,为优化畜牧业生产结构,发展农村经济和城镇下岗职工再就业找到了一条行之有效的发展之路,也丰富了市场和餐饮业的供应,满足了广大城乡人民不同层次的消费需求,同时给广大养殖户带来了丰厚的经济效益。

据不完全统计,全国现有种鸽存栏 3 000 多万对,年产乳鸽总量达到 4.5 亿只,其中广东省种鸽存栏 1 000 多万对,年产乳鸽达 1.5 亿只。香港年产乳鸽 250 万只左右,尚需年进口 3 000 万只左右。鹌鹑年饲养量 3.5 亿只,肉和蛋的内销量比较稳固。丝羽乌骨鸡年出栏 8 000 多万只。野鸭已达 400 万只左右,主要出口我国港澳地区。雉鸡是活鸡内销或出口港澳地区,年出栏量已达 400 万~500 万只。贵妃鸡年存栏量 500 万~600 万只,呈稳步发展势头,每年以 15% 左右的速度递增。其余特禽如珍珠鸡年存栏量约有 100 万只;鸵鸟和蓝孔雀饲养起步较晚,各有 10 万只左右;观赏鸟类中发展较快的是鹦鹉(虎皮鹦鹉),主要在湖北、山东等地区饲养,年存栏鸟约有 100 万对以上,仅湖北一地区鹦鹉饲养户就达 4 000 多户,年产商品鸟 800 万对,主要供出口。特禽年出栏总量达 7 亿只左右。可见我国的特禽养殖业是一个不可低估的产业。

目前,国家推行富民政策,进行产业结构调整,特禽养殖业成为重点发展项目,我国特禽养殖业在国际市场上有较大的竞争优势,特禽消费市场将会进一步扩大,这为特禽养殖业提供了非常好的发展机遇和市场潜力。特禽养殖业目前已被各级政府当作带领群众脱贫致富奔小康的途径之一,被广泛认为是养殖业投资的热门项目。从整体上看,特禽养殖业在我国今后相当长时间都将呈现持续发展的强劲态势。

五、我国特禽业发展中存在的主要问题

(一)特禽良种繁育体系不健全甚至大多数品种尚未建立

就肉鸽而言,我国江苏、上海及广东省肉鸽的良种繁育体系比较健全,特别是以广东省家禽研究所、中国农业科学院家禽研究所

及上海的专家为首带领的几大科研院所和企业在利用国外良种配套选育自身的肉鸽品种上走在全国最前列,并育成了若干个肉鸽良种和配套系。除此以外,其他各省基本上没有建立肉鸽良种繁育体系。肉鸽品种的退化是当前养鸽业存在的最大问题。长期以来,由于没有对良种鸽进行有计划的选育,没有建立原种鸽场,许多养鸽场只顾盲目生产,追求短期效益。较少注意品种的选育和改良,绝大部分鸽场在留种和更新种鸽时总是采用自繁、自养、自留、自配的方法导致大部分种鸽出现退化,个体变小,体重差异较大,毛色杂化,生产、孵化、育雏性能较差。

就鹌鹑而言,虽然我国早在 20 世纪 90 年代,由国内几家农业大学和企业选育出了中国黄羽、白羽、栗羽鹌鹑自别雌雄配套系,但未建立起较为完善的良种配套繁育体系,加之我国原有的日本鹌鹑已经退化,引入的朝鲜鹌鹑性状分离大,自法国引进的迪法克肉用种鹑,由于鹑场与专业户多自繁自养,普遍发生杂交与退化现象。然而,令人振奋的是湖北省畜牧研究所和湖北神丹鹌鹑原种场经多年选育的神丹鹌鹑 L、H 配套系已通过全国畜禽遗传资源委员会的品种审定。同时还有河北中禽公司的白羽鹌鹑配套系也表现出良好的生产性能并正在着手开展配套系审定。

就贵妃鸡而言,全国各地几乎每个省都养殖有贵妃鸡,而开展品种选育的只有广东海洋大学家禽育种中心和晋盛牧业科技有限公司,他们经 10 年研究选育的国内外第一个珍禽贵妃鸡商用配套系通过广东省科技厅组织的成果鉴定,达到国际领先水平。贵妃鸡已经初步建立起良种配套繁育体系并推广到全国 29 个省、直辖市、自治区。只是因数量有限,仍难以满足全国各地贵妃鸡产业迅速发展的需求。

就雉鸡而言,应该说在我国的特禽中,除了肉鸽和鹌鹑外,发展最快,这主要得益于中国农业科学院特产研究所在品种资源保护和品种选育研究上的作为,同时还有上海红艳山鸡养殖基地,他们于 2012 年引进美国最新山鸡品种,并由此初步建立起山鸡良种繁育体系,逐渐推向社会。

在特禽中,除了上述的肉鸽、鹌鹑、贵妃鸡及雉鸡有初步的繁育体系外,其他种类如鹧鸪、珍珠鸡、野鸭、火鸡、鸵鸟、美洲雁、黑天鹅、孔雀等特禽虽然分布在全国各地并有相当规模,但均没有开展品种选育工作,更谈不上建立良种繁育体系了。

(二)我国特禽养殖业基本没有饲养标准

特禽的饲养标准是根据各种特禽的消化、代谢、饲养及其他试验,测定出的每只特禽在不同体重、生理状态及生产水平下,每天需要的能量及其他各种营养物质的参数。我国目前尚未制订国家的肉鸽、鹌鹑、山鸡等各种特禽的饲养标准,多借用国外或企业的饲养标准,或者仅有推荐的饲养标准;同样贵妃鸡的研究虽然我国处于国际领先地位,但同样至今的饲养标准尚不完善,这就拉大了我国特禽业与发达国家的差距,严重制约着我国特禽养殖业的健康发展。这确实与我国在此领域研究的领先水平的地位显然极不相称。

(三)我国特禽养殖业普遍未达到标准化健康养殖的要求

健康养殖是指根据养殖对象的生物学特性,运用生态学、营养学原理来指导生产,为养殖对象营造一个良好的、有利于快速生长的生态环境,提供充足的全价营养饲料,使其在生长发育期间,最大限度地减少疾病发生,使养成的食用商品无污染,个体健康,产品营养丰富与天然鲜品相当,并对养殖环境无污染,实现养殖生态体系平衡,人与自然和谐。

虽然在肉鸽、鹌鹑的养殖上已有了地方标准或行业标准,并建立了许多肉鸽、鹌鹑标准化养殖基地或出口基地,但其他特禽几乎都尚未制定出各自的标准化健康养殖标准。其原因是特禽业在我国起步较晚,同样各地常出现一拥而上的"一窝蜂"现象,没有长久规划。造成饲养规模小而分散的局面,这就很难做到特禽业的规模化、标准化健康养殖。其结果只能是产品质量难以达到越来越严格的国家食品安全标准和出口标准。

(四)我国特禽养殖业产业化程度低,难以形成现代化特禽产业

1. **特禽养殖业缺乏龙头企业带动** 使千家万户各自为政,难以上规模上水平,抵御市场风险的能力差。要使一个行业形成现代化产业,应走"公司+农户"的温氏模式之路。

2. **特禽养殖设施急需配套** 我国特禽业多为家庭作坊式经营,圈养或放牧饲养,设备设施极其简陋,故机械化程度低、饲养管理粗放、劳动效率低、饲养成本高。只有逐步实现设施配套化,才能搞好科学养殖;只有设备与饲养工艺完美结合,才能实现养殖现代化,获得高效益。

3. **特禽养殖技术不普及,人才培养滞后** 由于广大农村信息不畅,农民综合素质不高,科学化管理、标准化饲养技术不能及时传授养殖户,加之科研严重滞后,推广又落后于生产,从而制约了生产发展。

4. **特禽深加工技术有待加强** 特禽产品的开发相当落后,深加工技术不够,缺乏高、精、尖、细的加工工艺、技术等。即使有一些产品应市,充其量仅为传统产品的翻版,远远未挖掘出特禽产品的潜能。所以深加工要进一步加强,以便开发出具有中国特色的特禽精品。

5. **产品开发落后于生产** 目前虽然开发了一些产品,仍没有充分利用,缺乏综合利用和高深尖端产品的开发;科研与生产脱节,有些科研成果还未能及时应用到生产实践中,只停留在实验

室,没有充分发挥其价值;科研落后于生产,在特禽品种繁育、营养标准制定、标准化健康养殖及其产业化等方面都有待开展全方位的研究和应用。

六、我国特禽业稳步健康发展的思考

(一)良种繁育体系的建设是重中之重

引进品种与消化吸收相结合,同时配合以合理的环境条件,培育适合我国国情与市场需要的新品系及配套商品代是切实可行的途径。特禽与家禽相比,其家养驯化时间特别短,群体内的个体差异较大。若采用最新的育种手段进行新品种的选种、选育工作,其遗传改进量将会是十分明显的。在特禽育种工作中,还要注意提高其肉质的营养保健特点和观赏性,以质量求效益。应逐步建立起特禽原种场、种禽扩繁场、商品生产场和良种繁育体系,并加强种源基地的建设和管理。

(二)特禽的营养需要研究与应用势在必行

通过营养需要研究制定出各种特禽的饲养标准,这是发挥良种生产性能,降低生产成本的重要保证。要提高各环节的饲养水平,其核心技术是要有合理的营养水平和先进的饲料配方。首先要根据不同特禽的营养特点和生理、生产需要,加强对不同生长发育阶段营养需要的研究,在此基础上筛选出优化的饲料配方。

(三)对各种特禽行为学的研究必不可少

以期探明其正常行为和异常行为的差异。以其行为作为选种、制定管理制度、调节环境条件和了解特禽是否处于应激状态的依据,将取得的研究成果尽快应用于生产,使特禽在良好的环境下健康成长,正常生产。

(四)特禽疫病的防治工作不可忽略

由于特禽较家禽在许多方面抗病力较强,在生产实践中人们普遍忽视了疾病防治问题,今后应该在定期疫苗接种、预防性投药和环境消毒等工作上加大力度。

(五)强化产品加工,推进特禽业产业化进程

量力而行,实行适度规模经营,使之成为特禽业产业化基地,或在扩大规模的基础上发展成庄园或农场,尽可能把每一种特禽生产基地或农场建成一个产业循环网,实行产加销一条龙,贸工农一体化。

(六)严格特禽养殖许可与市场准入

国家和地方各级政府对其行之有效的优惠政策和配套措施应相对稳定,在此基础上要按照国家资源有效保护和合理开发利用的有关条例依法经营特禽养殖业,不具备能力的单位或个人,禁止进行特禽的驯养繁殖,制止倒种、炒种等投机行为。畜牧兽医行政部门对特禽种禽场要进行严格的管理,实行种禽认证、许可制度,全面贯彻《中华人民共和国畜牧法》,保护生产者和消费者的利益,保护资源环境,确保特禽业的持续稳定发展。

(七)以市场为导向,发展高效型特禽

把眼光投向大中城市居民家庭,适时发展繁殖快、成本低、产品质量好、适应群众生活水平的品种,如肉鸽、鹌鹑、山鸡、鹧鸪、野鸭、贵妃鸡、乌骨鸡等。而对孔雀、鸵鸟等饲养技术未完全解决,市场需求不大且投入较高的特禽应量力而行,因地制宜,突出地方特色,形成区位优势,不可一哄而上。

（八）规范舆论宣传,正确引导特禽生产

有关部门设立审查制度,规范舆论宣传,形成正常的发展氛围。作为一个准备或正在从事特禽养殖者,要有一颗平常的心,不要存有暴利、暴富的心理,要立足于需求市场,不要被误导,要因地制宜,发挥自己的技术资源优势。

第二章
鹌鹑养殖

第一节 概 述

一、鹌鹑生产现状

鹌鹑养殖是一项投资规模小、产值高、资金周转快,经济效益高的养殖项目。

目前全世界鹌鹑年饲养量约 10.5 亿只,其数量仅次于鸡的饲养量。日本是现代最早发展蛋用鹌鹑生产的国家,又是鹌鹑的最早驯化中心,在 1596—1781 年,日本便有了笼养鹑;1911—1926 年,育成了在生产上极具推广价值的日本鹌鹑。法国的养鹑史还不到 50 年,但其饲养、育种、机械化水平较高,尤以培育蛋用型白羽鹌鹑和肉用型鹌鹑新品系著名,其在鹌鹑体重、同质性和肉质方面都居世界领先地位,鹌鹑饲养业日趋大型化、专业化和机械化,全国年产肉用仔鹑 1 亿多只,现代养鹑业已普及到法国各地。朝鲜建有机械化养鹑场,平均每人可管理种鹑 5 000 多只,蛋鹑10 000 多只,劳动生产率较高,但由于多年来朝鲜粮食自给率低,饲料供给困难,致使种鹌品质急剧下降。美国也是鹌鹑养殖大国,曾培育了法拉安 D-1 大型肉用鹌鹑,并大量利用鹌鹑作实验动物,NRC(美国国家科学研究委员会)还定期发布有关鹌鹑的营养需要标准,对国际养鹑业发展起着指导性的作用。坐落在佐治亚州亚特兰大市的国际鹌鹑公司年销售数量在 700 万～1 000 万只,公司建立 60 年来养鹌鹑效益一直很好。此外,英国、俄罗斯、澳大利亚、意大利、德国、巴西、菲律宾、新加坡等国及我国港、澳、台地区都极力推崇发展养鹑业。

我国是世界野鹌鹑主要产地之一,也是饲养野鹌鹑最早的国家之一。《诗经》中有"鹑之奔奔","不狩不猎,胡瞻尔筵有悬鹑兮!"的诗句。鹌鹑的早期驯养目的不是为了食用,而是为了赛斗、赛鸣。唐、宋时期赛鹑在皇宫和民间都非常盛行。到了明代,已逐步发现其药用价值。《本草纲目》中记载鹌鹑有调理壮补,治疗疳积和泻痢等药用价值。清朝康熙年间贡生陈面麟著有《鹌鹑谱》,书中对 44 个鹌鹑优良品种的特征、特性分别作了叙述,对饲养各法如养法、洗法、饲法、斗法、调法、笼法、杀法,以及 37 种宜忌等均有详细记载。

我国于 20 世纪 30 年代开始引进日本鹌鹑在上海繁殖,70 年代开始引进朝鲜鹌鹑,80 年代又相继引进法国肉用鹑。到目前为止,我国不仅引用了新的蛋用、肉用型家鹑品种,而且还建立了专门的种鹑生产基地,养殖户也大规模发展起来。现除了西藏自治区外,其他各省、直辖市、自治区都有饲养。我国的鹌鹑饲养规模已达存栏 3.5 亿只左右,成为仅次于鸡、鸭的第三养禽业,占世界总量的 35%,位居首位。有不少专家从事鹌鹑的饲养、繁殖、笼具、屠宰机械及疾病防治等方面的研究和推广工作,取得了可喜成绩。不少农业院校开设养鹑的选修课。家鹑产品除了供应高级酒店、饭店之外,还被加工为罐头、松花皮蛋等,广受消费者的喜爱。

我国北方是鹌鹑蛋的主要产区,其中以北京、天津、河南、河北、山东、安徽、四川、湖北、江苏等省的饲养量较大。鹌鹑蛋的销售渠道很多,而且适合深加工,食用方便,市场容量大,消费前景看好。高碘鹌鹑蛋、鹌鹑皮蛋、鹑蛋罐头等产品很好地解决了鹌鹑蛋销售淡季积压的问题。

　　河南省武陟县谢旗营镇是北方最大的鹌鹑养殖、繁育基地,产品销售市场辐射到北京、山东、湖北及省内各地。在武陟县谢旗营镇冯李村,460户村民中有60%以上从事鹌鹑饲养,另外还有10%从事鹌鹑笼加工、鹌鹑饲料加工、种苗和商品蛋销售服务。浙江舟山市,江苏江阴市、无锡市、赣榆县,河北石家庄市,山东嘉祥县,河南周口市等地都是饲养蛋鹑比较集中的地区。

　　我国肉鹑饲养历史较短,是近十多年发展起来的新兴肉禽养殖项目,但在华南、华东已经形成较大的消费市场,养殖也集中于此,如上海、南京、苏州、广州等地消费最多。在北方肉鹑消费主要集中在北京、天津等大都市,郊区都有饲养。我国北方利用蛋用型公鹑进行直线育肥,30~35天可以长到100~120克;而产蛋结束淘汰的母鹑,活重在150克左右。这些类型肉鹑个体小,适合整只油炸食用。江苏全省肉鹌鹑年出栏已经超过1亿只,占全国饲养量的40%,其中无锡市新安镇和连云港市赣榆县是国内两大肉鹑生产基地,上海市场肉鹑主要来自于此。仅新安镇,年出栏肉鹌鹑5 000万只。年出栏1 000万只以上的生产基地有江苏省无锡市新安镇、华庄镇,连云港市赣榆县及上海市奉贤区、浙江省舟山市。

　　鹌鹑的生产组织形式多种多样,有农户单独规模饲养,"龙头企业+基地"、"公司+基地+农户"、养殖小区、养殖合作社等,这些生产组织形式越来越多地应用到养殖生产中,这些被证明具有生机与活力的生产方式极大地提高了鹌鹑生产的经济效益,促进鹌鹑养殖的发展。

二、鹌鹑的体貌特征

鹌鹑体形较小,呈纺锤形,酷似雏鸡,是目前已驯养的家禽中体形最小的禽种;初生体重6~10克,成年蛋用型鹌鹑体重100~140克,肉用型鹌鹑200~250克,母鹑体重大于公鹑。头小,喙细长而尖,尾巴较短,有尾羽10~12根,翼长10厘米,可遮住尾巴,因而从外表看,鹌鹑好像没有尾巴;无冠,胫上表面无鳞片且无距,足有4趾,拇趾在后,其余3趾在前。体羽呈现不同的颜色,羽色随品种而异,栗色又称野生色,是鹌鹑的基本羽色,此外,尚有白羽、黄羽、黑羽和红羽等羽色。野生鹌鹑与家鹑在体形外貌上有很多相似之处,但野生鹌鹑体重明显较家养鹌鹑小,两翼较长,飞翔能力强。与野生鹌鹑相比,家养鹌鹑体重增大,飞翔能力减弱,易于家养,失去野生状态下迁徙的习性及季节繁殖的性能,常年产蛋,并且躯体大,肌肉丰满,肉质好,产蛋和产肉性能大大提高。

家养鹌鹑在体形、体重、外貌、羽色、羽型、生产性能、适应性和行为等方面,与野生鹌鹑都有不同,不仅如此,由于培育目的不同,体形、外貌等性状也因品种、品系等的不同而异。

三、鹌鹑的生物学特性

家养鹌鹑与野生鹌鹑的生物学特性有许多区别:

1. **残存野性** 因家养鹌鹑驯化历史短,不少行为仍带有野性。如公鹑的善鸣、善斗、爱跳跃、喜快走、善短飞等。鹌鹑好斗的习性,常被一些国家用来观赏,把公鹑用作斗鹑饲养。

2. **杂食性** 食谱广且杂,嗜食颗粒状饲料、昆虫与青绿饲料,并有明显的味觉喜好。

3. **喜温暖** 对温度较苛求,过冷或过热都有强烈反应。如低于 15℃和高于 30℃,产蛋率下降,产蛋最适温度为 20~22℃。

4. 富有神经质　对周围的应激因素比较敏感,易骚动、惊群和发生啄癖。

5. 性成熟早　一般母鹑在 5~6 周龄开产,公鹑 1 月龄开叫,45 日龄后有求偶与交配行为。

6. 择偶性强　鹌鹑为雌雄有限的多配偶制,故双方均有较强的择偶性,由于选择配偶严格,交配行为多为强制性的,受精率较低。

7. 无就巢性　这是人工选择的结果,家养鹌鹑需依赖于人工孵化繁衍后代。

8. 善沙浴　即使在笼养条件下,鹌鹑也常用喙钩取粉料撒于身上,或在料槽内表现沙浴行为。如放入沙浴盘,则集群挤入大洗大浴。

9. 季节换羽　鹌鹑有夏羽与冬羽之别。以朝鲜鹌鹑为例:

夏羽:公鹑的额、头侧、颌及喉部均为红砖色,头顶、枕部、后颈为黑褐色,纵贯白色条纹;背、肩也呈黑褐羽,杂以浅黄纹条,两翼大部分为淡黄色、橄榄色,间杂以黄白纹斑;喙深棕色,喙角蓝色,胫黄色,腹羽夏冬均为灰白色。母鹑夏羽羽干纹黄白色较多,额、头侧、颌、喉部为灰白色,胸羽有暗褐色细斑点,腹羽为灰白色或淡黄色,喙蓝色,胫淡黄色。

冬羽:公鹑的额、头侧及喙部的红砖色部分消失,呈褐色;背前羽为淡黄褐色,背后羽呈褐色,翼羽和夏羽同。母鹑的冬羽和夏羽相同,只是背羽黄褐色增多并加深。

10. 适应性广,抗病力强　鹌鹑适应性广,遍布全球,与鸡、鸭等家禽相比抗病力强。在笼养条件下,尤其耐密集饲养。

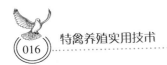

四、鹌鹑的经济价值

(一)生产性能高、繁殖力强

一般母鹑年产蛋 280~300 枚,平均蛋重 10.5~12 克,为其体重的 20~25 倍,而鸡的年产蛋量只是自身体重的 6~8 倍。两者比较,鹌鹑年产蛋量要比鸡大 3.2~3.5 倍。从蛋重效能看,鹑蛋占其体重的 7.2%~8.6%,鸡蛋则为其体重的 2.9%~3.2%,鹑蛋比鸡蛋高 2.5~2.7 倍。

肉用仔鹑生长速度快,35~40 日龄体重可达 200 克以上,是初生重的 20 倍以上。鹌鹑从出壳到开产只需 45 天左右。成年鹌鹑每天每只平均耗料 20~25 克,全年耗料 9 千克左右,耗料增重比为 2.5~2.6:1。

(二)鹌鹑蛋、肉营养丰富,药用价值高

鹑蛋为蛋中精品,不仅口味细腻、清香,而且营养价值全面,还具有独特的食疗作用。国内外对鹑蛋的营养成分与价值进行了广泛的研究与开发并予以高度评价,蛋黄中磷脂的含量比鸡蛋高,富含卵磷脂、多种激素、芦丁和胆碱,对治疗人的胃病、肺病、神经衰弱、心脏病等有一定的辅助疗效。

鹌鹑肉质较细,鲜嫩可口,具有特殊的芳香味,营养全面,既是人类的好食品,又是食疗中的珍品。据《本草纲目》记载,鹌鹑肉有"补五脏,益中续气,实筋骨,耐寒暑,清结热"之功效。鹌鹑蛋用食盐、食糖、黄酒等作料烹调,与枸杞子、杜仲、小豆、白芨等中草药配伍,对小儿疳积、肾炎水肿、支气管哮喘、白喉、妇科病等有一定疗效。

（二）实验动物价值高

因为鹌鹑具有体小、可密集饲养、繁殖快、敏感性高、试验效果好等优点,是科学实验中理想的实验动物,可供进行诸如营养学、疾病学、组织学、胚胎学、内分泌学、遗传学、生理学、繁殖学、药理学、毒理学等学科的实验和研究,同时也是生物安全评价理想的动物模型。鹌鹑作为实验动物在日本、美国、西班牙、意大利和法国等国家广泛应用,目前已培育出"无菌鹑"、"近交系鹑"、"SPF(无特定病原体)鹑"等应用群体,为不同学科领域的实验研究创造了条件。我国也有不少研究单位将鹌鹑作为实验动物,如江苏环境保护研究所与南京农业大学合作,多次用鹌鹑作检测新药的毒理试验,均取得了良好的效果。

第二节 鹌鹑的品种

鹌鹑属鸟纲、鸡形目、雉科、鹑属,为举世公认的高产高效特禽。现主要有野生鹌鹑和家养鹌鹑两大类,野生鹌鹑全世界有20种,有欧洲鹑、非洲鹑及东亚分布的有关品种。家养鹌鹑包括商品生产鹑和实验用鹑,按经济用途又可分为蛋用型鹑和肉用型鹑。

一、蛋用型鹌鹑品种和配套系

（一）日本鹌鹑

日本鹌鹑以体形小、产蛋多、纯度高而著称于世,是标准蛋用型鹌鹑之一。羽毛呈栗褐色,头部黑褐色,其中央有淡色直纹3条。背羽赤褐色,均匀散布着黄色直条纹和暗色横纹,腹羽色泽较浅。公鹑脸部、下颌、喉部为赤褐色,胸羽呈砖红色;母鹑脸部淡褐色,下颌灰白色,胸羽浅褐色,带有大小不等的黑色斑点,其分布范围似鸡心状。成年公鹌体重为 105 克,母鹌 135 克左右,6 周龄开产,年产蛋量 280~300 个,高产可达 320 个,蛋重约 10.5 克,料蛋比为 2.9∶1,蛋壳上布满棕褐色或青紫色的斑块或斑点。产蛋期内种鹌每只每日平均耗料 22 克,10 月龄时母鹌平均产蛋率仍可达到 85%以上。

(二)朝鲜鹌鹑

我国饲养的朝鲜鹌鹑多是从朝鲜的龙城和黄城引进的,引入我国后,经北京种禽公司种鹌鹑场多年封闭育种,其均匀度与生产性能均有较大提高。目前已成为我国养鹑业中蛋鹑的当家品种。

朝鲜鹌鹑羽色与日本鹌鹑羽色相似。成年公鹌体重 130 克,母鹌体重 150 克左右。40~50 日龄开产,年产蛋量 260~280 枚,蛋重 10.5~12 克,蛋壳具有色斑或点。平均产蛋率 75%~80%。每只每日耗料 23~25 克,料蛋比为 3∶1。

(三)中国白羽鹌鹑

中国白羽鹌鹑由北京市种鹑场、中国农业大学和南京农业大学等联合育成。白羽纯系(隐性)的体形近似朝鲜鹌鹑,羽毛洁白,偶有黄色条斑,眼粉红色。喙、胫、足为肉色。具有伴性遗传的特性,为自别雌雄配套系的父本。

成年公鹌体重 145 克,母鹌 170 克左右。在限饲条件下,45 日龄开产,平均产蛋率 80%~85%,年产蛋量 265~300 个,蛋重 11.5~13.5 克,蛋壳有色斑与斑点。每只每日耗料 23~25 克,料蛋比为 3.1∶1。

(四)爱沙尼亚鹌鹑

爱沙尼亚鹌鹑体羽为赭石色与暗褐色相间,公鹌鹑胸前部为赭石色,母鹌鹑胸部为带黑斑点的灰褐色。身体呈短颈、短尾的圆形,背前部稍高,形成一个峰。母鹌鹑比公鹌鹑体重重 10%~12%,具飞翔能力,无就巢性。该品种为蛋肉兼用型的鹌鹑品种,其主要生产性能:年产蛋 315 个,前 6 个月产蛋 165 个、产蛋率91%,年平均产蛋率86%,年平均产蛋总量3.8 千克,平均开产日龄 47 天。成年鹌鹑每天耗料量为 28.6 克,每千克蛋重耗料 2.62千克。肉用仔鹌鹑平均每千克活重耗料 2.83 千克,35 日龄时平均活重为公鹌鹑 140 克、母鹌鹑 150 克;平均全净膛重公鹌鹑 90克、母鹌鹑 100 克。47 日龄时平均活重公鹌鹑 170 克、母鹌鹑 190克;平均全净膛重公鹌鹑 120 克、母鹌鹑 130 克。

二、肉用型鹌鹑品种

(一)迪法克 FM 系肉鹑

由法国迪法克公司育成,又称巨型肉用鹌鹑。体形大,体羽基色为灰褐色与栗褐色,间杂有红棕色的直纹羽毛,头部呈黑褐色,其头顶部有 3 条淡黄色直纹,尾羽较短。公鹑胸羽呈红棕色,喙黑褐色,腹羽淡黄色,胸宽。母鹑则为灰白色或浅棕色,并缀有黑色斑点。体表羽毛较蛋用鹌鹑蓬松。

种鹌鹑生活力与适应性强,性情温驯,饲养期约150 天。5 周龄仔公鹑体重可达 180 克,仔母鹑 210 克;40 日龄可达 220~240克。成年母鹑体重 300~350 克,40 日龄左右开产,平均产蛋率70%~75%,蛋重 13 克左右,每只每日耗料 33~35 克,料蛋比 4:1。胴体饱满、美观,肉质鲜嫩。

(二)莎维麦脱肉鹑

莎维麦脱肉鹑为法国莎维麦脱公司育成。体形硕大,生长发育与生产性能在某些方面已超过迪法克肉鹑。

母鹑开产日龄 35 ~ 45 天,年产蛋 250 个以上,蛋重 14 克左右。生长速度快,饲料转化率高,5 周龄平均体重超过 220 克,料肉比为 2.4∶1,成年最大体重超过 450 克,适应性强、疾病少。种鹑产蛋早,产蛋率高,39 日龄开产,年平均产蛋量 260 个以上,平均蛋重 13.1 克。

(三)中国白羽肉鹑

系我国从迪法克 FM 系肉鹑中突变的杂白色个体培育而成。体形同迪法克鹌鹑。黑眼,喙、胫、足肉色。羽毛纯白色,体形俊秀。具有伴性遗传特性,为自别雌雄配套系的父本。成年母鹌鹑体重 200 ~ 250 克,40 ~ 50 日龄开产,产蛋率 70% ~ 80%,蛋重 12.3 ~ 13.5 克,每只每天耗料 28 ~ 30 克,料蛋比 3.5∶1,种蛋受精率为 85% ~ 90%。

除上述几种肉用鹌鹑外,还有美国的法拉安肉鹌鹑、澳大利亚肉鹌鹑、英国白鹌鹑、菲律宾鹌鹑、北美鲍不门鹌鹑和东北金黄鹌鹑等品种。

第三节 鹌鹑的繁殖

一、鹌鹑的配种

(一)种用鹌鹑的选择

种用公母鹑的好坏直接影响后代遗传性状的表现,即直接影响后代的生产性能。选择种鹑一般要求外貌要符合该品种的标准特征,种公鹑要求生长发育正常、羽毛完整有光泽,体质健壮,眼大有神,喙有光泽,吻合良好,无残无病,外形正常无失格、体形匀称;胸部发达,两腿结实粗壮,趾爪伸展正常,爪尖锐;雄性特征明显,鸣叫声洪亮,肛门隆起部呈红色,用手轻按,有白色泡沫出现。同时,还要求系谱清楚。

种母鹑要求健康,生长发育正常,羽毛完整丰满,头小俊俏,眼亮,不胆怯,活泼,羽毛、体形和体重符合品种要求,腿足有力。腹部宽大,趾骨间宽约两指,胸骨与耻骨之间距离约三指宽。产蛋性能高,所产种蛋的蛋形、蛋壳花纹、蛋壳坚实度及蛋黄质地要符合要求。

(二)配种时间

种公鹑的适宜配种时间为 90 日龄,种母鹑应在开始产蛋的20 天以后,利用期限的最佳期,种公鹑 4~6 月龄,种母鹑 3~12 月龄。但在实际生产中,60 日龄的公母鹑即开始配种,繁殖期为 1年,年年更换。鹌鹑的配种以春秋为宜。此时气候温和,种蛋的受精率和孵化率均较高,也有利于雏鹑的生长发育。

(三)配种方法

鹌鹑生性好斗,其求偶和交配行为与其他禽不同。目前均采用自然交配的方式配种,人工授精多因技术不熟练或公鹑精液过少而较难成功,故在生产中很少采用。自然交配中,根据育种或生产的需要,可分别采用以下 3 种配种方法:

1. **单配或轮配**　单配是 1 只公鹑配 1 只母鹑。轮配是 1 只公鹑配 4 只母鹑,但必须做到每日分别在人工控制下进行间隔交配。这种配种方法很容易弄清血统,受精率高。育种场多采用。

2. **小群配种**　小群配种通常以 2 只公鹑配 5~7 只母鹑。一般种鹑场多采用此种方法,受精率也较高。

3. **大群配种**　通常用 10 只公鹑配 30 只母鹑,一般种鹑场也采用。不过公鹑太多,啄斗现象比较严重,不但影响受精率,且种鹑的受伤率也增加。

实践证明,配比不当直接影响种蛋的受精率及种鹑的伤残率。一般来说以小群配种为好,公鹑斗架少,母鹑伤残率低。种鹑入笼时,应优先放置公鹑,使其先熟悉环境,占据笼位顺序优势,数日后再放入母鹑,这样可防止众多母鹑欺负少数公鹑,有利于提高种蛋的受精率。

二、鹌鹑的人工孵化

鹌鹑的繁殖主要靠人工孵化。人工孵化的方法很多,有缸孵法、桶孵法、平箱或立箱孵化法等。

桶孵法:是将桶四周用纸糊几层,将炒热的稻谷装入麻袋内,作为热源。蛋也用麻袋装好,一层蛋一层稻谷,放入桶内。管理人员必须严格掌握孵化规律,才能获得高孵化率。

平箱孵化法:一般适合中小养鹑场,构造简单,容易制造和操作。箱高157厘米,长96厘米,宽80厘米,用5厘米×5厘米方木做四周的支架,四周及门用2层纤维板,中间夹有玻璃纤维,起保温作用。平箱分上、下2层,上层为孵蛋室,下层为热源室,之间用0.3厘米厚铁板隔开。在孵化室内放有温度计和放蛋筐及翻蛋架,孵化室应保持20~24℃,空气相对湿度60%~65%,以利于提高孵化率。孵蛋3天后,每天翻蛋2次。每次凉蛋几分钟。孵到11天后,进行验蛋,蛋是红色或黑色,光线不能透过,则是正常发育蛋。孵到15天后,将蛋放入出雏盘,一般经过17天孵化,受精蛋就发育成雏鹑。雏鹑出壳12小时绒毛已干,取出放入育雏室饲养。

电孵机孵化:孵量大的鹑场可以采用大型立体全自动电孵化机孵化。鹌鹑种蛋的人工孵化条件基本上与鸡蛋相同。只是由于鹌鹑种蛋的蛋壳较薄,质地比较脆,因此,在孵化操作过程中须谨慎小心,严格控制和灵活掌握好孵化过程中的温度、湿度、翻蛋、凉蛋、通风等重要条件。

温、湿度控制:种鹑蛋在孵化过程中的施温,应贯彻"前期高、中期平、后期低"的原则,同时结合孵化季节、外界温度、孵化器具的种类以及胚胎发育的状况灵活掌握,做到"看胎施温"。当环境自然温度在 15℃ 以上时,最佳施温(指蛋温)范围是 37.8 ~ 38.6℃;当环境自然温度低于 15℃ 以下时,最佳施温是 38 ~ 39.2℃,用以上施温方法孵出的雏鹑毛色光亮、健雏率高。孵化器内的空气相对湿度应保持在 60%~65%,而在出壳的前一天(即 16 胚龄),可将空气相对湿度提高到 80%。调节湿度的方法主要是通过增减孵化器内水盘的面积和控制室内洒水的多少来进行。

通风换气:胚胎对氧气的需求是前期少、后期多、冬季少、夏季多,在孵化过程中,随着胚龄的增大,逐步开大排气孔。孵化的前 8 天,要定时换气,8 天后宜经常换气。

翻蛋:通过翻蛋使胚胎均匀受热,防止胚胎与蛋壳粘连。立体孵化从入孵的第 2 天起,每隔 2 小时翻蛋 1 次,翻蛋的角度为 60~ 90°,在出雏前 2~3 天应停止翻蛋。

出雏:孵化到 15 天时落盘,将蛋从孵化器蛋盘中取出,放入出雏盘内,加大孵化器空气相对湿度到 80%,直至出雏。如果温度比较均匀,一般可在 2~3 小时内出雏完毕。初生鹑毛干后方可取出,注意在放雏鹑的箱子内铺上柔软的干草或麻袋布、粗布之类铺盖物,以防腿部畸形;箱子不宜过大(每箱只能装 200 只),以防压死、捂死。雏鹑最好不要在孵化室过夜,应尽快运走。

第四节 鹌鹑的营养需要和饲料配制

一、鹌鹑的营养需要特点和饲养标准

(一)鹌鹑的营养需要特点

鹌鹑体温高,呼吸心跳快,代谢旺盛,生长迅速,性早熟,产蛋多,但由于消化道短,消化能力较差,因此,鹌鹑的营养需求较高。

1. **能量** 鹌鹑生命活动中需要的能量主要来源是碳水化合物,其他还有脂肪和部分蛋白质。鹌鹑每天从体表散发的热量为62.8~66.9千焦,产蛋鹌鹑需要的能量更多。据测定,雏鹑由初生到42日龄,每天活动消耗能量约为17.2千焦;每增加1克体重,约需要能量8.4千焦。

2. **蛋白质** 鹌鹑生长发育快,对饲料要求高。12日龄前,需粗蛋白质22%~24%;22日龄后,需粗蛋白质24%。产蛋鹌鹑每天约需要蛋白质5克,或饲粮中应含蛋白质24%,赖氨酸、蛋氨酸在饲粮中的含量应分别达到1.1%和0.8%。肉用鹌鹑饲粮中蛋白质应达到24%~29%,赖氨酸和蛋氨酸应分别占饲粮的1.4%和0.75%。

提供蛋白质的饲料原料分为植物性蛋白饲料与动物性蛋白饲料两种。植物性蛋白饲料,如大豆粕、花生饼、芝麻饼、菜籽饼、棉籽饼等,其中大豆粕为最好,一般占日粮的15%~25%,菜籽饼、棉籽饼因纤维含量高,且含毒素,一般只占日粮的3%~5%。动物性蛋白饲料,如鱼粉、骨肉粉、蚕蛹、羽毛粉、血粉、蛋白粉,其中鱼粉为最好,氨基酸组成也最完善。一般占饲料的3%~10%。

3. **矿物质** 鹌鹑需要的矿物质元素有十几种。锰和锌是鹌鹑所必需的,其他无机盐,如钾、镁、铁、铜、碘、硒等的添加量要适当,过量反而对鹌鹑生长发育不利。产蛋鹌鹑对钙的需要量较高,达 3%以上。贝壳粉、石粉、蛋壳等是补钙的饲料。骨粉、磷酸钙、磷酸氢钙等是补钙、磷的好饲料。食盐可以补充钠,在饲料中占 0.25%较为适宜。沙粒能帮助消化,在饲料中占 0.2%~0.3% 为宜。

4. **维生素** 鹌鹑对维生素的需要量很少,但却是保证健康、正常生长、生产和繁殖所不可缺少的。在鹌鹑体内脂溶性维生素一般不缺少,水溶性维生素体内很少储存,必须在日粮中供给。对鹌鹑来说,维生素 A、维生素 D、维生素 E、维生素 K 和 B 族维生素的补充尤其重要。提供维生素的饲料原料主要有幼嫩牧草、瓜菜等青绿饲料;苜蓿粉、槐叶粉、针叶粉等均含有胡萝卜素和其他维生素。青绿饲料含水量大,不宜多喂。

5. **水** 鹌鹑整个机体含水量为70%以上,水也是蛋、体液、细胞的重要组成部分。鹌鹑的消化吸收、排泄、调节体温、呼吸等均离不开水。如果缺水,新陈代谢就不能正常进行,水分丧失10% 就会引起死亡,因此饮水必须保证。冬季应饮温水,以防鹌鹑肠胃受寒。

(二)鹌鹑的饲养标准

目前,我国尚无统一的鹌鹑饲养标准,一般多采用美国 NRC 制定的标准(表 2-1)。

表 2-1　美国 NRC 建议的鹌鹑的营养需要量（1994）

项　目	肉用型			蛋用型	
	0~6 周龄育成期鹌鹑	6 周龄以上	种鹌鹑	生长鹌鹑	种用及产蛋期
粗蛋白质(%)	26.00	20.00	24.00	24.00	20.00
代谢能(兆焦/千克)	11.72	11.72	11.72	12.13	12.13
水分(%)	10.00	10.00	10.00	10.00	10.00
干物质(%)	90.00	90.00	90.00	90.00	90.00
钙(%)	0.65	0.65	2.4	0.8	2.5
有效磷(%)	0.45	0.30	0.70	0.30	0.35
钠(%)	0.15	0.15	0.15	0.15	0.15
氯(%)	0.11	0.11	0.11	0.14	0.14
亚油酸(%)	1.00	1.00	1.00	1.00	1.00
赖氨酸(%)	—	—	—	1.3	1.00
蛋氨酸(%)	—	—	—	0.5	0.45
含硫氨基酸(%)	1.00	0.75	0.90	0.75	0.70
苏氨酸(%)	—	—	—	1.02	0.74
色氨酸(%)	—	—	—	0.22	0.19
精氨酸(%)	—	—	—	1.25	1.26
甘氨酸+丝氨酸(%)	—	—	—	1.15	1.17
组氨酸(%)	—	—	—	0.36	0.42
异亮氨酸(%)	—	—	—	0.98	0.90
亮氨酸(%)	—	—	—	1.69	1.69
苯丙氨酸(%)	—	—	—	0.96	0.78
苯丙氨酸+酪氨酸(%)	—	—	—	1.80	1.40
缬氨酸(%)	—	—	—	0.95	0.92
钾(%)	—	—	—	0.4	0.4

续表 2-1

项　目	肉用型			蛋用型	
	0~6周龄育成期鹌鹑	6周龄以上	种鹌鹑	生长鹌鹑	种用及产蛋期
镁(%)	—	—	—	0.03	0.05
锰(毫克/千克)	—	—	—	60	60
锌(毫克/千克)	—	—	—	25	50
铁(毫克/千克)	—	—	—	120	60
铜(毫克/千克)	—	—	—	5	5
硒(毫克/千克)	—	—	—	0.2	0.2
碘(毫克/千克)	0.3	0.3	0.3	0.3	0.3
维生素 A(国际单位/千克)	—	—	—	1650	3300
维生素 D(国际单位/千克)	—	—	—	750	900
维生素 E(国际单位/千克)	—	—	—	12	25
维生素 K(毫克/千克)	—	—	—	1	1
维生素 B_1(毫克/千克)	—	—	—	2	2
维生素 B_2(毫克/千克)	3.8	3.0	4.0	4	4
维生素 B_6(毫克/千克)	—	—	—	3	3
维生素 B_{12}(毫克/千克)	—	—	—	3	3
泛酸(毫克/千克)	12	9	15	10	15
烟酸(毫克/千克)	30	30	20	40	20
叶酸(毫克/千克)	—	—	—	1	1
生物素(毫克/千克)	—	—	—	0.3	0.15
胆碱(毫克/千克)	1500	1500	1000	2000	1500

二、鹌鹑的日粮配合原则与配方举例

(一)日粮配合原则

1. 在进行鹌鹑的饲料配合时,饲料的品种应多一些,使不同饲料的营养成分能互相补充,达到全价。

2. 饲料的来源应可靠,以保证配方相对稳定,饲料价格合理。

3. 饲料的品质优良,不能用发霉变质的饲料。

4. 鹌鹑的消化容积小,所以饲料的体积也应小,粗饲料用量不宜过多。

5. 各种饲料配合好后进行粉碎,一定要混合均匀,特别是一些微量成分,要采取逐级混合法。

6. 配好的饲料应与饲养标准相符,既要满足鹌鹑的营养需要,又不因营养过多而使蛋鹑体内脂肪沉积,影响产蛋,造成浪费。

7. 注意适口性,高粱适口性差且易引起便秘,麦麸饲喂过多易导致腹泻,茶籽饼、棉籽饼适口性差且有毒性,鱼粉的质量和蛋白质含量差别很大,也要注意,使用花生饼时,要注意霉变。

(二)鹌鹑的饲料配方

以下是几种鹌鹑日粮配方实例,仅供参考。

1. 蛋用雏鹑日粮配方(%)

配方一:玉米 40、小麦 10、苜蓿粉 3、肉粉 6、鱼粉 8、熟豆饼 32、石粉 0.6、食盐 0.4。

配方二:玉米 54、鱼粉 15、豆饼 25、麦麸 4.5、磷酸氢钙 1.1、食盐 0.4。

配方三:玉米 56、鱼粉 8.1、豆饼 28、麦麸 3、磷酸氢钙 0.5、石粉 4、蛋氨酸 0.15、食盐 0.4。

2. 蛋用仔鹌鹑日粮配方（％）

配方一：玉米 47、小麦 10、苜蓿粉 3、肉粉 6、鱼粉 2、饼粕 31、石粉 0.6、食盐 0.4。

配方二：玉米 59、鱼粉 8、豆粕 28、麦麸 3.5、磷酸氢钙 0.2、石粉 1。

配方三：玉米 60、鱼粉 5.5、豆粕 25.5、麦麸 3.4、磷酸氢钙 0.5、石粉 4.7、食盐 0.4、蛋氨酸 0.15。

3. 产蛋鹌鹑的日粮配方（％）

配方一：玉米 50、小麦 10、苜蓿粉 3、肉粉 4、鱼粉 4、豆粕 25、石粉 3.6、食盐 0.4。

配方二：玉米 51、鱼粉 13、豆粕 25、麦麸 2、磷酸氢钙 1、石粉 5、葵籽饼 3。

4. 育肥鹌鹑的日粮配方（％）

0~2 周龄配方：玉米 45、豆粕 38、鱼粉 6、葵籽饼 5、石粉 2.5、麦麸 2.5、磷酸氢钙 0.3、蛋氨酸 0.2、添加剂 1（食盐 0.3、禽用多种维生素 0.2、复合微量元素 0.5）。

3~5 周龄配方：玉米 54.4、豆粕 36.9、鱼粉 5、麦麸 2.5、磷酸氢钙 0.8、蛋氨酸 0.1、石粉 0.3、添加剂 1（食盐 0.4、禽用多种维生素 0.2、复合微量元素 0.4）。

第五节　鹌鹑舍与设备

一、鹌鹑舍的要求

(一)建筑要求

小型鹌鹑饲养场(户)可以利用闲置民房改建,地面最好用水泥。大型鹌鹑场则应有总体设计,要考虑到孵化室、雏鹑舍、仔鹌鹑舍、种鹌鹑舍、蛋鹌鹑舍、育肥鹌鹑舍及附属用房的布局,同时还要考虑到舍内环境和舍内设备的最佳配置。

1. **保温隔热性能好**　保温性是指鹌鹑舍内热量损失少,在冬季舍内温度比舍外温度高,使鹌鹑不感到十分寒冷,以利于鹌鹑生长和种鹑在春季提前产蛋。隔热性是指夏季鹑舍外的高温不辐射传入舍内,使鹌鹑感到凉爽,可以提高鹌鹑的生长速度和产蛋量。一般鹌鹑舍温度宜保持在 20～25℃,育雏舍温度宜保持在 30～39℃。

2. **温度要合理**　一般要求空气相对湿度为 55%。潮湿闷热环境易诱发球虫病、肠胃炎与禽霍乱等疾病。

3. **采光条件好**　鹌鹑舍内光照充足是养好鹌鹑的一个重要条件,充足的光照可以促进机体新陈代谢,从而增进食欲,提高生长速度,同时还能促进鹌鹑性成熟和提高种鹌鹑产蛋率。自然光线不足时,要采用人工补充光照。

4. **通风良好**　鹑舍通风良好,可使鹑舍保持干燥,降低鹑舍内氨气和二氧化碳等有害气体的含量,以确保鹌鹑正常的新陈代谢,从而有利于鹌鹑的健康生长发育。夏季通风良好,还可以降低鹌鹑舍的温度,减少热应激。因此鹑舍应坐北朝南,窗户面积与舍内地面之比以 1:5 为宜,以利于透光、通风、温暖、干燥,门窗应安装有孔径小于 1.5 厘米的纱窗,以防蚊蝇。

5. **有利于防疫消毒**　鹌鹑舍内以水泥地面为好,便于清洗,能耐酸、碱等消毒药液的清洗消毒,同时又防止啮齿动物打洞进入鹑舍。地面应平整、光滑、不积水,还应留足下水道口,以便冲洗和消毒。

6. **经济实用**　鹑舍建筑在满足鹌鹑所需的温度、光照和防疫条件的前提下,应本着经济实用的原则,因地制宜,尽量降低建筑造价,达到经济实用的目的。

(二)鹑舍建筑

家庭或专业户养鹌鹑,都是有一定面积的鹑舍,它的形式和结构各异,既要经济实用,因地制宜就地取材,又要符合鹌鹑的生长发育和繁殖的需要。

1. **屋顶的式样**　有多种,常用的有单坡式和双坡式。要求屋顶材料保温性能好、隔热,并易于排水,推荐使用彩钢保温板或石棉瓦+泡沫板+塑料薄膜,有利于冬季保温,夏季隔热。

2. **各类鹑舍的建造**

(1)**孵化场**　适宜的温度、良好的通风、洁净和无菌等条件是保证高孵化率和雏鹑健康的重要条件。孵化场由孵化室入口处的消毒室、卫生间、种蛋库和种蛋消毒柜(室)、上蛋间、孵化厅、出雏厅、捡雏厅和分级室、发雏室、配电室、仓库与孵化用具、清洁消毒室组成。人员进入孵化场和种蛋进入孵化场到离开孵化场必须是单向流程。

根据种蛋来源与数量、可饲养数量、孵化批次、孵化间隔、每批孵化量确定孵化形式、孵化厅、出雏厅及其他各室的面积。孵化厅和出雏厅面积,还应根据孵化器类型、尺寸、台数和留有足够的操作面积来确定。

①孵化厅空间　若采用机器孵化,孵化厅用房的墙壁、地面和天花板,应选用防火、防潮和便于冲洗的材料,孵化场各室(尤其是孵化厅和出雏厅)最好为无柱结构,以便更合理安装孵化设备和操作。门高 2.4 米左右,宽 1.2～1.5 米,以利于种蛋和蛋架车等的运输。地面至天花板高 3.4～3.8 米。孵化厅与出雏厅之间应设缓冲间,既便利孵化操作,又利于防疫。

孵化厅的地面要求坚实、耐冲洗,可采用水泥或地板块等地面。孵化设备前沿应开设排水沟,上盖铁栅栏。

②孵化厅的温度与湿度　环境温度应保持在 22～28℃,空气相对湿度应保持在 60%～80%。

③孵化厅的通风　孵化厅应有很好的排气设施,目的是将孵化机中排出的高温废气排出室外,避免废气的重复使用。为向孵化厅补充足够的新鲜空气,在自然通风不足的情况下,应安装进气巷道和进气风机,新鲜空气最好经空调设备升(降)温后进入室内,总进气量应大于排气量。

④孵化厅的供水　加湿、冷却的用水必须是清洁的软水,禁用镁、钙含量较高的硬水。供水系统接头(阀门)一般应设置在孵化机后或其他方便处。

⑤孵化厅的供电　要有充足的供电保证,并按说明安装孵化设备;每台机器应与电源单独连接,安装保险,总电源各相线的负载应基本保持平衡;经常停电的地区建议安装备用发电机;一定要安装避雷装置,避雷地线要埋入地下 1.5～2 米深。

(2)种蛋库　要求有良好的通风条件及良好的保温和隔热降温性能,库内温度宜保持在 15～18℃。种蛋库内要防止蚊、蝇、鼠、鸟的进入。种蛋库的室内面积以足够在种蛋高峰期放置蛋盘,并操作方便为度。

(3)育雏舍　也称保温舍。鹌鹑在孵化场接种完疫苗后被送往育雏舍。育雏舍的建筑要求是便于保温,有利于通风和消毒,能充分利用太阳光,节约电费。

　　建造时要在育雏舍一头建一个缓冲间,育雏舍的大小应根据成鹑舍容鹑量的多少而定,一般育雏舍长13米,宽4.5米,鹑笼可在鹑舍内摆放成5排8列(靠墙为单排)。缓冲间长2米,门宽1.2米。一次可以育雏8 000~10 000只。

　　①地面　育雏舍的地面要用水泥浇筑或用砖砌成,防止鼠类打洞,要求地面平整,同时要有一定的坡度,即临近缓冲间的一头稍高一点,另一头稍低一点,并向鹌鹑舍外留有排水口,这样冲洗时比较方便,粪水容易排出舍外。

　　②墙壁　鹌鹑舍内的墙需要用沙灰,也就是沙子和石灰的混合物,先抹一次,厚度为1厘米,然后再用白灰抹成白色,外墙要用水泥抹缝。

　　③窗口　育雏舍的窗口有两个用途,一是采光,二是通风换气,因为育雏阶段雏鹑需要的温度比较高,一般墙壁两侧的窗口都用透光度较强的塑料薄膜封死,只单独把天窗留作活动的通风口,来调节舍内温湿度,天窗和窗口都要用直径1厘米的电焊网封闭,防止鼠类进入。

　　④舍温　育雏要求舍温保持在20~30℃。如有保温伞或其他加热方式育雏,舍温可适当低些。

　　(4)育成鹑舍　育成舍用于饲养21日龄以上的育成鹑,育成舍建筑的基本要求类似于育雏舍,但是保暖要求没有育雏舍那样严格。随着雏鹑的生长,代谢量增大,对鹑舍的通风换气和空气新鲜的要求提高。舍内四周要设窗户,以增加采光。正面窗户宜多,侧面和后面宜少。

　　(5)成年鹑舍　鹌鹑饲养密度高,养殖户的规模大小差异较大,除大型种鹌鹑场外,家庭饲养鹌鹑可因地制宜,因陋就简建造鹑舍。成年鹑舍要求保温绝热性能好,采光充足,通风条件良好,防止老鼠及其他动物进入。舍内外墙壁光滑,便于清扫、冲洗和消毒。舍内地面应采用 10° 坡度,以便清粪时冲洗。山墙上设置进风口(进风口可安装湿帘降温设施或热风装置),另一端山墙应设置排风扇。全年气温适宜、一年四季昼夜温差小的地区,可采用自然通风结构的鹑舍。进气口设在鹑舍墙壁的下方,排气口设置在屋顶。鹑舍两侧应种植树木,新建鹑舍两侧可种植丝瓜、葫芦、南瓜、爬山虎等藤蔓植物。鹑舍之间可种植果树、农作物等,这样在炎热的夏季有利于降温。

(6)种鹑舍 主要供种用鹌鹑交配、产蛋用,休产期的种用鹌鹑也在其中饲养,也可用作饲养育成阶段以后至性成熟前的鹌鹑。种鹌鹑舍要求有足够的光照与保温条件,受光面积与养殖面积之比为 1:10。北面墙壁要防风,屋顶要求保温隔热性能好。种鹑舍要有照明装置,以便提供人工辅助光照。一般光照强度保持 2~3 瓦/厘米^2。

(7)肉用鹌鹑舍 用于淘汰的幼鹑和淘汰的种鹑的育肥,基本建筑要求与育成舍相似。只是鹌鹑饲养一般采用全进全出制。多采用立体笼养方式饲养。鹌鹑舍的大小和栋数应根据饲养方式、生产规模和饲养期长短等因素确定。

(8)饲料仓库 应能防潮、防鼠、放鸟、通风和隔热条件良好。多采用砖木结构,架空水泥地面,或用三层油毡铺地隔潮后再铺以水泥。库存量大的仓库应有排风装置。窗口、通风口用铁丝网围栏,以防鼠、鸟。仓库檐高 5 米以上,进深 9 米以上,其大门要保证车辆出入方便。原料、加工料和成品料应分开贮存。

二、笼具和配套用具

(一)饲养笼具

笼具是养鹑场的主要设备,按生产阶段可分育雏箱、仔鹌鹑笼、蛋鹌鹑笼、种鹌鹑笼、育肥鹌鹑笼等,饲养场可根据各自的实际情况酌情定性生产应用。

1. **育雏箱** 有多种形式,有简单的,也有技术较先进的。

(1)**简易育雏箱** 对于家庭少量饲养可以采用箱育雏,就是用木制或纸质的育雏箱来培育鹌鹑幼雏。育雏箱长 100 厘米,宽50 厘米,高 50 厘米,箱盖上开两个直径 3~4 厘米的通风孔,并在箱中垫上麻袋布、粗棉布。60 瓦的灯泡挂在离雏鹑 40~50 厘米的高度(根据灯泡大小、气温高低、幼雏日龄灵活调整其高度)供热保温。如果室温在 20℃以上,挂 1 盏 60 瓦的灯泡供热即可;如果室温在 20℃以下,则要挂 2 盏 60 瓦的灯泡供热。雏鹑吃食和饮水都是采用人工将其捉出,喂饮完后再放回育雏箱内。如果室温过高,需打开育雏箱的顶盖。若是夏季不论白天晚上育雏室都要盖上一层蚊帐布,以防蚊叮;如不打开箱顶盖,其上的通风孔上也应盖上一层蚊帐布。如果室内温度过低,可在育雏箱上加盖单被来调节箱内温度,但要注意通风换气。4~5 日龄后,当室内外气温在 18℃以上且无风时,可适当让雏鹑到室内活动。箱内注意更换垫料,保持箱内干燥。

育雏箱设备简单,保温不稳定,需要精心看护,仅适于小规模育 0~10 日龄的幼雏及家庭饲养者饲养少量鹌鹑。

(2)**小型育雏箱** 规格一般为 100 厘米×60 厘米×30 厘米,可用木条和金属网制成,可以自己制作。箱的 1/3 为栖室,上面装灯泡,其余面积作活动场所,供鹌鹑活动,也可喂料、饮水。箱底应铺上柔软麻袋布、粗棉布,但不能铺光滑的材料。小型育雏箱一般容纳雏鹑 50~100 只。

(3)**中性育雏箱(笼)** 是一种容纳 100~200 只雏鹑的育雏箱,其热源为红外线灯泡。

(4)**立体式育雏笼** 每层均以红外线灯泡供温,一般为 4~5层,每层规格为 95 厘米×60 厘米×20 厘米,每层容纳雏鹑 150~

200 只。其中一侧约 1/3 的位置用木板或纤维板制成一个陋室，其顶和两侧都有通气孔，与采食、饮水、活动的笼体间设隔板或布帘供育雏出入。陋室顶部安装 40 瓦或 60 瓦的红外线灯泡 2 只，2 瓦的指示灯泡 1 只。笼门位于正面。栖室一侧可镶一块玻璃，以便观察。顶、底可用网目为 10 毫米×15 毫米的钢板网。

为了能一笼多用，即从出壳到 30 日龄均在同一箱内喂养，底网可先安装 20 毫米×20 毫米网目的金属编织网，上面再搁置一块 6 毫米×6 毫米或 10 毫米×10 毫米网目的金属编织网，到 20 日龄时取出。但此时顶网部分宜改用塑料网，以防止 20 日龄后雏鹌飞跃时撞伤头部。每层左侧并列放 2 盏白炽灯，下面 3 层均使用 100 瓦灯泡；上面 2 层可用 60 瓦与 100 瓦灯泡各 1 盏。可根据日龄、气温与动态，分别更换不同瓦数的灯泡或变动开、关次数，以调节温度。每层下设承粪板，采用白铁皮、铝皮或塑料制成，卷边 20 毫米，窄面有一边无卷边。

2. **仔鹌笼**　供 3～4 周龄仔鹌用，也可用于种公鹌鹑、育肥鹌鹑。

(1) **单体笼**　长 90 厘米，宽 40 厘米，高 20 厘米，笼壁和笼顶用塑料制作，笼底由 20 毫米×20 毫米金属编织网制成。笼门位于正面，笼门网目为 15 毫米×10 毫米的铁丝网或塑料网。在笼的右 1/3 处用木板或纤维板制一木罩，其顶与两侧均留有通气孔，供雏鹌休息；笼的左 2/3 部分供雏鹌采食、饮水、活动。

单体笼可通过笼架 4～5 层叠放在一起，每层中间留下 5～10 厘米的空间，以便放置承粪板，利于鹌鹑舍的清扫。料槽、水槽可悬挂在笼外，但采食处和饮水处要设计好，既方便采食、饮水，又防逃逸。

热源采用白炽灯（25～100 瓦）、电热丝（300 瓦串联，均匀分布，底层为 500 瓦）、红外线等。气温低时，顶网上可加盖木板，四周围以塑料薄膜保温。

（2）**多层立体式笼**　沿用立体式育雏笼,20 日龄时取出 6 毫米×6 毫米或 10 毫米×10 毫米网目的金属底网。仔鹑笼要配置外挂式专用料槽与水槽。

3. **成鹑笼**　又分为种鹑笼和产蛋鹑笼 2 种,可分为重叠式、全阶梯式、半阶梯式和整箱式、拼箱式几类,一般多采用 4~6 层阶梯式结构。

（1）**种鹑笼**　阶梯式结构最底层距地面 40 厘米。鹑笼为单元结构,每单元放 2 只公、5~6 只母。每层前后宽 60 厘米,长 100 厘米,中高 24 厘米,两侧高各 28 厘米。笼壁栅栏条间距 2.5 厘米,底网网目 20 毫米×20 毫米或 20 毫米×15 毫米。笼顶蒙以塑料网,防止成鹑飞跃时伤及头部。笼底向两侧倾斜(7°)铁丝网,要向笼框前延伸 5 厘米,并将延伸出的丝网做成卷状成为集蛋槽,以便种蛋的拾取。层间设承粪板,笼前挂料槽与水槽。

种鹌鹑也可用平养,一般平养舍内面积 18~20 米²,外设运动场,网高 2 米,三面用铁丝网,网顶用塑料网或渔网,可养种鹑100 只。

（2）**产蛋鹑笼**　专供饲养生产食用蛋鹑的笼。因不需放公鹑,高度可为 18~20 厘米,中央的格栅可以取消,成为大通间。其他基本结构同种鹑笼。

4. **单体笼**　多供试验或育种用。除饲养只数不变外,其余规格与种鹑笼相同。

1 只鹌鹑的单体笼,规格为 160 毫米×160 毫米×180 毫米。

3~4 只鹌鹑的单体笼,规格为 310 毫米×200 毫米×230 毫米。

10 只鹌鹑的单体笼,规格为 580 毫米×300 毫米×250 毫米

5. **运输笼**　用作育肥鹑的运输,铁笼或竹笼均可,每只笼可容 8~10 只,笼顶开一小盖,盖的直径为 35 毫米,笼的直径为 75 毫米,高 40 毫米。

第六节　鹌鹑的饲养管理

根据鹌鹑的生理特性,其饲养阶段的划分大致为:0~2周龄为雏鹑,3~5周龄为仔鹑(肉用鹑各期一般推迟1周),开产至淘汰为种鹑或产蛋鹑。

一、雏鹑的饲养管理

(一)饮水与开食

按照"先饮水,后开食"的原则,出壳后24小时内要饮到温水,一般把雏鹑放入育雏笼内1小时后开始饮水,第1天饮用0.25%复合维生素水或5%~8%葡萄糖水,对预防应激和提高成活率有一定作用。第2天起饮用0.01%高锰酸钾溶液,连饮用3天。

开饮后即可开食,开食料可用煮熟的鸡蛋黄10%和玉米面90%混匀饲喂;或用开水将全价配合饲料泡胀后均匀撒在干净的报纸上引诱雏鹑啄食。4日龄开始改喂全价配合饲料。刚开始每天喂8次,2周龄减少到4次,且每周喂1次沙砾以助消化。

(二)保　温

雏鹑体温调节能力差,必须采取保温措施。使用控温育雏设备的参考温度为:1日龄为35℃,7日龄为32℃,14日龄为30℃,以后可与室温相同。育雏过程中切忌温度忽高忽低,否则会降低抵抗力,诱发疾病。

（三）通风与湿度

通风的目的是排出舍内有害气体,更换新鲜空气,只要能保证育雏室温度适宜,空气越流通越好。育雏室 2 周龄前的空气相对湿度为 60%~65%,2 周龄后保持在 55%~60% 为宜。

（四）饲养密度

饲养密度过大,会造成雏鹑成活率降低,生长缓慢,长势不一;密度过小,加大育雏成本,不利保温。因此,应合理安排饲养密度。第一周龄 120~150 只/米^2,第二周龄 80~100 只,冬季密度可适当增大,夏季则相应减少。同时,应结合鹌鹑的大小,结合分群适当调整密度。

（五）光　照

雏鹑的光照,一般每天采用 14 小时光照,10 小时黑暗。在 1 周龄内可连续 23~24 小时光照,舍内灯高 2 米,3~4 瓦/米^2,以后减至 1~2 瓦即可。不同波长、颜色的光对雌鹌鹑的性成熟有较大影响。据报道,雏鹑在红光下饲养比在绿光或蓝光下早半个月开产,并能保持较高的产蛋率。

（六）日常管理

育雏工作必须细致、耐心,加强卫生管理。经常观察雏鹑精神状态。按时投料、换水、清扫地面及清扫粪便,保持清洁。其日常管理包括以下几点:

1. 设专人 24 小时值班,每天早晚要观察鹌鹑的动态,如精神状态是否良好,采食、饮水是否正常,发现问题,要找出原因,并立即采取措施。

2. 承粪盘 3 天清扫 1 次,饮水器每天清洗 1 次。

3. 经常检查育雏箱内的温度、湿度、通风是否正常,保持环境条件适宜。

4. 观察雏鹑粪便情况。正常粪便较干燥,呈螺旋状。粪便颜色、稀稠与饲料有关。喂鱼粉多时呈黄褐色,喂青饲料多时呈褐色且较稀,均属正常。如发现粪便呈红色、白色,应及时检查疾病感染情况。

5. 1 周龄和 2 周龄时注意抽样称重,并与标准体重对照。及时淘汰生长发育不良的弱雏,发现病雏,及时隔离,死雏及时剖检、销毁处理。

二、仔鹑的饲养管理

(一)种用仔鹑与蛋用仔鹑

种用仔鹑与蛋用仔鹑的饲养管理基本相同,管理上应做好以下几点:

1. **转群** 由育雏室转入仔鹑笼舍或产蛋笼舍内饲养,同时可根据外貌特征进行公母分群,以提高群体的均匀度,防止发生早配。为减少上笼引起的刺激,可在日粮中加入 0.2% 多维素。

2. **控制性成熟期** 为确保雌鹑的种用价值和较高的产蛋率,性成熟的时间应控制在 40~45 日龄,体重一般要求 5 周龄时雄鹑在 110 克,雌鹑在 130 克左右。为控制其性成熟,必须采用限制饲养的方法:一是控制饲喂量,为标准量的 90%;二是适当降低蛋白质水平。日粮配制:谷物饲料 65%,植物蛋白质饲料 25.5% ~ 28%,动物蛋白质饲料 5% ~ 7%,矿物质饲料 1.5% ~ 2.0%,添加剂类 0.5% ~ 1%(包括微量元素、维生素、氨基酸、益生素等)。同时从上笼的第 1 天开始,夜间停止光照,只保持 10~12 小时自然光。

3. **控制室内小气候** 保持室温 20 ~ 25℃,空气相对湿度

52%~55%,经常通风,保持空气新鲜,平常勤打扫笼舍,预防啄癖。

4. 疾病防治　定期进行免疫接种和驱虫,防止传染病和寄生虫病的流行和传播。

(二)肉用仔鹑

20~25日龄转入育肥笼,育肥期一般为10~14天。日粮要富含能量,必要时可添加油脂饲料,采取自由采食的方法,不需要限饲。饲养密度可大一些,一般为80只/米²,育肥笼的高度为10~12厘米,从而减少运动量,还可避免啄羽和抓背影响产品质量。

鹑舍的温度控制在20~25℃。光线不宜过强,照度小于5勒克斯,以鹌鹑能正常采食与饮水为宜。光照时间每天不宜超过12小时,也可采用1小时光照,3小时黑暗的交替光照,能获取最大体重和最低的耗料,而且可以降低伤残率、死亡率。30日龄后公母可分开育肥,保证均衡发育。出栏的时间可根据膘度来确定,拨开仔鹑翼羽观察根部,如果皮肤呈白色或淡黄色即可上市。

三、种鹑与产蛋鹑的饲养管理

成鹑因生产目的不同可区分为种用鹑和蛋用鹑,二者除配种技术、笼具规格、饲养密度、饲养标准等有所不同外,其他日常管理基本相似。

(一)母鹑产蛋规律

产蛋鹑每天产蛋的时间主要集中于午后至晚上8时前,以下午3~4时为产蛋集中期。要及时捡蛋,防止踩烂、破损。

(二)饲养方式

笼养产蛋鹑,每层分为若干个单元,每个单元饲养蛋鹑6~8

只,公鹌 2~3 只。如果生产商品蛋可不分单元只分层饲养,饲养 20~30 只/米²。

(三)饲料营养

种鹌的饲粮营养水平应根据产蛋鹌的产蛋率、气温、换羽、休产等情况进行调整,其中主要是蛋白质水平与氨基酸平衡。

如育雏期饲养效果好,一般在开产 20 天左右即进入高产期,70%~90%产蛋率可持续 10~20 周。为保持高水平的产蛋率又尽量节省饲料,在饲料配制上可分为开产初期、产蛋高峰期、产蛋后期三个不同营养水平。但在调整营养水平时,应遵循:上产蛋高峰时,为了"促",营养水平提高应走在前面;下高峰时,为了"保",营养水平降低要走在后头。开产初期的饲料蛋白质水平不宜过高,随着日龄的增长,产蛋率下降,但蛋鹌对饲料中蛋白质和钙的吸收率也下降,在日粮的配制中蛋白质水平不可下降过多,钙含量也不应下降。

(四)饲喂方法

一般每天喂 4 次,即早晨、上午、下午、傍晚,产蛋高峰期晚上加喂 1 次,每次喂料应定时、定量、少喂勤添。可直接喂干粉料。产蛋母鹌体重约 170 克,每只每天消耗全价料 25~30 克。具体饲喂量还应根据产蛋率、日粮营养水平、环境条件等综合确定。此外,要保证饮水清洁,自由饮用,且每周饮 2 次 0.1%高锰酸钾水。饲料变换采取逐渐过渡的方法,不然会导致产蛋率下降。

(五)加强管理

1. 舍温　适宜的温度是高产、稳产的关键。一般要求控制在 18~24℃ 之间,低于 15℃ 时会影响产蛋,低于 10℃ 时,则停止产蛋。解决的办法是增加饲养密度、增加保温设备。夏天舍内温度高于35℃时,会出现采食量减少,张嘴呼吸,产蛋下降。应降低饲养密度,增加舍内通风等。

2. 光照　有两个作用,一是为鹌鹑采食照明,二是通过眼睛刺激鹌鹑脑垂体,增加激素分泌,从而促进性成熟和产蛋。产蛋初期和产蛋高峰期光照应达 14~16 小时,后期可延长至 17 小时。光照强度以 2.5~3 瓦/米² 为宜。灯泡位置放置时,应注意位于重叠式笼架底层笼的光照。

3. 湿度　产蛋鹌鹑最适宜的空气相对湿度为 50%~55%。鹌鹑本身要散热,排粪也会增加湿度,如果鹑舍湿度过大,微生物会大量滋生,从而影响鹌鹑的健康与产蛋率。

4. 保持环境安静　鹌鹑胆小怕惊,很容易出现惊群现象,表现为笼内奔跑、跳跃和起飞。如饲养人员动作过于粗暴,过往车辆及陌生人的接近等都会引起惊群、产蛋率下降及畸形蛋增加。

5. 日常管理　饲养产蛋鹑日常工作应包括清洁卫生和日常记录。经常对笼舍清洁卫生,料槽、水槽每天清洗 1 次,每天清粪1~2 次。门口设消毒池,舍内应有消毒盆。每天观察鹑群的精神状态,采食情况和排粪,发现病鹑应及时隔离治疗,且不可把病鹑、死鹑乱扔乱放。防止鼠、鸟等的侵扰,日常记录应包括舍鹑数、产蛋数、采食量、死亡数、淘汰数、天气情况、值班人员等。

第七节　鹌鹑主要疾病的防治

一、新城疫

【病　原】　本病是由鸡新城疫病毒引起的一种急性败血性传染病。其传染来源是病鸡、病鹑,昆虫、人可成为传染媒介。病鹑的唾液、鼻涕、粪便都含有大量病毒,污染了饲料、饮水、用具后就能造成传染。本病一年四季均有发生,但以春、秋两季多发。发病率和死亡率依饲养管理、清洁卫生、隔离消毒的水平程度,以及鹌鹑群的免疫水平等的不同而有较大的差异。

【症　状】　病初出现头颈扭转、角弓反张、共济失调、麻痹或转圈等神经症状,也有的呈低头和犬坐姿势。体温升高,可达43~44℃;精神萎靡,羽毛松乱,翅尾下垂;闭眼呆立,或两足麻痹;食欲下降或废绝,饮水增多,口角流液,嗉囊积液积气,呼吸困难,叫声低微;排灰白、黄绿或绿色软粪,较少发生腹泻。产蛋鹌鹑产蛋量急剧下降,降幅可高达60%~70%,且白皮蛋、软壳蛋和无花纹蛋增多。

【病　变】　剖检可见各内脏器官不同程度充血、淤血和出血,呈败血症现象。上呼吸道渗出性病变,鼻腔、喉头、气管可见卡他性炎症;心冠脂肪小点状出血;腺胃及小肠黏膜明显充血、出血,肠炎,盲肠扁桃体肿大、出血,直肠黏膜小点状出血;肝、脾淤血肿胀、质脆;大小脑水肿,点状出血;种鹌鹑卵巢出血、萎缩,输卵管水肿。

【防　治】　迄今尚无有效的药物用于治疗,可通过综合防治措施,加强卫生管理和注射疫苗来预防新城疫的发生。早期使用高免抗新城疫血清或蛋黄抗体有相当好的治疗效果,预防可采用新城疫Ⅱ系疫苗,分别在4日龄、20日龄和50日龄进行3次饮水免疫,在饮水免疫的前一夜停止供水,造成鹌鹑有渴感,次日晨放入有疫苗的水,使所有鹌鹑均能饮到水,且在2小时内饮完。

二、鹌鹑支气管炎

【病　原】　该病是由鹌鹑支气管炎病毒引起的一种急性、高度接触传染性呼吸道疾病。本病主要经接触水平传播,亦可经空气播散。急性鹌鹑支气管炎主要发生于8周龄以下的幼鹑,一旦暴发,可迅速波及全群,发病率可高达100%,但死亡率则存在着较大的差异。

【症　状】　潜伏期4~7天。病鹑精神委顿,结膜发炎,流泪;鼻窦发炎,甩头;打喷嚏,咳嗽,呼吸促迫,气管啰音;常聚堆在一起,群居一角;时而出现神经症状。成鹑临床症状轻微,可见产蛋下降,蛋品质变差。

【病　变】　剖检可见病、死鹑结膜发炎,角膜浑浊;鼻窦发炎,时有脓性分泌物;肺、支气管管腔内含有大量黏液,黏膜充血;气囊膜浑浊,呈云雾状,有黏性渗出物;肝有时发生坏死病变;腹膜发炎,腹腔有脓性渗出物。

【防　治】　目前尚无特效药物治疗,预防可试用鸡传染性支气管炎疫苗进行免疫接种。患病期间可在饲料与饮水中添加0.04%~0.08%土霉素或金霉素,在饲料中提高维生素C、维生素A及多维素添加量,饮水中按说明书添加肾肿解毒药,有利于促进鹑群的康复。同时要加强饲养管理,适当提高育雏室及鹌鹑舍的温度,改善通风条件,可减少死亡。

三、白　痢

【病　原】　本病病原是鸡白痢沙门氏菌,多存在于病鹌鹑的生殖器官、肠道及肝中,病菌可随粪便和蛋排出体外。在鹌鹑中常有发生,主要危害雏鹑。本病既能水平传播,亦能经蛋垂直传播,是典型的蛋传递性疾病之一。

【症　状】　新生雏可见突然死亡而无明显症状,而大多数表现精神不振,体质虚弱,怕冷扎堆,头翅下垂,闭目呆立,两足叉开;减食或废食,频频排出有恶臭的黄白色或灰白色的稀粪,常黏结在泄殖腔四周的羽毛上。死亡高峰出现在4~8日龄,如果治疗不当,最后导致死亡。成年鹑染病后临床症状不明显,由于病菌常寄生在生殖器官,致使母鹑产蛋减少,种蛋受精率低,因而孵化率也低。

【病　变】　剖检死亡雏鹑,其心肌、肝、肺等脏器中间可见黄白色坏死灶或大小不等的灰白色结节;肠炎,十二指肠充血、出血较严重,盲肠内常有干酪样物形成的所谓"盲肠芯",泄殖腔内含有白色糊状稀粪,带恶臭;卵黄吸收不良,内容物变性。如累及关节,可见关节发炎、肿胀。成鹑卵巢卵子变形变色,内容物变性,卵蒂长短粗细不一;有些可见卵黄性腹膜炎及腹水形成。

【防　治】　注意保持鹌鹑舍清洁卫生,饲料营养全价,饮水清洁,鹌鹑舍、料槽定期消毒。多种抗菌药物对本病有治疗效果,可用于治疗急性病例,减少死亡,但大都不能完全清除病原,康复后成为长期带菌者。发病时,可依具体情况选用:肌内注射庆大霉素,每千克体重 2 000~3 000 单位,早晚各 1 次,链霉素 2 克,加水4 000 毫升,连饮 5 天;饲料中添加 0.1%磺胺喹𫫇林均有一定效果;磺胺嘧啶按 0.5%拌料喂服,连喂 3~5 天,停 3 天再反复喂服 2次为佳。

四、大肠杆菌病

【病　原】　该病是由大肠埃希氏菌引起的幼鹑及部分成鹑以败血症、纤维系渗出物或肉芽肿病灶、肠炎、腹膜炎、输卵管炎、气囊炎、化脓性关节炎为特征的一种非接触性传染病。本病传播途径有三种:①母源性种蛋带菌,垂直传播;②种蛋内部不带菌,但蛋壳表面受粪便污染,细菌在种蛋保存期或孵化期侵入蛋内;③接触传染,被污染的饲料、垫料、饮水和空气等是主要的传播媒介,可通过消化道、呼吸道、脐带、皮肤创伤等途径感染。

【症　状】　潜伏期 1~3 天,败血症型常见。多发生于 4~6周龄雏鹑。急性病例基本不显症状,突然死亡,死亡率高达 50%。

一般病鹑精神萎靡,食欲减退或废绝,嗜饮,鼻分泌物增多,气囊发炎,常伸颈张口呼吸,并发出"吐吐"声;结膜发炎,眼前房水浑浊,病眼失明,羽毛松乱,两翅下垂,腹泻,排黄白或黄绿色粪便;体况消瘦,关节发炎,足麻痹难以站立。

卵黄性腹膜炎型主要发生于产卵期母鹑。病鹑精神沉郁,食欲减少或废绝,腹泻,排出物中含有黏液性蛋白或蛋黄碎块及凝块,肛门周围污染有蛋白或蛋黄状物;输卵管发炎,产蛋困难。

【病　变】　主要病变是胸肌充血;肠黏膜充血、出血,肠内容物含有血液;心包肥厚、浑浊,附着大量绒毛状脓样渗出物,致使心肌、心包和胸腔粘连;气囊浑浊肥厚,有干酪样附着;肝肿大,呈铜绿色,时有白色坏死斑,表面有白色浑浊的纤维素样物质;肺发炎,有出血点,偶见腹腔有积液和血凝块。成鹑腹腔有多量的卵黄性物质,卵巢中的卵泡变形和变色,输卵管内有条索状干酪样物。

【防　治】　将10%氟苯尼考按0.1%的比例拌料喂服,连服6天,同时将庆大霉素按每千克体重2毫克的量混于水中让鹑饮用,连饮6天;卡那霉素,按每千克体重30~40毫克肌内注射,每天1次,连用3天,链霉素,每千克体重肌内注射7.5单位,每天1次,连用3天;用本型菌制作灭活菌苗进行预防注射;给1日龄雏鹑喂乳酸制剂和维生素E,可提高抗病力。

五、溃疡性肠炎

【病　原】　本病是由一种产气荚膜梭菌引起的以肠道溃疡和肝脏坏死为特征的急性细菌性传染病,最早发生于鹌鹑。病原为一种厌氧梭状芽胞杆菌,对环境适应性很强。一般呈地方性流行,有时也呈大面积流行。4~12周龄的鹌鹑最易感染。主要通过消化道感染并传播。

【症　状】　急性发病死亡的鹌鹑基本没有临床症状。一般患病的鹌鹑表现为精神委顿,食欲不振,饮水量增加。弓背缩颈,眼半闭,羽毛粗乱、无光泽,动作迟钝,腹部膨胀,下痢,排水样白色粪便,后转为绿色、褐色的水样粪便。病程一般为 5~10 天,极度消瘦,死亡率高。雏鹌鹑几天内死亡率就可高达 100%,成年鹌鹑死亡率 50% 左右。

【病　变】　本病的特征性病变是十二指肠和小肠严重出血,小肠和盲肠有灰黄色坏死灶,早期病灶为小黄点,边缘出血溃疡,溃疡面积逐渐增大,出血边缘消失,呈扁形。肠内有黏稠的液体。慢性病例在小肠、盲肠的黏膜上形成不规则、芝麻至绿豆大的溃疡,溃疡边缘出血、凸起,溃疡面有一层黄色或黑色的坏死伪膜。较深的溃疡可引起肠壁穿孔,发生腹膜炎和肠粘连。肝脏充血、出血、肿大,有轻度黄色斑点状坏死区。脾脏充血、出血、肿大。

【防　治】　做好日常管理和清洁卫生工作,杜绝使用腐败霉变饲料。由于该病原菌带荚膜,一般消毒剂很难奏效。因此,最好的办法是隔离病鹑,选择含氯消毒剂、复合酚、氢氧化钠(烧碱)等对环境、鹑舍、饲养设施及其他器具严格消毒,采用火焰消毒法消毒效果更好。药物治疗有良好的效果。金霉素、链霉素、杆菌肽、新生霉素对本病有特效。可在饲料中加入链霉素 60 毫克/千克或杆菌肽 100 毫克/千克,也可用链霉素饮水,每升饮水,按第 1 天添加 1 克,第 2~19 天添加 200 毫克,或在饮水中加入乳酸环丙沙星 100 毫克混饮 5~7 天,均有很好的预防和治疗作用。

六、球虫病

【病　原】　本病是由艾美耳球虫寄生于鹌鹑肠道引起的一种肠道寄生虫病,多因食入被球虫孢子化卵囊污染的饲料和饮水而发病。多发生于 1~2 月龄鹌鹑,侵袭鹌鹑的球虫有 6 种艾美耳属球虫和 1 种温扬属球虫,其中致病力较强的是巴氏艾美耳球虫、鹌鹑艾美耳球虫和分散艾美耳球虫,卵囊呈椭圆形,孢子化时间为24小时,潜在期5~6天。

【症　状】　鹌鹑球虫病可分急性和慢性2种。急性型病程为数天到2~3周,病鹑精神委顿,羽毛蓬松,呆立一角,食欲减退,肛门周围羽毛被带血稀便污染,两翅下垂,饮欲增加,消瘦贫血。感染此病的鹌鹑排出棕红色粪便,后期发生痉挛并进入昏迷状态,很快死亡。慢性型多见于2月龄后的成年鹑,症状较轻,病程较长,可达数周到数月。病鹑逐渐消瘦,足、翅常发生轻瘫,产蛋较少,间歇性下痢,但死亡率不高。

【病　变】　剖检可见大肠、小肠发炎,黏膜充血或出血。防治;主要是要保持鹑舍清洁、干燥,及时清理粪便,并将粪便进行生物热灭虫处理,定期进行消毒。

【防　治】　预防需搞好幼鹑的饲养管理和环境卫生,保持适当的舍温和光照,通风良好,饲养密度适中,供应充足的维生素A。一旦发现病鹑,要及时采取隔离治疗,并做好消毒工作。治疗可用球痢灵,按每10千克饲料拌入0.63克喂服;也可用青霉素,按每只2 000单位,加入水中饮用;敌菌净以0.01%浓度拌料,15天为1个疗程,可连用2~3个疗程;磺胺二甲嘧啶,按0.15%拌入饲料喂服3~4天,停药2天后再喂3天。

第三章
肉鸽养殖

第一节　概　述

一、肉鸽的生产现状

我国养鸽历史悠久,据史料查证已有 2 500 多年,但肉鸽饲养作为商品生产,则开始于 20 世纪 70 年代末,80 年代随着我国改革开放政策的实施而发展,又伴随着我国香港地区、东南亚乳鸽市场的大量需求而兴起。我国南方沿海地区因具有得天独厚的地理优势,上海、广东率先开始引进、饲养和发展肉鸽养殖,使我国肉鸽养殖由东到西、从南到北,迅速发展起来。以广东省为例,1988年,广东市场乳鸽年需求量不过几十万只,乳鸽菜肴仅在少数的高档酒店推出。随着粤港经济的快速增长,以及人们对乳鸽食品的认识,乳鸽的年销售量成倍增长。20 世纪 90 年代初期,世界上最大乳鸽销售市场还是香港地区,年销量 800 万～1 000 万只,1995年达到 1 500 多万只。亚洲金融风暴后,广东的肉鸽养殖虽遭受一定的挫折,但很快得以恢复。进入 21 世纪后,随着我国经济的发展和人民生活水平的不断提高,肉鸽的市场需求量逐年上升,从而带动着全国各地的肉鸽饲养量也稳步上升。2000年,广州乳鸽市场销售量首次超过香港,达到2 000多万只。根据2010年行业的统计,广州日销售量达8万~10万只,年销售乳鸽3 500万只,成为消费乳鸽最多的城市。深圳、江门、中山、珠海等珠江三角洲城市销量也很大,广东全省年消费乳鸽超过1亿只。

近年来,我国肉鸽业每年以10%~15%的速度发展。目前全国生产种鸽存栏量已达5 000万对以上,市场消费量从2000年6 000万只,至今已达到7亿只以上,总产值破100亿元大关,庞大的乳鸽消费市场让企业与农户形成了连续7年"不愁卖不掉的乳鸽"优势。30年来,肉鸽养殖业经历了从庭院饲养到集约化养殖直至成为产、加、销产业的重大转变,我国各地生产种鸽存栏在1万~10万对的大型企业已达百余家,存栏3 000~5 000对种鸽的中型企业也很普遍,广东、广西、海南、安徽、江苏、上海等省、直辖市、自治区肉鸽养殖已形成一定的区域性生产基地,在湖南、湖北、北京、天津、河南、山东等省、直辖市都建有种鸽繁殖基地。

肉鸽养殖业的崛起和快速发展引起了家禽行业和不少科研单位的重视,并积极制定、开展肉鸽产业相关的科研计划与调查,以此来配合和促进我国肉鸽养殖业更好、更快地发展。目前养鸽业已经成为我国畜牧业经济新的增长点,在发展速度、企业规模、市场销售等方面形成独特的产业。

二、肉鸽的体貌特征

肉鸽明显的外貌特征是喙短,上喙基部有浮肿的蜡膜,鼻孔位于喙的上部,足相对较短,趾间无蹼,雏鸟有留巢性。由于飞翔能力下降,体形发生相应的变化:体重增加,体形较短,胸宽而肌肉发达,颈粗背宽,体形较大。躯体可分为头部、颈部、背部、胸部、腰部、翼部、腹部、尾部、腿部等九大部分。

肉鸽头部所占比例不大,其外形近似长方形,顶部较平。喙短而粗壮,呈锥状。上下喙交界处为嘴角,年龄越大嘴角的结痂越厚。嘴角上方为鼻瘤,鼻瘤的颜色和结构因品种而异,鼻瘤随年龄的增长而增大。鼻孔位于上喙基部,两眼位于头两侧,视觉十分灵敏。

肉鸽的颈部浑圆而粗壮,颈部的长度一般与其足的长度成正比,上接头部,下接背部,颈部特别灵活,头部可自由转动180°。

肉鸽的背部长宽而直,背部前端两侧有强大有力的双翼。

肉鸽胸部稍向前突出,胸骨是一块宽阔的骨扳,支撑、保护胸部的内脏,上面长着强壮有力的胸肌,胸肌牵引双翼而飞翔。

肉鸽的背部后面为腰部,腰的末端有尾脂腺,肉鸽常用喙将尾脂腺分泌出来的脂肪涂在全身的羽毛上,以增强防水能力,保护羽毛。

鸽的前肢转化为翼,以适应飞翔,翼的形状、大小与飞翔能力的强弱密切相关。翼部由主翼羽、副主翼羽、覆主翼羽、覆副主翼羽、胛羽、小翼羽和扇羽组成。翼的前缘厚,后缘薄,构成一个曲面而产生飞翔升力,同时也是防卫的工具。

肉鸽腹部位于腰部下面,容纳着消化器官和生殖器官,末端有泄殖腔,雌鸽的腹部较雄鸽的大而柔软。

肉鸽的尾部不发达,由尾椎、尾脂腺和12根尾羽组成,张开时呈扇形。地面活动时尾部平直或略微上翘,飞行时可根据需要变化,其主要功能是在飞翔时起转换方向和平衡身体的作用。

肉鸽的腿部强壮有力,由大腿、胫和趾组成。肉鸽有四趾,胫和趾上有鳞片,鳞片随着年龄的增长逐渐变硬而粗糙,可作为年龄鉴别依据之一。

三、肉鸽的生物学特性

1. **单配制** 成鸽对配偶有选择性,配对后的公母鸽子总是形影不离,共同承担筑巢、孵卵、哺育乳鸽、守卫巢盆等职责。若一只飞失或死亡,另一只则需很长时间才重新寻找新的配偶。因此,在购买种鸽时应公母成对引入,切不可公母比例失调。

2. **晚成雏** 刚孵出的雏鸽身上只长有少量的初生绒毛,身体软弱,眼睛不能睁开,不能行走和觅食,需经亲鸽以嗉囊里的鸽乳哺育才能独立生活。长到 15 日龄以后,可以采用人工哺喂来进行喂养,以提高种鸽的年产仔数。

3. **素食性** 肉鸽无胆囊,喜欢采食植物性饲料,以玉米、稻谷、小麦、豌豆、绿豆、高粱等为主食,一般没有吃熟食的习惯。在肉鸽保健砂中还要添加微量元素、矿物质、维生素等营养物质。同时,保健砂中还要有大一点的沙粒,来协助肌胃磨碎粒状原粮。

4. **嗜盐性强** 野生原鸽生活在海边,常饮海水,形成了嗜盐的习性。如果鸽子的食料中长期缺盐,会导致鸽的产蛋等生理功能紊乱。每只成鸽每天需盐 0.2 克,盐分过多也会引起中毒。

5. **爱清洁和高栖** 鸽子喜欢在水中和沙中洗浴,以清洁羽毛,清除体表寄生虫,促进机体发育。群养鸽群要设置水浴盘和沙浴池,让青年鸽群尽情洗浴。鸽子喜欢栖息于栖架、窗台和具有一定高度的巢盆。

6. **适应性和警觉性强** 鸽子在热带、亚热带、温带和寒带均有分布,能在 ±50℃ 气温中生活,抗逆性特别强,对周围环境和生活条件有较强的适应性。鸽子具有较高的警觉性,若受天敌(鹰、猫、黄鼠狼、老鼠、蛇等)侵扰,就会发生惊群,企图极力逃离笼舍,逃出后便不愿再回笼舍栖息。在夜间,鸽舍内的任何异常响声,也会导致鸽群的惊慌和骚动。

7. 记忆力和归巢性强 鸽子记忆力极强,对方位、巢箱及仔鸽的识别能力尤其强,甚至经过数年的离别,也能辨别方向,飞回原地,在鸽群中识别出自己的伴侣。对经常接触的饲养人员,鸽子也能建立一定的条件反射,特别是对饲养人员在每次饲喂中的声音和使用的工具有较强的识别能力,持续一段时间后,鸽子听到这种声音或看到饲喂工具后,就能聚于食器一侧,等待采食。相反,如果饲养人员粗暴,经过一段时间后,鸽子一看到这个饲养人员就纷纷逃避。

四、肉鸽的经济价值

(一)营养价值

在我国,鸽肉一直作为珍贵的滋补食品,素有"一鸽当九鸡"之美誉。清代筵席中将鸽、雁、雉鸡、鹌鹑、野鸭和斑鸠列为"六禽",足以说明鸽肉能与其他野味相媲美。鸽肉营养价值高,特别是乳鸽(出生后 30 天左右的鸽)的肉中富含蛋白质、维生素和微量元素,其中蛋白质含量高达 20%～23%,而脂肪含量仅为0.73%。其他肉类产品,如牛肉、兔肉、鸡肉、鸭肉中的蛋白质含量分别为 19.86%、22.05%、13.1%、15.2%,脂肪含量分别为7.07%、6.61%、14.3%、26.5%。因此,具有高蛋白、低脂肪的特点,能满足人们对食品营养的需求;而且鸽肉肉质鲜嫩,含有 16 种氨基酸,其含量累计高达 16.9%,赖氨酸、蛋氨酸等 8 种必需氨基酸含量为 8.43%;两种影响食物味道的谷氨酸和天门冬氨酸含量高达 3.36%,因此肉质鲜美可口。

鸽蛋含有优质的蛋白质、磷脂、铁、钙、维生素 A、维生素 B_1、维生素 D 等营养成分,与鸡蛋、鹌鹑蛋所含营养成分相比,虽然所含的蛋白质、脂肪、胆固醇比鸡蛋、鹌鹑蛋的低,但碳水化合物、钙、铁等含量较高,是一种营养丰富的食品,极易消化。

(二)药用价值

鸽肉具有大补和养血的功效,早在 400 年前,鸽的骨骼和肉就已被列为传统中成药"乌鸡白凤丸"的主要原料之一。检测表明,鸽的血、肉、脑、肝、骨中,含有丰富的蛋白质、卵磷脂、胆固醇、磷酸肌醇、乙酰胆碱、酯酶、丁基胆碱酯酶、亮氨酸氨肽酶、抗坏血酸、二脂蜡、烃类、甾脂、游离脂肪酸。从古至今中医学认为鸽肉有补肝壮肾、益气补血、清热解毒、生津止渴等功效。现代医学认为:鸽肉可壮体补肾、生机活力、健脑补神,提高记忆力,降低血压,调整人体血糖,养颜美容,延年益寿。鸽肉中含有丰富的泛酸,对早期毛发脱落、中年早秃、头发变白、未老先衰、贫血等多种病症很有疗效,对于防治血管硬化、高血压、气喘等多种疾病有一定药疗作用。鸽肉含有较多的支链氨基酸和精氨酸可促进体内蛋白质的合成,加快创伤愈合,因此外伤流血、产后出血和输血者,食用肉鸽有滋补作用。鸽肉可促进血液循环,常吃鸽肉能治妇女闭经、子宫下垂,防止孕妇流产、早产。男子常吃鸽肉可预防性功能衰退和生理性阳痿等疾病。乳鸽的骨内含有丰富的软骨素,可与鹿茸中的软骨素相媲美,经常食用,具有改善皮肤细胞活力,增强皮肤弹性,改善血液循环等功效。

中医药学认为,鸽蛋味甘、咸,性平,具有补肝肾、益精气、丰肌肤诸功效,可改善皮肤细胞活性、皮肤弹力纤维,增加颜面部红润(改善血液循环、增加血色素),还可以有效预防并祛除青春痘、黄褐斑等皮肤问题。

(三)经济效益

肉鸽饲养具有简单易养、周期短、投资少、见效快等优点,且要求的房舍、设备、饲养方式、管理技术都很简单。肉鸽具有良好的适应能力,养殖收入稳定,风险小。生产性能比较好,产蛋率、种蛋受精率和孵化率均高。乳鸽一般 25～30 日龄可以出栏,饲料报酬高。肉鸽耐粗饲,主要以玉米等原粮为主,饲料原料方便易得,来源广泛,无须加工,几种原粮按比例拌匀即可饲喂,饲养成本低。种鸽利用年限长,一般为 5～6 年,2～3 岁是繁殖性能最旺盛的时期。目前,市场上肉鸽价格比肉鸡高 3～4 倍。

综合各地资料分析,饲养 1 对种鸽 1 年的饲料费合计为 40～50 元,一年中可生产乳鸽 12 只(较好的可达 14～16 只),每只乳鸽的饲料成本为 4 元左右,加上人工费、医药费等,总成本 6 元左右。500 克左右的乳鸽售价为 15～20 元,如果将生长发育好的乳鸽继续饲养到 2～3 月龄作种鸽出售,每只售价 40 元以上。可见饲养肉鸽的经济效益较好。

随着人们生活消费水平的提高,对乳鸽营养价值的进一步认识,"以鸽代鸡"的趋势将会更加明显。如果加强龙头企业培育、深入国际市场,那么肉鸽产业将有更广阔的发展空间。

第二节 肉鸽的品种

我国现有肉鸽品种资源十分丰富,总计 20 余种,分布于不同地区,有着各自的品种特性。

一、石岐鸽

石岐鸽是我国较大型的肉鸽品种之一,原产于广东省中山市的石岐镇,是由中山的海外侨胞带回的优良种鸽与中山本地优良鸽品种进行杂交培育而成的,距今有 100 年历史。石岐鸽的体貌特征是:体形较长,翼及尾部也较长,形状如芭蕉的蕉蕾,平头光胫,鼻长喙尖,眼睛较细,胸圆,适应性强,耐粗饲,就巢性、孵化、受精、育雏等生产性能良好,年可产乳鸽 7~8 对,但其蛋壳较薄,孵化时易被踩破。成年鸽体重:公鸽 750~800 克,母鸽 650~750 克,乳鸽体重可达 600 克左右。乳鸽肉质鲜美,有类似丁香花的味道,其肉质可与王鸽、卡奴鸽、蒙腾鸽等乳鸽肉味相媲美。石岐乳鸽具有皮色好、骨软、肉嫩、味美等特点,因此驰名中外。现在的石岐鸽毛色较多,有灰二线、白色、红色、雨点、浅黄色及其他杂色。但是,由于石岐鸽保种工作做得不好,加上近年来养鸽业的发展,外来鸽种较多,原有的石岐鸽很多与王鸽、杂交王鸽等杂交,本地石岐肉鸽出现了退化现象,较为正宗的石岐鸽在产地也较少见。

二、王　鸽

王鸽是世界有名的肉用鸽品种,1890 年在美国新泽西州育成,故亦称美国王鸽。该鸽按其培育用途不同,有观赏型和肉用型之分;按其羽色又可分白王鸽、银王鸽、黑王鸽、绛王鸽等,并有纯白、红粉、蓝色、灰黑、纯黑紫、棕、黄等毛色。下面着重介绍常见的白羽王鸽和银羽王鸽。

(一)白羽王鸽

简称白王鸽,是用仑替鸽、白马耳他鸽、白蒙丹鸽与贺姆鸽杂交,经过近 50 年的时间育成的。白王鸽按其用途分为展览型白羽王鸽和商品型白羽王鸽。商品型肉用白羽王鸽,体躯结实,体形矮胖,直立,身体较长,胸骨深长;头平,喙短,鼻瘤小,喙肉红色;眼大有神,眼睑粉红色,眼球深红,足枣红色;羽毛紧凑,尾较平,无胫羽,全身羽色为白色。其活动能力比其他肉鸽强,抗病能力和对气候的适应性也强。成年公鸽体重 800~1 100 克,成年母鸽体重 700~800 克;25~28 日龄乳鸽体重可达 600~700 克。繁殖性能好,每对种鸽平均年产乳鸽 6~8 对。屠宰率较高,每只全净膛可达 400~500 克,胴体为白色。

(二)银羽王鸽

简称银王鸽,是美国加利福尼亚州从 1909 年开始,用银色蒙丹鸽、银色仑替鸽、银色马耳他鸽杂交,经过近 40 年的时间培育而成的。银王鸽的体形比白王鸽稍大,按其用途也分为展览型和商品型。银王鸽全身羽毛银灰,翅膀上有 2 条深色线,具有青铜色光泽,腹部浅灰红色,眼环黄色,足红色。商品型银王鸽与商品型白王鸽相似,其体形较展览型银王鸽小一些,身体较长,尾部较平。银王鸽繁殖力比白王鸽高,商品型银王鸽每对种鸽年产鸽数为 7~8 对。屠宰率较高,每只全净膛可达 450~550 克。

三、蒙 丹 鸽

又称蒙珍鸽、蒙腾鸽,不善于飞,喜行走,故又名地鸽,原产于法国和意大利。其毛色多样,主要有纯黑色、纯白色、灰二线及黄色等。该鸽体形大,按产地分为瑞士蒙丹鸽、法国蒙丹鸽和美国蒙丹鸽等。

(一)瑞士蒙丹鸽

原产于瑞士,由美国培育而成。体形较白羽王鸽稍大,羽毛白色,性情温驯,体躯较长,羽毛不上翘。成年公鸽体重 850 克,成年母鸽体重 790 克,青年公鸽体重 790 克,青年母鸽体重 730 克。繁殖力强,可年产蛋 6~8 对,25~28 日龄的乳鸽体重 550~650 克。

(二)法国蒙丹鸽

又名法国地鸽,有毛足和光足两个变种。体长不如瑞士蒙丹鸽,有些像王鸽,短而浑圆,尾羽不上翘。成年公鸽体重 800~900

克,成年母鸽体重 700~800 克,产卵、孵化、育雏性能良好,可年产乳鸽 6~8 对,25~28 日龄的乳鸽体重 600~700 克。

(三)美国蒙丹鸽

又名美国巨头鸽,其起源与法国蒙丹鸽关系密切。该鸽羽毛紧而密实,无脚毛,体浑圆,背宽而圆直,站立时像卡奴鸽一样从颈到尾呈一条直线,头鼓圆,毛冠是装饰品,可作为商品的标志,不影响生产。成年公鸽体重 850~950 克,成年母鸽体重 750~850 克;青年公鸽体重 800~850 克,青年母鸽体重 720~780 克。年产蛋 7~8 对,育雏性能良好,25~28 日龄的乳鸽体重 600~700 克。

(四)印度蒙丹鸽

该鸽是利用印度哥拉鸽与法国地鸽、卡奴鸽等杂交育成。其体长比王鸽稍长,比瑞士蒙丹鸽稍短。成年公鸽体重 780~850 克,成年母鸽体重 700~800 克。

四、贺姆鸽

又名荷麦鸽、大坎鸽,是驰名世界的名鸽,有多个品系,是 1920 年美国用食用贺姆鸽与卡奴鸽、王鸽、蒙丹鸽杂交育成的。体形略短,体躯结实,背宽胸深;平头,喙圆锥状,小鼻瘤,无脚毛;羽毛紧密,羽色较杂,羽毛有灰二线、红、黄、棕等色。成年公鸽体重 700~800 克,成年母鸽体重 650~700 克,25~28 日龄乳鸽体重 500~600 克。繁殖性能略低,年产乳鸽 7~9 对;蛋破损少,很少压死雏鸽,孵化和育雏性能好,可用作保姆鸽代孵育其他良种鸽。耐粗饲,耗料少,肉味美并带有玫瑰香味。乳鸽时期生长速度较快,但后期体重增加的速度稍慢。

第三节 肉鸽的繁殖

一、肉鸽的选种

肉鸽选种就是从优良品种中将遗传性能好、符合种用的个体选留下来作种用,将不符合种用的个体加以淘汰,达到选优去劣的目的。通过世代不断选优去劣,就可以积累、巩固和加强对人类有益的基因。所以,选种是肉鸽繁殖的第一关,有条件的鸽场,应建立种鸽系谱登记等制度,保存完整的生产统计资料作为选择的依据。

(一)选种方法

1. **系谱选择** 优良性状可以遗传给后代。一般应考察 3~5 个世代,而影响肉鸽品质最大的是父母代,祖先愈远,对后代的影响就愈小。在分析系谱时,若系谱记载的主要经济性状一代比一代好,则选留的这只鸽可能是较好的。在分析祖代资料时,还应注意当时的环境和饲养条件。

2. **外貌选择** 一般通过评定者的肉眼观察、手摸和称重等方法看外貌是否符合本品种的特征和指标而决定去留。对肉鸽而言,要求头颈较粗,头顶较平,额宽阔,喙短而钝,眼睛虹彩清晰,光亮而有神,羽毛紧密且有光泽,身躯、足和翅膀发育良好,胸骨平直不弯,胸宽厚,胸肌发达丰满,皮肤细嫩,足胫粗壮,尾小而窄。

3. **性能选择** 即选择本身素质好、生产性能高的作种鸽。如日增重大、生长快、饲料报酬高;耐粗饲,抗逆性和适应性强;产蛋勤、孵蛋好、哺喂雏鸽性能好;性温驯,反应快,易调教和便于管理等。

4. 后裔选择 是根据后代生产性能来选择与淘汰种鸽的最高形式。后代的生产性能和素质符合者留下继续繁殖,不符合者则视情况,或淘汰或拆对重配。其方法有 3 种:

(1)后裔与亲代的比较 种鸽的后裔经配对繁殖后,如后裔繁殖成绩保持或超过亲代的水平,则该种鸽有培养前途,属优良品种。但如果后代出现分离退化、繁殖成绩差等现象,则说明该种鸽繁殖力不稳定,不适宜留作种用。

(2)后裔与后裔比较 将一对在产的种鸽,在其繁殖 4~5 窝后拆开,另换母鸽交配,然后比较两母鸽配对期后裔的繁殖性能,由此判断亲鸽遗传性的优劣。

(3)后裔与鸽群比较 是将所选种鸽后裔的繁殖性能与鸽群的平均繁殖性能作比较。若后裔的繁殖性能高于鸽群的平均值,说明这对种鸽性能优良,可以留作种用。如此经过长期的精心选留,就能获得较理想的种鸽。

(二)选种时期

分为产前选种和产后选种两个阶段。产前主要根据其系谱选种,产后一般进行多次选种,才能不断提高种鸽质量。具体方法是:

1. 组建核心群 在尚未建立核心群的场,要按照 3% 比例,运用系谱选择法、外貌选择法和性能选择法进行挑选组建核心群种鸽。其选择指标是:年龄 1 岁以上;产蛋期月平均产蛋 3 窝以上(特别要注意秋冬季产量);育仔期窝平均育成仔鸽数 4 只以上、年 24 只以上;公鸽体重 600 克、母鸽 500 克以上;受精率 95% 以上;就巢性好,破蛋率 2% 以内。

2. 后裔选择 在核心群后代乳鸽 20~25 日龄时进行。对那些后代遗传基因不稳定,产出的乳鸽 23 日龄达不到 500 克,体形、毛色有变异,以及种蛋受精率、孵化率、乳鸽育成率达不到育种指标的核心群产鸽和乳鸽要给予淘汰;凡其后代 7 日龄达 200 克、23 日龄达 500 克以上的、具有亲鸽品质特征的列为初选对象,其父母也可继续留在核心群。

3. 三选青年鸽　5 月龄配对前,每月都要按照统一制定的标准,将不合格者淘汰 1 次。

4. 配对选　5 月龄公母鸽个体分别达到 750 克和 600 克以上的,遗传性稳定的,确定为种鸽。

5. 生产期选　在种鸽生产的第 3、6、9、12、18 个月时,根据其生产成绩、就巢性、仔鸽长势、体重、健康状况等再选,不合格者剔出核心群,转入普通生产群。这样,经过 3~5 年选育即可形成具一定规模的核心群。

二、肉鸽的选配

选配是选种的继续,就是将经过评定选出的后代根据留种目的和标准,有意识、有计划地为其选择最佳配偶,实行最佳组合,借以获得优良后代的工作。应根据种鸽的实际情况,采取适当的选配方法。

(一)选配方法

1. 品质选配　它是着重种鸽父母双方的品质进行的选配。品质选配又可分为同质选配和异质选配两种。

(1)同质选配　是指在同一品种或品系选择具有相似的形态特征、繁殖性能及经济特性的优良公母鸽进行配对,使后代能保持和加强亲代原有的优良品质,增加后代基因的纯合型。其不足之处是血缘关系较近,可能使后代的生活力下降,甚至可能使两个亲代的缺点积累起来,影响后代的种用价值。

(2)异质选配　与同质选配相反,这是在同一品种或品系内,选择具有不同优点的公母鸽进行配对繁殖。期望将双亲优良性状融合在一起,遗传给后代,或者以一方优点去弥补或改良另一方的缺点。异质选配可以增加后代基因的杂合型比例,减少后代与亲代的相似性。但不能将异质选配理解为具有相反缺点的亲鸽配对繁殖,其后代就可以相互抵消或矫正亲代的缺点。实际已证明,这非但不可能,还会出现一些不良的后代。

2. **亲缘选配** 根据双亲的血缘关系又分为亲交、非亲交、杂交和远缘杂交4种。具体采用何种方法,应结合不同的情况和选种目的来确定。如使鸽群的遗传性日益稳定,保留群中某些优良个体的性状或特征,常采用亲交选配方法。亲交使鸽的血缘已接近,但长期进行亲交会导致子代的生活力、繁殖力等下降,有时还会出现畸形。

3. **年龄选配** 鸽子随着年龄的增长而逐步衰老,生活力也逐渐减弱,其后代的品质也下降。鸽子最理想的选择年龄是2~3岁。一般老年公鸽与青年母鸽配对,后代多表现母系的特征。而青年公鸽与老年母鸽配对,其后代往往偏向父系的特点。鸽子一般可活10~15年,长的可达30年之久,但繁殖年龄只有5年左右,最佳繁殖年龄是2~4岁,超过4岁,繁殖力开始下降。

(二)肉鸽的配对

1. **公母鉴别** 留作种用的肉鸽经过1个月的哺喂基本性成熟,此时应将公母鸽分开饲养,防止早配对及早产。公母肉鸽的鉴别见表3-1。

表 3-1 鸽的公母鉴别

	公 鸽	母 鸽
体表与形体	体大、头大、颈粗,鼻瘤大而扁平,喙阔厚而粗短,足粗大	头较圆小,鼻瘤窄小,喙长而窄,体稍小而足细短,颈细而软
生长发育	生长快,身体强壮,争先抢食	生长慢,身体稍小,多数不争食
采食动态	活泼好动,性格凶猛,捕捉时用喙啄或用翅拍打,反应灵敏	性格温和、胆小,反应慢,捕捉时畏缩逃避
鸣 叫	捕捉时发出粗而响的"咕咕"声	发出低沉的"唔唔"声
眼 睛	双目凝视,炯炯有神,瞬膜闪动迅速	双眼神色温和,瞬膜闪动较缓慢
肛 门 (4月龄)	闭合时向外突出,张开时呈六角形	闭合时向内凹入,张开时呈花形
羽 毛	有光泽,主翼羽尾端较尖	光泽度较差,主翼羽尾端较钝

2. 配对方法

(1)配对的准备 肉鸽达 4 月龄时,开始发情,这时需将公母鸽分栏饲养,以防近亲交配或配合不当。为防止种鸽过肥或过瘦影响生产性能,应根据日粮标准配合饲料,饲料供给以每天 2 次为宜。配对前 15 天,喂给肉鸽抗菌药物如红霉素等,以防传染病。肉鸽每周洗浴 1 次,在水中加入适量敌百虫以杀灭鸽虱、鸽螨等寄生虫。

(2)配对方法 当童鸽养至 6 月龄时,性器官及身体各种功能已经健全,这时就可以配对繁殖。配对分为自然配对和人工配对,自然配对就是让成群的肉鸽自找对象配成对。这样易造成近亲繁殖,导致品种、毛色、体形、体重的差异,不利于获得优良的后代。人工配对是将经性别鉴定好的鸽子一对一对关入设有活动隔网的笼中,公母分别放在隔网两边,让其培养"感情",当两羽鸽子喜欢相互接近时,将隔网取出,若不发生打斗,表明配对成功。一般经过 2~3 天即可配好对。人工配对,不仅可以克服自然配对时间拖长、容易造成近亲繁殖及过早配对等不利于获得优良后代的缺点,而且可以根据配对后发现的异常情况及时采取措施,如两鸽是全公或全母,应重新配对。因此,人工配对法特别适用于笼养肉鸽的配对。

三、肉鸽的人工孵化

研究报道,鸽蛋人工孵化与生产鸽孵化相比出雏率提高 20%,破蛋率和死胎率分别降低 10% 和 15%。更重要的是使种鸽产蛋率提高 37.5%,从而大大地提高了生产鸽的利用率。

鸽蛋人工孵化多采用孵化家禽的小型电热孵化器,只需将蛋架稍加改造即可。孵化方法与其他家禽的孵化方法基本相同。

(一)温度控制

鸽蛋重小,蛋壳薄、光滑,结构坚韧细密,透气性差,蒸发水分慢,鸽蛋内蛋白多达 74%,且胶质透明,所以鸽蛋感温灵敏,导热性较差。因此鸽蛋孵化中的温度控制十分关键。一般认为鸽蛋孵化最佳温度为 38.3~38.8℃,如批量孵化可采用变温孵化,1~7 天为 38.7℃,8~14 天为 38.3℃,15~18 天为 38℃。该温度虽不是绝对标准,但能使出雏率达到最高,且雏鸽外观漂亮,健雏率高,无大肚脐,出雏后的蛋壳洁净。

(二)湿度控制

肉鸽人工孵化的空气相对湿度宜控制在 50%~55% 之间。湿度不能过高,特别是在大批鸽蛋出壳时,对未出壳胚胎切忌喷水,如像孵鸡鸭那样喷水增湿达 70%~80%,其结果出雏率反会受影响,原因是箱内处在高温高湿严重缺氧情况下,大多雏鸽会胀闷在壳内。若在孵化全期空气相对湿度偏高在 65% 以上,会妨碍鸽蛋内水分蒸发,影响胚胎正常的代谢发育,使出壳时间不一,出壳雏鸽软弱,腹大水肿,蛋白粘身,有的不能啄壳而死。但亦应避免湿度过低影响出雏,可见于胚胎气室过大,雏鸽毛短干瘦易与蛋壳粘连,毛色污染,成活率低。

(三)翻蛋与凉蛋

自入孵后 1~11 天每昼夜翻蛋 6 次,5~16 天每昼夜增加到 8 次,待到 17 天出雏期不翻蛋,将已啄壳的种蛋放在平板出雏蛋盘内,让其自行出壳。翻蛋的同时结合凉蛋,每次凉蛋时间依照室内温度而定,当室内温度在 20℃ 左右时,凉蛋时间一般前期 4~6 分钟,后期为 8~10 分钟。

(四)照　蛋

照蛋主要是检查种蛋受精情况和胚胎发育情况,以便检查发现孵化不良的现象,并及时加以调整改进。一般第 1 次照蛋在入孵后 4~5 天进行,取出无精蛋和死精蛋;第 2 次照蛋于入孵后 10 天进行,取出死胚蛋。中期还可以抽样检查胚胎发育情况。

(五)出　雏

孵化到第 16 天,将蛋转到出雏机,在出雏机内孵化 1~2 天即破壳出雏。出雏前后时间最好在 24 小时左右,过晚或过早出的雏都不健壮。出雏完毕后,出雏机应洗刷并进行消毒,以备下次出雏时使用。

第四节　肉鸽的营养需要和饲料配制

一、肉鸽的营养需要特点和饲养标准

(一)肉鸽的营养需要特点

1. **喜素食，不爱吃荤**　肉鸽喜食植物性饲料，不喜欢食动物性饲料，但对动物性蛋白质的需求量和其他禽类相差不大。因此，为满足肉鸽对于蛋白质的需要，可在日粮配制时适当补充动物性蛋白质。

2. **饲料可不经过加工直接投喂**　组成肉鸽饲粮的各饲料原料一般不需进行加工，可直接投喂谷类和豆类饲料的粒料。根据肉鸽不同生长阶段的营养需要，谷类和豆类的饲料可按如下比例进行配制：繁育期种鸽谷类70%～75%，豆类25%～30%；非繁育期种鸽谷类85%～90%，豆类10%～15%；幼鸽谷类75%～80%，豆类20%～25%。

3. **日粮中脂肪含量不可过高**　3%～5%的脂肪含量可满足肉鸽需要，脂肪含量不可超过5%。日粮脂肪含量过高会影响消化，还会降低鸽肉的品质。

4. **需要补充维生素制剂**　肉鸽一般以舍饲和笼饲为主，很少自由采食青绿饲料，加之生长发育快，对维生素需求量大。因此，饲养肉鸽应注意补充维生素制剂，可以将维生素添加到保健沙中。

5. **对矿物质需要量大**　肉鸽饲养过程中一般要补充矿物质合剂(保健砂)，否则会影响肉鸽生长，使其繁殖力下降。

（二）肉鸽的饲养标准

饲养标准是根据肉鸽的消化、代谢、饲养及其他试验，测定出的每只鸽在不同体重、生理状态及生产水平下，每天需要的能量及其他各种营养物质的参数。依据肉鸽营养需要量参数和不同营养物质间的比例，结合生产实践中积累的经验，便可制定出各类鸽的饲养标准。饲养标准在饲养实践中可以维持鸽的健康，充分发挥肉鸽的生产效率和繁殖能力，节约饲料，降低成本。肉鸽的饲养标准是科学配制饲粮和对不同用途、生理阶段肉鸽进行科学饲养的依据。实践证明，脱离饲养标准盲目饲养，可导致肉鸽营养缺乏或营养过剩，这都将不同程度地影响肉鸽的健康和生产效率的发挥。饲养标准也是肉鸽养殖场制定饲料生产与供应年度计划不可缺少的依据。

目前，国内外还没有正式统一的肉鸽饲养标准，只有一些专家推荐的参考性标准（表3-2）。饲料配方大多是养殖场技术人员或养殖户根据经验和专家推荐数据自行制定，造成肉鸽长期营养缺乏，致使生产性能低下，生产潜力得不到充分发挥。

表3-2　肉鸽的营养需要

阶　段	各营养成分含量（%）					代谢能（兆焦/千克）
	粗蛋白质	粗纤维	钙	磷	粗脂肪	
幼　鸽	14~16	3~4	1.0~1.5	0.65	3~5	11.723~12.142
繁殖种鸽	16~18	4~5	1.5~2.0	0.65	3	11.723~12.142
非繁殖种鸽	12~14	4~5	1.0	0.60	3	11.723

二、肉鸽常用的饲料种类

（一）能量饲料

1. **玉米** 含热量高,纤维素少,易消化吸收,是饲养肉鸽最常用也是必不可少的能量饲料,用量占饲粮的 25%～65%,一般为 60%左右。

2. **小麦** 一般用量为 5%～25%,价格低于玉米时,可以增加到 45%左右。由于小麦种皮含有大量的镁离子,肉鸽吃多容易引起腹泻,故宜配合高粱饲喂。

3. **高粱** 含有鞣酸,肉鸽多吃会引起便秘,要配合小麦应用。一般用量 8%～10%,价格便宜时可加大到 25%左右。通常在夏季、幼鸽可以加多一些,冬季、种鸽可少些。

上述能量饲料的营养特点是无氮浸出物含量高,占干物质的 70%～80%,故热量高,其代谢能为 8.36～14.63 兆焦/千克,蛋白质含量不高,为 8%～11%,蛋白质品质不好,一般缺乏赖氨酸、蛋氨酸、色氨酸等必需氨基酸。

（二）蛋白质饲料

1. **植物性蛋白质饲料** 主要是豆科籽实,如豌豆、绿豆、蚕豆、大豆、红豆、小豆、黑豆及火麻仁等。其营养特点是:蛋白质含量比谷实类高,一般在 20%～40%之间,蛋白质品质好,特别是植物蛋白质中所缺乏的赖氨酸、蛋氨酸含量丰富,与谷物籽实配合使用,其氨基酸可起到互补作用。无氮浸出物含量比谷实类低,个别种类如大豆、火麻仁的脂肪含量较高,故其热量均低于谷实类籽实。矿物质和维生素营养上与谷实类大致相似,但维生素 B_2 和维生素 B_1 的含量有些品种稍高于谷实;钙含量稍高,但钙磷比例不恰当,磷多于钙,不易被利用。

几种重要植物性蛋白质饲料在日粮中的比例如下:豌豆为重要的蛋白质来源,可用到 20%～40%;绿豆具有清热解毒之功,在炎热的夏季可加一些,用量一般为 5%～8%;蚕豆粗纤维较多,颗粒较大,经粉碎成小粒,用量为 10%～25%;大豆蛋白质为植物蛋白质中的佼佼者,不仅蛋白质含量高,且氨基酸组成合理,唯稍欠蛋氨酸,脂肪含量较高,营养价值很高,用量可为 2%～10%,在使用前,必须经高温处理(炒或蒸煮);火麻仁蛋白质含量可达 34%,用量可达 3%～6%。

2. **动物性蛋白质饲料**　这类饲料的特点是蛋白质含量高,氨基酸组成理想,故生物学价值就高,钙、磷等矿物质含量丰富,且比例恰当,易于消化吸收,为鸽子良好的蛋白质补充饲料。主要有鱼粉、肉粉、蚕蛹粉、蚯蚓粉等。这类饲料在目前应用还不普遍,其原因是传统习惯,另外,会影响鸽肉味道。

(三)青绿饲料

各种菜叶如甘蓝、菠菜、白菜、莴苣等及绿萍、无毒野草野菜、豆叶、树叶等,一般每周供给 1～2 次。

(四)矿物质饲料

主要包括骨粉、贝壳粉或蚌壳粉、石灰石、磷酸钙、碳酸钙、食盐、氧化铁等。其作用主要是用来补充钙、磷、镁、钾、氯、硫、铁、铜、钴、锌、锰等矿物质元素的;这些物质对笼养鸽尤其重要,一般常用保健砂供给。

(五)添加剂饲料

1. **营养添加剂**　一般包括三大类:氨基酸添加剂、维生素添加剂、微量元素添加剂。

2. **非营养添加剂**　一般包括三种：保健助长添加剂、饲料保藏添加剂、食欲增进和品质改良添加剂。

三、肉鸽的日粮配合原则与配方举例

（一）配方原则

1. 根据鸽的品种、年龄、用途、生理阶段、生产水平等不同情况，确定其营养需要量，制定饲养标准，然后根据饲养标准选择饲料，进行搭配。

2. 控制日粮的体积，既要保证营养水平，又要考虑食量，一般鸽子1天内消耗 30~60 克，如果日粮中粗纤维含量较大，则易造成体积较大，鸽子按正常量食入时，营养不能满足其需要。因此，一般粗纤维的含量应控制在 5% 之内。

3. 多种饲料搭配，发挥营养互补作用，使日粮的营养价值高而适口性好、提高饲料的消化率和生产效能。

4. 选择合适的原料进行配合，要求饲料原料无毒、无霉变、无污染、不含致病微生物和寄生虫。要尽可能考虑利用本地的饲料资源，同时考虑到原料的市场价格，在保证营养的前提下，降低饲料成本。

5. 保持饲料的相对稳定。日粮配好后，要随季节、饲料资源、饲料价格、生产水平等进行适当变动，但变动不宜过大，保持相对的稳定，如果需要更换品种时，也必须逐步过渡。

（二）配方举例

目前国内许多鸽场采用饲料原粮喂鸽，现介绍几种饲料配方以供参考（表3-3）。

表3-3 肉鸽日粮配方

配 方	1	2	3	4	5	6	7	8	9	10
稻 谷	50	30	—	—	—	—	—	—	6	—
玉 米	20	20	45	30	40	30	20	30	35	45
小 麦	10	10	13	10	19	25	25	10	—	20
扁 豆	20	20	20	10	22	22	20	—	26	20
绿 豆	—	8	8	15	—	—	—	15	6	—
高粱或糜子	—	8	10	10	19	23	35	10	12	15
麻 籽	—	4	4	5	—	—	—	5	3	—
碎 米	—	—	—	20	—	—	—	20	—	—
黄 豆	—	—	—	—	—	—	—	—	10	12

四、保健砂的应用

合理配制和使用保健砂是肉鸽饲养管理工作重要的一环,尤其在饲喂原谷物豆类的颗粒时,饲料中营养物质不足的部分必须通过保健砂给予补足。实践表明,保健砂能促进仔鸽生长,保证成年鸽的健康,防止母鸽产软壳蛋和仔鸽患骨软症,对笼养鸽的作用尤其重要。

(一)保健砂的主要原料及功能

1. 红泥土　富含铁、钴、锌等微量元素,可防止微量元素缺乏。另外,肉鸽原粮也喜欢泥土的味道,能促进采食。用量占保健砂总量的20%～40%。没有红泥土的地方可以用黏土代替。

2. 河沙　不含任何营养成分,主要作用是协助肌胃来磨碎鸽吃进去的原粮。河沙要求清洁卫生、无污染,如绿豆大小,用量

20%~40%。

3. **贝壳粒** 主要用来补充钙,满足肉鸽骨骼生长和蛋壳形成的需要。贝壳应粉碎成小粒状,不要成粉末,用量20%~35%。

4. **石灰石** 主要成分为碳酸钙,用来补充钙,可以代替贝壳粒使用。使用时粉碎成粉状或细颗粒状。

5. **骨粉** 主要补充磷,也满足钙的需求,用量10%~15%。

6. **食盐** 满足嗜盐性,补充钠离子和氯离子,用量4%~5%。

7. **木炭末** 添加5%的木炭末,可以很好地吸收肉鸽胃肠道中的有害物质,预防腹泻。

8. **其他** 除了上述必需的保健砂外,一些中草药具有防病、促进消化的功能,如龙胆草、甘草粉等。生石膏含有丰富的硫元素,换羽期添加有利于羽毛的再生。微量元素添加剂可以补充铜、铁、锰、锌、碘、硒等微量元素。

(二)保健砂配方

见表3-4。

表3-4 肉鸽保健砂配方 （%）

配方编号	1	2	3	4	5	6	7
红泥土	24	35	34	25	35	35	23
河 沙	32	25	10	20	25	20	25
贝壳粒	30	15	30	30	15	20	20
骨 粉	2	10	5	10	5	9	10
石灰石	—	—	5	5	5	5	10
木炭末	5	5	10	4	5	5	5
食 盐	4	5	4.5	5	5	4	4.5
生石膏	—	5	1	0.5	5	—	—
龙胆草	—	—	0.5	0.5	—	0.5	—
甘草粉	1	—	—	—	—	0.5	1
微量元素添加剂	2	—	—	—	—	1	1.5

（三）保健砂的使用

1. **采食量** 肉鸽对保健砂的采食量因年龄、饲养方式及日粮组成不同而异,生产中多采用自由采食的方式满足其需要,在此将韦颂汉等用杂交王鸽测定的粉状保健砂消耗量列于表 3-5,供参考。

表 3-5　不同时期肉鸽对保健砂的消耗量

鸽　别	哺育期种鸽				孵化期种鸽	非孵育种鸽	群养成年鸽	平　均
	1 周龄	2 周龄	3 周龄	4 周龄				
保健砂消耗（毫克/只·天）	1653.0	2337.0	2411.0	1741.0	1080.0	1133.0	809.0	1595.0

2. **现配现用** 保健砂最好现配现用,保证新鲜,防止某些物质被氧化、分解或发生不良反应。一次可配 3~7 天的用量。

3. **定时供给** 保健砂应天天供给,每天下午 3~4 时供给定量的保健砂。

4. **保健砂杯** 保健砂不要和饲料放到一起,要配备专用保健砂杯,定期清理杯中的剩余物,以保证卫生。

五、肉鸽颗粒饲料的应用

传统的肉鸽养殖多习惯使用原粮配方饲喂肉鸽亲鸽,饲料浪费较大,乳鸽增重速度慢,饲料效率低,种蛋受精率低。国外近几年已有鸽用颗粒饲料问世,颗粒饲料营养全面,并且适口性好,喂前不需要进行调制,可提高生产性能、饲料效益和劳动效率。美国帕尔梅托商品鸽场以绛羽卡诺鸽进行了为期 1 年的试验,结果喂颗粒料的与喂谷豆日粮的相比,年产仔鸽数提高 15%。

全价颗粒饲料的大胆尝试解决了肉鸽规模化、现代化发展需求,但是鸽的自身消化、生理特点和独特的繁殖方式使得国内肉鸽全价颗粒饲料应用进展缓慢。不过长远来看,全价颗粒饲料替代原粮饲料是将来肉鸽饲料发展的一个方向。

第五节　肉鸽舍与设备

一、肉鸽舍的要求

鸽舍是肉鸽栖息、生活和繁殖后代的场所,建造时既要考虑式样美观,又要讲究经济实用。因此,设计上不仅要考虑鸽舍的空气新鲜、阳光充足、冬暖夏凉、清洁安静,而且鸽舍应坐北朝南,门东向为好,既要便于操作管理,又能防兽害。建筑材料要因地制宜,尽量降低成本,农户养殖时可利用闲置房舍改建,只要满足养鸽的基本条件都是可以的。

根据肉鸽具有喜干燥、通风,忌闷热、阴暗、潮湿等习性,新建鸽舍应满足以下几点要求:

一是通风良好。鸽舍是靠门窗通风的,故窗户不能太小,一般窗户面积与鸽舍地面面积的比例应不小于 1:6。如果鸽舍跨度大,可在屋顶安装通风管,管下部安上通风控制闸门,必要时可开闸通风。

二是具有保温防暑性能。肉鸽舍的适宜温度为 10~25℃,要求冬季便于保温,夏季便于降温。

三是鸽舍应有适当高度,过高增加造价,冬季不易保暖,而且还会给清扫、消毒带来不便,过低空气流通差,夏季闷热。通常大型鸽舍的檐高不应低于 250 厘米。

四是防潮湿。鸽舍应建在地势较高的地方,四周设排水沟,舍内最好做成水泥地面,以便保持舍内干燥。

五是保证充足阳光。鸽舍应尽量坐北朝南,以利采光。同时还要保证窗户达到一定的采光面积。种鸽舍还应安装照明设施,必要时可以人工补充光照。

六是便于消毒防疫。鸽舍要求墙面光滑,地面平整无缝隙,以便冲洗消毒。此外,鸽舍入口处应设有消毒池,窗户有防兽防鼠网。

二、鸽舍的种类与形式

(一)鸽舍的种类

1. **种鸽舍** 专门用于饲养公母种鸽的鸽舍。多采用小群离地散养的方式,设有运动场,使种鸽得到运动,增强体质,同时可以得到充足的阳光和新鲜空气,有利于保持健康、精力充沛,增强抗病能力,提高生产性能,培育优良的后代。建造鸽舍时将整幢鸽舍隔成 2.6 米×4 米的小间,每小间饲养种鸽 20 对左右。但这类鸽舍投资较大,成本较高,饲养管理不便,不易观察每对鸽的动态和生产情况,管理不善易发生传染病。

2. **商品鸽舍** 一般用于饲养肉用乳鸽,生产乳鸽供应市场。采用每对亲鸽单独笼养的形式。

3. **青年鸽舍** 又称童鸽舍、育成鸽舍、后备种鸽舍,用于饲养留作种用的 1~6 月龄的青年鸽。鸽舍分为大小相等的许多单间,单间面积 10.4 米^2,舍外接运动场,其面积可略大于鸽舍,饲养青年鸽 5~7 只/米^2。

(二)鸽舍的形式

1. **群养式鸽舍** 可利用普通平房,前后开窗,前窗低些,后窗高些,舍内放群养式产鸽笼。舍前面是运动场,有小门相通。运动场四周先用单砖砌成 70 厘米高的墙,再用铁丝网围成,顶上亦用铁丝网覆盖,地面铺清洁河沙,并常换新沙。运动场一侧放栖息架,另一侧放料槽、保健砂罐和饮水器。群养式鸽舍适用于童鸽和生产鸽的饲养。

2. **笼养式鸽舍** 适用于生产鸽。笼养就是将生产鸽分对关在一个笼内饲养。这样鸽群安定,管理方便,采食均匀,发病率低,繁殖率高。笼养鸽舍又主要分为以下 3 种:

(1) 双列式鸽舍 用"人"字屋架,屋顶两边设气楼,两边缘各宽 60 厘米、高 2.8 米。舍内宽 3 米,正中是 2.2 米的工作走道,走道两端是鸽舍门。走道的两侧安放叠成 4 层的产鸽笼。笼下有内水沟与外水沟。水沟深 5 厘米,宽 40 厘米。鸽舍长度根据饲养量而定,一般一个人可饲养生产鸽 200~296 对,其舍长应为 15~22.2 米。

(2) 单列式鸽舍 只在一边安放鸽笼,可取坐北朝南方向。空气流通,阳光充足,但占地多。

(3) 敞棚式鸽舍 砌几根砖柱,上面搭棚顶,四周敞开。鸽笼重叠 3 层分几排放置棚下。这种鸽舍简单易建,但冬天易受寒风侵袭。

三、笼具和配套用具

1. **产鸽笼** 笼养式产鸽笼通常采用内外两笼构成的铁丝网笼,以鸽舍砖墙相隔,墙上开一小洞(即中门),高 20 厘米,宽 15 厘米。外笼为产鸽饮水、洗浴、运动场所,宽 60 厘米,高 40 厘米,深 60 厘米,正面开一小门(外门),便于捉鸽。内笼为产鸽采食和产卵、孵化、育雏的地方,称生产间,宽 60 厘米,高、深各为 40 厘米。正面开一宽 22 厘米,高 20 厘米的内门,内外小门及内笼的正面均用 6 毫米的铁杆直竖间隔,间距 4 厘米,以便采食。笼底铁丝网目为 3 厘米×3 厘米,其余网目为 5 厘米×5 厘米。在生产间小门右侧距笼底 17 厘米高度,架上一个 20 厘米×20 厘米的巢盆架。

2. **巢盆** 供产蛋、孵化用。有瓦盆、方木盆、塑料方筛等。架在巢盆架上,内放一巢盆。

3. **料槽** 可用竹木或锌铁制成,长条状。一般长 40 厘米,高 6~8 厘米,宽 10 厘米。笼养时平挂于笼外的笼壁上,群养时则放置于地面上。

4. **饮水槽与饮水器** 笼养产鸽饮水器有杯式、槽式和水管饮水器 3 种,但常用槽式饮水器,可用一条长形水槽,高 5 厘米,上宽 6 厘米,下宽 4 厘米,长度与笼舍长度一致,平挂于外笼正前方。群养时常用的是塑料饮水器,一次可盛水 2 500~5 000 毫升,使用方便,能经常保持饮水清洁。

5. **保健砂杯** 可用塑料饮水杯或圆形竹筒,深 8 厘米,上口直径 6 厘米,内盛少量保健砂,挂在内笼正前方一侧。

6. **足环** 为辨认鸽子及记录系谱档案,产鸽和留种用的童鸽都应套上编有号码的足环,与鸡用铝制环一样。

7. **捕鸽网** 养鸽场捕鸽徒手捕捉困难,需要借助捕捉网来抓捕。捕鸽网网口直径 30 厘米左右,网深 40 厘米左右,网口用粗铁丝或竹条做成圆形,并固定在一根竹竿上。捕捉时动作要准、要快,尽量减少对鸽群的惊扰。

第六节　肉鸽的饲养管理

一、肉鸽饲养阶段的划分

目前对肉鸽饲养阶段划分尚无统一的标准,根据肉鸽生长发育特点可暂行划分为:乳鸽(0~1 月龄)、童鸽(1~2 月龄)、青年龄

(3~6 月龄)和种鸽(6 月龄以上)4 个阶段。

二、乳鸽的饲养管理

乳鸽刚出壳时躯体软弱,身上只被覆初生的绒毛,眼睛不能睁开,不能行走和自行采食,完全依靠亲鸽所吐出的鸽乳和半消化饲料来获得生长发育所需要的营养。由于乳鸽消化器官发育不完全、体温调节能力和抗病能力都很差,同时乳鸽阶段是鸽子一生中生长最迅速的时期,需要大量的营养物质,所以这个阶段的精心饲养至关重要。

(一)加强亲鸽的饲喂

乳鸽的食物靠亲鸽哺育供应,保证供应亲鸽充足的日粮和保健砂是维持乳鸽正常生长的关键。对亲鸽必须给予营养丰富的饲料,尤其要增加蛋白质饲料,并要增加饲喂次数。亲鸽一般上午、下午各喂 1 次,注意采食量大的种鸽要多补充一些,也可将其他种鸽吃剩的料收起来添给耗料量大的种鸽。注意饲料要清洁无霉变。

(二)确保乳鸽吃到鸽乳

乳鸽出壳 5~6 小时后,注意对不能正常哺喂的亲鸽加以调教,即将初生乳鸽的喙小心地插入亲鸽的嘴里,经过几次诱导,亲鸽便会喂养乳鸽,使乳鸽吃到足够的鸽乳。同时,还要防止“喂偏”。所谓“喂偏”,即在同一窝的乳鸽中出现一大一小、一强一弱的情况。如果出现了“喂偏”的现象,可将较大的一只乳鸽给予暂时性隔离,让较弱小的一只获得较多的哺喂,或者把两只乳鸽的栖位调换一下。这是因为往往是先哺喂的一只喂量多,后哺喂的喂量少,换位后可改变哺喂顺序的先后。另外,还要注意,对于因亲

鸽患病而不能被哺喂的乳鸽或有较高产蛋能力亲鸽的后代,则有必要找保姆鸽来代喂。

(三)做好保温工作

由于乳鸽的御寒能力和体温调节能力差,尤其是刚刚出壳的乳鸽,故应特别注意做好保温工作。当舍温低于6℃时,要增加保暖设施,可在巢盆内铺置柔软、保暖性能好的垫料,如双层麻布,下面再铺谷壳或木屑。在保温的同时,还要注意鸽舍内的通风换气,以保证鸽舍内空气清新,利于乳鸽的生长发育。

(四)并窝育雏

一对乳鸽中途死亡仅剩1只或一窝中仅孵出1只可合并到日龄相近的单仔窝或双仔窝中,这样可以避免仅剩1只乳鸽而往往被亲鸽喂得过饱而引起消化不良的现象。刚并窝时要注意观察亲鸽有没有拒喂和啄打新并入乳鸽的现象。并窝应在饲料充足、日粮配合完善、管理细致的情况下进行,否则并窝的效果不好。并窝是提高种鸽繁殖力的有效措施之一,因为并窝后,不带仔的种鸽可以提早10天左右再次产蛋,产蛋率可提高50%左右。

(五)投放保健砂

为保证乳鸽健康,提高乳鸽的出栏体重,要对乳鸽每天按时投放保健砂,以增加微量元素和维生素含量,防止引起乳鸽消化不良。5日龄时,每天喂1次,每次喂1粒(黄豆粒大小),随着日龄的增大而适当增加。10日龄以后,每天喂2次,每次喂2~3粒。

(六)保持清洁的环境

乳鸽食量大排粪多,容易污染巢盆,而此时乳鸽抵抗力弱,容易发病,所以经常更换被粪便污染和弄潮湿的巢盆和垫草,保持巢盆的清洁、干爽,饮水清洁,保健砂、饲料新鲜。否则,巢盆积聚大量粪便,垫料潮湿发霉,乳鸽容易感染疾病而死亡。

(七)防止应激

由于幼鸽本身的抗应激能力较差,并且又是在亲鸽的腹下睡眠、休憩,如果受到惊扰等应激时,不但会使自己受到惊吓而产生一定的反应,而且还会因亲鸽受到惊扰而被踩伤,甚至踩死。所以,饲养人员应特别注意,一定要保持鸽舍的安静,切不可突然吆喝或发出大的响声。另外,受惊吓的亲鸽有的会出现拒绝喂养乳鸽的情况。当出现这种情况时,必须尽快将乳鸽抱走找保姆鸽哺喂。

(八)提前断乳

将 7 日龄的雏鸽断乳离窝,人工灌喂配合饲料,这样可有效缩短生产鸽的繁殖周期,增加乳鸽的年繁殖量。乳鸽在 20~25 日龄、体重 350~500 克时,即可将其按留种用鸽或商品鸽的标准而采用不同的饲养管理方式。留种用鸽仍然依靠亲鸽哺育,在管理上应增加亲鸽蛋白质饲料的供应,待幼鸽 25~30 日龄能独立生活时,及时捉离亲鸽。商品乳鸽于出售前强制育肥 5~7 天,以迅速增加育肥程度,达到上市出售的标准。

(九)乳鸽的人工哺育

雏鸽人工哺育,既可提高乳鸽的增重,又能使亲鸽提早产蛋,亲鸽年产蛋可由 8~10 窝增加到 30 窝以上。

国内外养鸽工作者都在研究和探讨乳鸽的人工培育,尤其是对 1~7 日龄的乳鸽进行人工哺育问题目前尚未彻底解决。自然鸽乳中尚有一些重要因子还未被人们了解,因此,对 1~7 日龄乳鸽人工哺育还有一定难度。当然,目前也有一些成功的报道。林娅等进行了乳鸽人工哺育与亲鸽哺育的对比试验,结果表明:25日龄乳鸽的总增重人工哺育比亲鸽哺育提高3.57%(609克/588克);成活率提高8%,差异显著,经济效益提高3倍以上,认为人工孵育乳鸽集约化生产技术对于提高肉鸽业的整体水平和综合效益具有积极的意义。

人工哺育的技术要点如下:

1. **喂鸽器具** 用吸球或20毫升注射器去针头换上2厘米长、直径0.3厘米的乳胶管(即自行车气门芯上的细乳胶管),作为前期喂雏鸽的小容量喂鸽器。中后期用较大容量灌喂工具,如可乐瓶(瓶口安上长3厘米、直径0.5厘米的软胶管,剪为斜嘴)、吊桶式喂鸽器、足踏式喂鸽器等。使用前用0.1%高锰酸钾溶液浸泡消毒。

2. **饲料** 前1周(前期)用鸽乳料饲喂。如果购买不到鸽乳料,也可用乳猪教槽料或雏鸡料,并添加适量奶粉、葡萄糖粉、进口鱼粉(3%~4%)、赖氨酸(0.05%)、蛋氨酸(0.2%)、复合维生素(0.05%),按用水量添加益生菌(前期占水量的3%~4%、后期占1%~2%),还要添加复合酶制剂。中、后期可将乳猪教槽料和雏鸡料改为玉米、豆类。

雏鸽日粮要以40℃温开水调制成稀糯糊状。如果用原粮的,必须粉碎成粉末,用开水冲泡,待冷至40℃时才能加入其他原料,尤其是益生菌,如果超过45℃,就会失去活性。

3. **饲喂方法** 饲喂时用左手大拇指和食指将鸽嘴张开,中指触摸嗉囊,右手持哺鸽器,将软胶管轻轻插入雏鸽嗉囊,挤入饲料即可。但要注意四点:一是雏鸽出壳后要及时哺喂,不然其嗉囊内会充满气体。如果有气体要将其挤出后再喂,否则会影响其后生长;二是软管必须插到嗉囊(左手中指可感觉到)方可挤料,否则易将饲料挤入气管;三是每次不能喂得太饱,只能喂到九成;四是哺喂时动作要轻,不要弄伤鸽嘴和食道;不要把饲料洒到鸽身上,喂后要及时清洗干净器具和清理粪便。如发现乳鸽出现消化不良,可在饲料中加入乳酶生或酵母片(研末拌料)。

更换饲料要有 3~4 天的过渡,不能突然用中期料替换早期料或后期料换成中期料饲喂。

4. **注意保温**　要严格控制育雏箱温度,1~3 日龄不低于35℃,以后逐日降 1℃左右,2 周龄时达到 20℃。

5. **注意防病**　人工哺育最常见的乳鸽病是白色念珠菌感染,特征是嗉囊可视黏膜上有白色伪膜或白斑,内容物酸臭。此病在第 1 批哺育鸽中很少发生,但以后随批次逐渐增多。防治方法是:群体小的可用制霉菌素片,预防量按 50 只乳鸽用 1 片研末拌料喂,治疗量视病情可增至 2~4 倍;群体大的可用制霉菌素粉或霉可清粉,按说明使用。

6. **全进全出**　每育完一批要全部同时出笼,并将育雏舍、箱、笼、饲喂用具等彻底清洗、消毒,以便下批再用。

(十)乳鸽的育肥

肉鸽一般在 4 周龄左右即可上市出售。为了提高乳鸽肉的品质,适当减少食水量,达到烹调后皮脆、骨软、肉质嫩滑又有野味的目的,因此,一般在乳鸽出售前 1 周左右进行人工填肥。

常用玉米、小麦、糙米及豆类作填肥饲料。适当添加食盐、禽用复合维生素、矿物质和健胃药。能量饲料占 75%~80%,豆类占20%~25%。将饲料粉碎成小颗粒,再浸泡软化晾干。也可采用配合粉料,水料比 1:1。每只乳鸽一次填喂量 50~80 克,每日填 2~3 次,填喂后让乳鸽休息睡眠。

常用填肥方法有人工填喂和机械填喂两种。一般填肥乳鸽数量少,可采用人工填喂法。人工填喂法又可分为口腔吹喂或手工填喂。口腔吹喂是将浸泡软化好的配合料和水含在饲养人员口中,左手提住鸽子,用手迫使乳鸽张开嘴,人对着鸽口,轻缓地将水料一起吹进乳鸽的嗉囊里,每含一次水料吹喂一只乳鸽。手工填喂就是用手将软化料慢慢塞入乳鸽嗉囊,再用玻璃注射器将水注入。但须提防误注入气管而造成死亡。大型鸽场即用机械填肥。就是用填鸭机改制的足踏式灌喂器,结构简单,容易操作,每踩动一次,填喂一只乳鸽。每小时可填喂 300~500 只乳鸽。

三、童鸽的饲养管理

这一阶段是肉鸽离开亲鸽的照料,自己独立生活的开始和过渡,对新的环境需要有一个适应的过程,身体的机能也发生较大的变化,因此,童鸽仍需要细心照料。

(一)童鸽留种的条件

留种的童鸽其双亲的成年体重应达到:公鸽 750 克以上,母鸽 600~700 克。种蛋品质优良,年产乳鸽 6 对以上;童鸽生长发育良好,3~4 周龄时的空腹体重 600 克以上,并具有本品种的特征;要选择高产种鸽的后代;根据童鸽个体情况,选择健康有活力、没有明显的病变和体形适中的童鸽;同时注意选择龙骨直的个体,龙骨弯曲或呈"S"形的个体成熟后产蛋率不理想,甚至不产蛋,不能作为种用。雄鸽的喙要宽,要阔。

为了避免近亲配对,应建立完整的系谱档案,被选留的童鸽必须先带上足环,并做好各项记录。

(二)童鸽的饲养

1. **饲料** 童鸽处于从哺育生活转为独立生活的转折阶段,生活条件发生了较大的变化,本身的适应能力也较弱,因此应尽量供给较细颗粒的及质量好的饲料。童鸽初期所用的饲料,在品种、数量和饲喂时间上,都应与亲鸽哺育时期一样,不能突然改变过大。

开始时可用开水将饲料颗粒浸泡软化后饲喂,便于童鸽消化吸收。由于童鸽采食量较小,饲料中蛋白质饲料的比例应稍高,以满足其生长发育需要。

2. **饲喂方法**　童鸽期每天饲喂 3~4 次,饲料供应可以不限量,但应注意少添勤喂。离巢最初几天,要训练童鸽学习采食,对采食少的个体,应人工帮助适当加喂一些;对吃得过饱的个体,可适当灌喂复合维生素 B 水或酵母片水溶液,以促进消化,防止发生积食。

3. **小群饲养**　刚离开亲鸽的童鸽生活能力还不强,有的采食还不熟练,因此,最好采用小群饲养,防止相互争食打斗,弱小的童鸽吃不足、吃不到蛋白饲料。有条件的养殖场可修建专用的童鸽舍和网笼,一般每群 2 米² 可饲养 20~30 只,也可将童鸽养殖在鸽笼内,每笼 3~4 只。

(三)童鸽的管理

1. **提供舒适环境**　童鸽离巢最初 15 天应放在育种床上饲养,经 5~6 天,童鸽便可自行上下床。15 天后,可将童鸽移到铺有铁丝网(竹垫和木板也可)的地面上平养,但绝不能直接将其放到地板上饲养,否则童鸽很容易受凉感冒,引起下痢和其他疾病。要保证鸽舍的清洁卫生和干燥。舍内环境温度一般控制在 25℃ 左右,避免强风直吹,冬季可用红外线灯泡加热增温。夏季为防蚊虫叮咬,最好用纱窗阻挡,也可用灭蚊剂喷洒驱除,但要注意避免童鸽大量吸入引进中毒。每周至少进行 1 次环境消毒,预防病害发生。另外,饲养密度应以 3 对/米² 为宜。如果密度太高,肉鸽频繁飞翔,脱落的羽毛和尘埃就会侵入呼吸系统,引起呼吸器官发炎。

2. **增喂预防性药物**　童鸽的抗病力差,要经常适当加喂钙片、复合维生素、鱼肝油、酵母片等药物,以预防和治疗骨软症和消化不良等病症。

3. **注意换羽期管理** 童鸽约 50 日龄开始换羽,这时对外界环境变化比较敏感,抗病力较低,容易因着凉而伤风感冒或患气管炎。因此,要做好防寒保暖工作。日粮中增加些玉米、大麻仁、向日葵仁、油菜籽等能量高又能促进羽毛生长的饲料品种,还可在饮水中加些防治感冒的中草药煎汁。

四、青年鸽的饲养管理

青年鸽生长快,消化功能逐渐完善,逐步适应籽实饲料;对于环境和饲养条件变化,受到的应激因素多,其适应性差。因此,良好的护理仍然是青年鸽饲养的关键。

(一)饲粮与饲喂

日粮组成为:豆类饲料 20%,能量饲料 80%,每只每天 35 克,每天饲喂 2 次。5~6 月龄后,日粮调整为:豆类饲料 25%~30%,能量饲料 70%~75%,每只每天 40 克,每天饲喂 2 次。这样开产时间比较一致。

在饲喂方法上,一定要做到定时定量投料,尤其是料槽的余料不能过夜,以免发生污染和霉变,次日鸽子采食后发病。到 4~5 月龄时,为避免留种青年鸽过于肥胖(会影响配对后的种蛋受精率),要适当限制饲喂,只能喂七八成饱,或者降低饲料的营养水平,以免营养过剩。青年鸽在整个生长期,不断地更换羽毛,要供给充足的硫元素以满足羽毛生长的需要,方法是在保健砂里添加生石膏粉,在饲料里添加少量的油脂料(如菜籽),利于鸽子换上整齐的羽毛。

(二)实行公母分养

公鸽在 3 月龄左右开始表现雄性行为,爱飞好斗和争夺栖架,而母鸽在 5 月龄以后才接受交配。所以通常在 4 月龄时要进行公母鸽分群饲养,防止早配,影响体质,减少种鸽使用年限。不同亲缘的青年鸽最好也能分开,或者通过套足环等手段进行区分,方便以后配对上笼时,避免近亲繁殖。分群饲养时,同一性别的鸽子也应小栏饲养,每栏 50 只左右(亦有 100 只的)。公鸽饲养密度应小些,因为公鸽在性成熟后会互相追逐、殴斗,密度过大会出现啄伤甚至啄死。另外饲养在同一栏里的肉鸽品种和日龄应相同或相近,以便于管理。

(三)淘汰劣质肉鸽

当青年鸽的 10 根主翼羽更换完后,肉鸽即达到性成熟,此时应做好选优汰劣和公母配对工作,对不符合种用标准(体重、体形不合)以及患病的、有胫羽的、近亲繁殖所产的后代等个体都应淘汰。

(四)增加运动

青年鸽活泼好动,适合大群地面平养或网上平养,以增加运动量。注意饲养密度不能过大,以 2~3 对/米² 较为适宜。在地面和网上要设置栖架,飞上飞下加强运动,这对于增强体质,防止过肥很有好处。

(五)搞好卫生

青年鸽一般采用群养,卫生条件较差。在几个月的饲养过程中,感染体内外寄生虫的情况是普遍存在的。因此,在配对前 2 周应进行一次驱虫和预防接种,为健康进入产鸽阶段做准备。

五、种鸽的饲养管理

由于种鸽在不同的生产阶段有不同的生理特征和饲养目的，在饲养管理上则应采取不同的技术措施，以确保经济效益。

(一)配对期的饲养管理

1. **做好观察记录** 公母鸽关入同一笼中，能否和睦共处直接关系到繁殖工作的顺利进行。在种鸽的配对期，饲养人员要对每对种鸽配对后的表现进行认真的观察，如配对适合，一般入笼后几小时就能相互共处，2~3 天就能建立感情。一旦发现双方感情不和，甚至发生打斗行为，要立即拆散重新配对。对配对好的种鸽应及时放入巢盆，以增强感情，巩固配对。

2. **加强饲喂** 种鸽由群养转到笼养，生活环境发生了很大的变化，采食量也受到影响，因此新配对种鸽可适当增加饲喂次数，以满足营养需要。在饲料配方上，日粮中豆类饲料应达到 35% 左右，增加保健砂中骨粉和贝壳粉的用量，保证蛋壳形成所需的钙磷。配对期，每只种鸽每天喂料量增加到 60 克。

3. **认巢训练** 新配对的群养种鸽要进行认巢训练。训练前先在各个巢箱门前用不同的颜色做特别标志，使鸽子能够辨认自己的巢箱。刚开始的两天可在上、下午饲喂后将种鸽放出来活动，到下次喂饲前再赶回巢箱内，不懂回巢的应逐一捉回。经如此训练后至第 3 天，在下午 3 时饲喂后到 5 时左右，将其放出来活动，巢箱中再加水加料，等到天黑，鸽子觉得饿就会自动回巢觅食。此时应将已回巢的箱门关好。这样再经过 2~5 天的训练，全部新配对的鸽子都会自动回巢，之后使其自由出入巢箱活动即可。

（二）孵蛋期的饲养管理

新配对的种鸽一般是在交配后的 10 天前后下午 4 时左右产下第 1 枚蛋，隔 1 天再产下第 2 枚蛋，之后公母鸽交替进行孵蛋。在孵化期应做好如下几项工作：

1. **保持环境安静**　种鸽进入孵化期后，非饲养人员不要靠近鸽笼，以免种鸽受到惊吓。在饲养场地附近，要避免有强烈的响声。

一般种鸽都爱恋自己产下的鸽蛋，但也有个别种鸽经常出入离窝而不孵卵。此时应在笼外周围遮上黑布，让种鸽安静孵卵。若是群养，则要先将母鸽捉回笼内养，再在笼外遮上黑布，直到专心开始孵卵时再将黑布除去，打开笼门让其重新自由进出。

2. **保持巢盆卫生**　巢盆中垫料的有无或好坏直接影响到种蛋的孵化。因此，要往巢盆中勤加垫草，发现垫料、麻布脏湿的应及时更换，否则极易造成胚胎感染，出现死胚。

3. **照蛋和并蛋**　在孵化的第 5 天和第 10 天，各要进行 1 次照蛋，以剔出无精蛋和死胚蛋。照蛋后，如果只剩下 1 枚合格种蛋，要并入胚龄相近的其他窝中，并蛋后个别种鸽可孵化 3 枚种蛋，这样可使无孵化任务的产鸽重新交配产蛋，提高繁殖效率。

4. **饲料**　孵化中的种鸽由于活动少，新陈代谢较慢，采食量下降，孵化期供给的饲料应注意质量和易消化性，每天还应供给新鲜的保健砂，并在保健砂中添加健胃及抗菌药物。

5. **鸽舍温度适宜**　严寒和酷暑都直接影响蛋的正常孵化。如果天气寒冷，易引起早期胚胎死亡，应增加巢内垫料，鸽舍应保温，同时在饲料中适当增加能量饲料的供给量，而在保健砂中适当供给一些食糖，使种鸽产生足够的热量以御寒。如果天气炎热，易出现孵化后期因受热而死胚或出壳困难，应减少巢内垫料，加强通风换气，降低舍内温度。

(三)哺育期的饲养管理

这个时期的饲养管理好坏关系到仔鸽能否正常生长发育和产鸽能否尽快产下一窝蛋。要注意做好以下工作：

1. **合理搭配饲料** 种鸽既要进行雏鸽的哺育,又要准备产下一窝蛋,因此要求喂给营养丰富而全面的日粮。日粮中蛋白质饲料要达到 30%~40%,能量饲料占 60%~70%,以提高产鸽的生产能力;保健砂中要增加骨粉、贝壳粉、生长素、微量元素、多维素、酵母片的供给,既满足雏鸽生长和种鸽产蛋所需的钙磷,又有利于提高种鸽对营养成分的消化吸收和抗病能力。

2. **调教初产鸽哺喂雏鸽** 一般在雏鸽出壳后 2 小时,亲鸽会口对口给雏鸽灌气,以使幼雏适应接受鸽乳。出壳后 4~5 小时,亲鸽开始哺喂乳鸽,将很稀的鸽乳输送至口腔。此时应注意观察,如仔鸽出壳 5~6 小时仍不见亲鸽灌喂,应对亲鸽给予调教,使其学会哺喂雏鸽。

3. **增加饲喂次数** 哺育期种鸽采食量增加很多,一定要让其吃饱,保证乳鸽生产。由原来的每天饲喂 2 次改为 3 次,每天还要将采食时间延长 20~30 分钟。

4. **雏鸽及时离巢** 当雏鸽长到 15 日龄左右时,种鸽要产下一窝种蛋,这时要将雏鸽及时从巢中抓走,进行人工哺喂,或将其放在种鸽笼笼底让亲鸽继续哺喂。同时,对巢盆中垫料进行清理,换上干净的垫料。生产中,也可准备 2 个巢盆,放在上半部架上的巢盆供产蛋和孵化用,放在笼底的巢盆供育雏用。

5. **并雏** 在雏鸽的生长过程中,有时死掉 1 只,剩下的 1 只要并入其他窝中。这样可以缩短繁殖周期,提高年产仔鸽数。并雏以后,每对种鸽可同时进行 2~3 只雏鸽的哺育。

（四）换羽期的饲养管理

种鸽一般在每年的夏末秋初换羽 1 次,时间长达 1~2 个月。换羽期间大部分种鸽停止产蛋,品种较好的高产鸽在换羽期停产现象不明显,可以按正常的饲养管理进行。

1. **减少饲料喂量和降低饲料质量**　为缩短换羽休产期和保证换羽后的正常生产,应在鸽群普遍换羽时降低饲料的质量,减少饲料喂量。或在换羽高峰期停止供食,只给饮水,使鸽子因营养不足而迅速换羽。换完羽后再逐渐恢复原来的饲养水平,饲料中可增加火麻仁 10%,并按 50 千克保健砂加入 200 克石膏粉或 100 克硫黄粉,这样对种鸽换羽有良好作用,同时要在饲料中加入多种维生素。

2. **做好日常消毒工作**　鸽子在换羽期间体质下降,很容易受到各种病原微生物的侵袭。因此,应对鸽舍、鸽笼、巢盆和其他用具进行全面彻底的清洗消毒。另外,在日常生产中,也要定期对鸽舍地面和通道进行消毒。

3. **做好疫苗接种和驱虫工作**　在换羽的恢复期间,可进行疫苗接种和驱虫工作,这样就可在产蛋以后获得坚强的免疫力和免受寄生虫的干扰。疫苗接种主要是预防鸽新城疫和鸽痘的发生,驱虫主要是驱除体内线虫、绦虫和体外鸽虱。

4. **做好淘汰和补充工作**　结合生产记录和种鸽体况,将生产性能差,换羽时间长,年龄较老的种鸽淘汰。另从后备种鸽中选择体格健壮青年鸽予以补充。

第七节 肉鸽主要疾病的防治

一、鸽Ⅰ型副黏病毒病

【病　原】　本病是由鸽Ⅰ型副黏病毒引起,以腹泻和脊髓炎为主要特征的高度接触、败血性传染病。传播迅速,发病率可高达100%,死亡率为80%以上。病原为鸽Ⅰ型副黏病毒。该病毒与鸡新城疫病毒具有类似的特性和相关的抗原性。

【症　状】　本病初期症状为羽毛蓬松,缩颈,精神沉郁,食欲废绝,体温升高,出现一翅或双翅下垂,足麻痹,病鸽普遍排黄绿色水样粪便,肛门周围粘有绿粪。出现阵发性痉挛,头颈扭曲,颤抖和头颈角弓反张等神经症状,占5%~30%。最后往往因全身麻痹而不能采食或缺水衰竭而死。幼鸽在感染后2天左右死亡。成年鸽感染有部分耐过者,但往往留有神经症状后遗症。

【病　变】　死后剖检多见脑膜充血,有少量出血点,实质水肿;皮下广泛性出血,其颈部较为明显,肺脏充血、淤血,喉头、气管黏膜充血、出血,有的充满黏液,脾脏淤血。食道有条纹状出血,腺胃乳头及黏膜充血、出血,肌胃质膜下常有出血斑,肠道黏膜弥漫性出血,病程较长的出现溃疡灶,泄殖腔黏膜充血或出血,具有神经症状的病例脑膜充血,脑实质有针尖大的出血点。

【防　治】　防治本病最有效的方法是注射鸽Ⅰ型副黏病毒灭活油佐剂疫苗,肌内或皮下注射,一般在3周龄免疫1次,必要时1周后再免疫1次,以后种鸽每年接种1次,可获得坚强免疫保护力。一旦发生本病应及时尽早注射鸽Ⅰ型副黏病毒高免血清,或精制鸽Ⅰ型副黏病毒高免卵黄抗体,可获得较高的治愈率。

二、鸽毛滴虫病

【病　原】　鸽毛滴虫病又称鸽口腔溃疡,亦称为"鸽癀",是鸽最常见的疾病之一。由毛滴虫引起,任何年龄、品种的鸽子均可发病,尤其对幼鸽的危害大,死亡率可达30%~80%。本病主要通过病鸽传染,也可通过水、饲料、唾液、喂乳、伤口感染等途径传播。

【症　状】　病鸽精神沉郁,呆立,消化紊乱,羽毛松乱,消瘦,食欲减退,饮水增加,排黄绿色稀粪。

(1)**咽型**　最常见,口腔受损、溃疡、坏死,常有吞咽动作,呼吸困难,死亡率可达30%以上。

(2)**内脏型**　病鸽食欲废绝,张口呼吸或有伸颈姿势,咳嗽,喘气,迅速消瘦,死亡。

(3)**脐型**　脐部红肿、发炎,有痛感。

【病　变】　喉部有针尖状白点,口内、嘴角甚至食管上段、黏膜等部有黄白色、干酪样物。

【防　治】　平时注意饲料、饮水及周围的环境卫生,勤换潮湿、污秽的垫料,经常消毒。不喂发霉变质的饲料。发病时要及时隔离,并全群预防,及时补充维生素。预防也可用0.05%的鸽滴净溶液饮水3天,每月1次,治疗时用量加倍。0.05%结晶紫或0.06%硫酸铜溶液饮水7天,有一定的疗效。

三、大肠杆菌病

【病　原】　该病由多种血清型致病性大肠杆菌引起。其发生与环境因素和管理水平,以及其他疾病的存在有密切关系,各日龄鸽均易感。

【症　状】　病鸽精神沉郁,食欲、渴欲减少或停止,羽毛松乱,呼吸困难,排黄白色或黄绿色稀粪,急性病例可突然死亡。

【病 变】 剖检可见肠黏膜充血、出血,脾脏肿大、颜色变深,肝周围、心包及气囊覆盖有淡黄色或灰黄色纤维素性分泌物,肝质地坚实,偶尔呈古铜色变化。

【防 治】 改善饲养管理、搞好卫生消毒、减少各种应激是防治本病的有效措施。治疗采用肌内注射链霉素,幼鸽 10~25 毫克/只·次,成鸽 10~25 毫克/只·次,每天 2 次,连用 2~3 天;磺胺类药物按 0.5%混料,或 0.2%饮水,连用 3 天;肌内注射卡那霉素,4~6 毫克/只·次,每天 2 次,连用 3 天。

四、鸽念珠菌病

【病 原】 鸽念珠菌病是由白色念珠菌引起的皮肤、黏膜或脏器感染常见于鸽真菌性传染病,又称鹅口疮、霉菌性口炎、消化道真菌病或白色念珠菌病。白色念珠菌广泛存在于自然界,尤其在植物和土壤中更多。幼鸽和成年鸽都易感染本病,幼鸽比成鸽易感性强,发病率和死亡率高。

【症 状】 病鸽表现精神沉郁,低头缩颈,呆立,闭眼,羽毛蓬松无光泽,采食量减少。刚离窝的乳鸽拒绝采食,在人工填喂时,易出现积食、消化不良、嗉囊胀满,生长发育缓慢或停止,逐渐消瘦。呼吸困难,有啰音,呼出的气体有异臭味;排黄色或黄绿色稀粪,有的呈水样腹泻;饮水量增加,有些嗉囊积液;发病初期在喙角处和口腔、咽部黏膜,出现乳白色或黄白色斑点,随病程的延长而成白色假膜,易于剥离,后期喙角附近形成黄色坚硬壳痂;有些口腔内积聚乳酪样或豆腐渣样黄白色物质,尤其是仔鸽更为严重。由于口腔内存有积聚物,病鸽表现甩头,甚至因积聚物堵塞咽喉窒息而死亡。

【病 变】 病变主要见于口腔、咽喉、食道、嗉囊及腺胃,有时也可侵害到肌胃和肠黏膜,其中以嗉囊的病变最明显和常见。急性病例可见嗉囊、食道及腺胃黏膜表面附着薄层灰白色似凝固牛奶样的薄膜,用刀刮下后,黏膜潮红,表面光滑。慢性病例可见嗉囊黏膜表面覆盖厚层灰白或白色假膜,假膜湿润,呈绒毛状,易刮下。有时假膜也可见于下段食道及腺胃和肌胃。有些病鸽黏膜出血、溃疡,肠腔内有灰白色稀粥状内容物,有时带有血色。

　　【防　治】　平时应注意保持鸽舍干燥和清洁卫生,禁用发霉饲料和不洁的饮水,对鸽舍定期进行消毒。治疗可选用以下药物:每只按 2~4 毫克克霉唑的水溶液灌服,创口也可用 1%~5% 克霉唑软膏外用;制霉菌素按每只 10 万~15 万单位(一般每片为 15 万单位)混入料中或每只 1/4 片喂服,每天 2~3 次,连续 5~7 天,严重的按喂服量配成混悬液,先灌洗嗉囊,后灌服,每天 1 次,连续3 天。

第四章
雉鸡养殖

第一节　概　述

一、雉鸡的生产现状

雉鸡即环颈雉,又称山鸡、野鸡,在动物分类学上属鸟纲、鸡形目、雉科、雉属,是一种经济价值较高的鸟类,具有较高观赏和食用价值,是世界上重要的狩猎禽和经济禽类之一。

(一)国外雉鸡生产现状

西欧、北美等许多国家的雉鸡来源于东方。他们的养雉业最大特点是,紧紧与本国发达的狩猎运动相结合,大量放养。放养的品种绝大部分是不同亚种间的杂种,俗称"狩猎雉鸡"。国外人工养殖雉鸡是从 19 世纪开始的。美国是世界放养雉鸡最早的国家,1881 年从我国引进了华东环颈雉进行驯养,并通过与蒙古环颈雉杂交,培育成家养雉鸡。现在全年放到野外供狩猎用的雉鸡就达300 万只以上。美国威斯康星州麦克法伦雉鸡公司是目前世界上最大的雉鸡生产和加工企业,年生产肉用商品雉鸡超过50万只。美国人工饲养雉鸡不仅十分普及,而且还作为实验动物应用于兽医科学研究上。目前世界养雉国家很多,如匈牙利每年繁殖雉鸡100万只,放养70余万只,主要用于狩猎,养殖商品雉鸡和狩猎雉鸡的还有波兰、罗马尼亚、保加利亚、法国及俄罗斯。在法国,特种经济禽类饲养量最大的是雉鸡,所有注册的6 000多家特禽场中有3 000多家为专业雉鸡饲养场,年产雉鸡400万只。日本饲养的雉鸡是从美国和韩国引种的,饲养技术也处于世界先进水平。日本在20世纪50~60年代饲养的雉鸡主要为日本绿雉,其目的是为狩猎区放养之用。进入20世纪70年代后,食用雉鸡需求量大增,日本养雉业转向体形大、驯化好的环颈雉,养雉单位由20世纪60年代中期的全国160多个降至20世纪90年代初的10个左右,但饲养量却由原来的每个单位百余只增加到上万只。目前日本养雉业机械化程度高,每人平均可以管理1.5万只商品雉鸡,产品加工销售一体化。1991年全国生产肉用雉10万余只。1994年起,由于日本国内雉鸡供不应求,日本从我国吉林省每年进口白条雉鸡和雉鸡分割肉。另外英国、澳大利亚等国也大量饲养雉鸡。韩国雉鸡养殖技术也比较先进,较早将雉鸡啄癖矫正器应用于生产中,提高了雉鸡繁殖率和雉鸡的驯化程度。

(二)我国雉鸡生产现状

我国是世界上雉鸡资源比较丰富的国家。据考证,我国从远至4 000年前的殷商时期开始历代均有关于雉鸡的文字记载。如清朝就有"活雉于贡"的记载,说明当时至少是从野外捕到后短时间饲养,但从没有大群饲养和繁殖。真正开始研究雉鸡人工繁殖,是从20世纪70年代后期由中国农业科学院特产研究所首先进行的,并取得了成果。1986年我国首次从美国内华达州引进雉鸡,并在上海、广东等地饲养成功,之后又不断扩展到其他地区。从

20 世纪 90 年代开始,雉鸡饲养热潮在我国逐渐形成,以北京、上海、广东、江苏等省、直辖市的饲养量、销售量为大,其次是山东、浙江、四川等省。1992—1993 年全国雉鸡人工饲养量达到高峰,全年商品雉鸡产量 600 万只;1994—1995 年由于国内雉鸡饲养业发展速度过快,造成供过于求,雉鸡养殖业出现滑坡,部分养殖场和养殖户下马;1996 年后,国内雉鸡养殖业开始复苏,饲养者从盲目上马和追求短期效益的失败教训中汲取经验,开始理性发展,雉鸡养殖业进入平稳发展阶段,仅上海一地的雉鸡年饲养量就达 150 万只以上;至 1999 年,仅广东省就有雉鸡饲养场 20 多家,种雉鸡存栏量达 11 万只。2003 年"传染性非典型肺炎"疫情在我国的蔓延,随之而展开的全国范围内的禁食野生动物,某些地区将人工养殖的、在某种意义上已经属于家禽的雉鸡也划归禁食、禁售之列,给国内雉鸡养殖业带来不小的冲击。2004 年春的"禽流感"疫情,再次冲击了雉鸡养殖业。但是,广大雉鸡养殖业者没有被困难击倒,加强禽场的卫生防疫,饲养很快恢复了正常。

目前我国所饲养的雉鸡品种主要有:中国环颈雉鸡(国内多称"美国七彩山鸡")、河北亚种雉鸡、左家雉鸡、黑化雉鸡、特大型雉鸡、白化雉鸡和浅黄色雉鸡。其中,除了河北亚种雉鸡和左家雉鸡外,其他品种雉鸡均为从国外引进的高产品种。

国内雉鸡产品的销售形式主要是活禽销售、全羽冷冻销售、冷冻白条雉鸡销售;销售网点主要是宾馆饭店、部分个人家庭消费、节日馈赠亲友礼品等。我国香港、澳门等地及东南亚各国、日本、东欧每年需从我国内地购进大批雉鸡,因此其已成为我国出口商品中的热门货之一。出口雉鸡产品主要为白条雉鸡和分割雉鸡。

雉鸡饲养业在我国从科研普及到目前的规模生产,已经 20 余年的历程。随着国民生活水平的提高,这一养殖项目在畜牧业中占有的市场份额将会越来越大。

二、雉鸡的体貌特征

雉鸡亚种甚多,个体大小和羽色变化亦大,但基本特征相同。

公雉鸡体长 80 厘米左右,体重 1.2 千克左右。头部具黑色光泽。有显眼的耳羽簇,宽大的眼周裸皮鲜红色。有些亚种有白色颈圈。身体披金挂彩,满身点缀着发光羽毛。从墨绿色至铜色、金色;两翼灰色,尾长而尖,褐色并带黑色横纹。母雉鸡体形较小,体长 60 厘米左右,体重 0.8 千克左右。母雉鸡没有公雉鸡那样鲜艳的羽毛,羽色暗淡,周身密布浅褐色斑纹。雉鸡被赶时能迅速起飞,飞行快,声音大。雏雉全身被黑灰色绒毛,绒毛清净蓬松,长短整齐,叫声响亮而清脆,颧部具很多的白色;胸部淡黄色;肋部具丰富的橘黄色。

三、雉鸡的生物学特性

1. **适应性强**　平原、丘陵、山地等各种地形都有其活动踪迹。夏天 32℃ 的炎热高温,冬季−35℃ 的严寒低温,雉鸡也均能生存。不善飞翔,善奔跑逃逸。常有季节性小范围内的垂直迁徙,但同一季节栖息地常固定。

2. **集群性强**　雉鸡的活动范围较稳定,群集性强,秋冬季节,常以几十只为一小群集体活动,但从 4 月初开始分群。繁殖季节则以公雉鸡为核心,组成相对稳定的繁殖群,独处一地活动。若有它群公雉鸡侵入,常会发生激烈的争斗。自然状态下,由母雉鸡孵蛋,雏雉出生后随母雉鸡活动,待雏雉长大后,又重新组成群体,到处觅食,形成觅食群。这一特性便于对雉鸡实行规模生产或集约化生产。

3. **食量小、食性杂**　雉鸡的嗉囊小,对食物的容纳能力有限,因此采食量小,每天需饲料 70 克左右。野生雉鸡所吃食物随地区和季节而不同,喜食各种昆虫、小型两栖动物、谷类、豆类、草籽、绿叶嫩枝等。人工养殖过程中,以植物性饲料为主,适当补充少量蛋白质饲料。

4. **胆怯而机警** 雉鸡对外界有高度的警惕性,即使是在觅食时也时常左顾右盼,观察四周动向,如有动静,迅速逃窜。人工饲养条件下,在周围颜色或声音突然变化时,会出现惊群,乱飞乱撞,造成撞伤或死亡。因此,在雉鸡场址的选择上,要求远离闹市或交通主干道;在管理上要保持环境安静和稳定性,谢绝参观。

四、雉鸡的经济价值

(一)营养价值

雉鸡是世界上久负盛名的野味食品,肉质细嫩鲜美,营养丰富。胸肌和腿肌中的粗蛋白质含量分别为 24. 19%、20. 11%,脂肪含量仅为 1.0% 左右,基本不含胆固醇,营养全面,富含人体必需的多种维生素和矿物质,是优良的高蛋白质、低脂肪的野味佳品。随着人们物质生活水平的不断提高,食品结构也向珍、稀、特、优方向发展,除饭店、宾馆将雉鸡列入佳肴菜单外,雉鸡还走上了寻常百姓餐桌,使市场需求量迅速扩大。

(二)药用价值

在我国传统的中医食疗中,雉鸡肉具有特殊价值。其具有平喘补气、止痰化瘀、清肺止咳之功效。明朝李时珍《本草纲目》中记载,雉鸡脑治"冻疮",喙治"蚁瘘"等。雉鸡肉含有多种人体所必需的氨基酸,并富含锗、硒、锌、铁、钙等多种人体必需的微量元素,对儿童营养不良,妇女贫血、产后体虚、子宫下垂及胃痛、神经衰弱、冠心病、肺心病等,都有很好的疗效。

(三)观赏娱乐价值

公雉鸡的羽色艳丽,尾羽长且具横斑,极具观赏价值,可制成工艺品或剥制成生物标本,作为高雅贵重的装饰品已开始进入城市居民家中;雉鸡还是重要的狩猎鸟,随着市场经济的发展,狩猎雉鸡也开始市场化,逐渐演变成为一门新兴行业。国内外已有一些地区结合旅游业而设有专门的狩猎场,其是将雉鸡饲养到一定日龄后放养于狩猎场以供人们猎捕。

第二节　雉鸡的品种

在世界范围内雉鸡共有 30 余个亚种,我国大约有 19 个亚种,其中有 16 个亚种为我国特有。从东北的大兴安岭到广西南部均有分布,从体形上看北方亚种比南方亚种更大,羽色更鲜艳,经济价值更高。我国目前饲养的雉鸡主要有两个品种:一种是地产雉鸡,即从中国华北地区选育出来的雉鸡。另一种是近几年从美国引进的七彩山鸡,体形大,产蛋多,更适合于商品生产,现逐步成为国内商品雉鸡生产的主要品种。

一、东 北 雉

又称地产山鸡,是中国农业科学院特产研究所于 1978—1989 年对野生河北亚种人工驯化繁殖和选育而成的品种。公雉鸡羽毛华丽,五彩斑斓,头羽青铜色,带有金属光泽,两侧有白色眉纹;脸部皮肤裸露,呈绯红色;头顶两侧各有 1 束黑色闪蓝的耳羽簇;颈部有白色颈环,宽而完整;胸部红铜色,背部黄褐色,腰部浅蓝灰色;两肩及翅膀黄褐色,腹部近似黑色。母雉鸡没有白眉、颈环和距,头顶草黄色,间有黑褐色斑纹,胸部米黄色,腹部淡黄褐色,尾毛较短。成年公雉鸡体重为 1.1~1.3 千克,母雉鸡为 0.8~1.0 千克,年产蛋量 25~34 个,比七彩雉鸡低,平均蛋重 25~32 克;蛋壳颜色较杂,有灰色、黄褐色、蓝色、浅褐色和橄榄色等。

东北雉鸡肉质细嫩,味道鲜美,深受国内外消费者喜爱。同时,由于其野性较强,善于飞翔,放养后独立生活和适应野外环境的能力均强,是旅游狩猎场和放养场较合适的饲养品种。

二、美国七彩雉

又叫中国环颈雉鸡或七彩山鸡,体形较大,公雉鸡羽毛华丽漂亮,头羽青铜褐色,具浅绿色金属闪光。两眼睑无白色眉纹或不明显;脸部皮肤裸露,呈绯红色;颈部有白色颈环较窄且不完全闭合,在颈腹部有间断;胸部羽毛黄铜红色,呈金属闪光,较鲜艳;尾羽长呈黄褐色。母雉鸡一般为麻栗色,脸部皮肤产蛋时呈红色,腹部灰白色,颜色较浅。成年公雉平均体重为 1.5~1.7 千克,母雉平均体重 1.1~1.4 千克,年产蛋量一般 80~110 枚,种蛋受精率达 85%,受精蛋孵化率达 86%。其生产性能高,繁殖力强,驯化程度高,野性小,较受商品雉鸡市场欢迎,但不太合适于狩猎用。缺点是肉质较粗糙,味道不及其他雉鸡。

三、左家雉鸡

该品种是中国农业科学院特产所于 1991—1996 年通过高繁殖力的中国环颈雉与河北亚种雉鸡级进两代杂交而培育出的新品种。公雉鸡两眼睑有清晰的白眉,白色颈宽但不太完整,在颈腹部有间断,胸部羽毛黄铜红色,上体棕色,腰部蓝灰色。母雉鸡体呈棕黄色或沙黄色,下体呈灰白色。成年公、母雉体重分别为 1.5~

1.7千克和1.1～1.3千克。种母雉年平均产蛋量62枚左右,种蛋受精率平均为88.5%,受精蛋孵化率平均为87.6%。肌纤维细,肉质极佳,香味浓而持久,口感优于中国环颈雉鸡和河北亚种雉鸡,深受日本等国市场的青睐。

四、黑化雉鸡

该品种是野生状态下的突变品种,也称孔雀蓝雉鸡,由中国农业科学院特产研究所于1990年从美国威斯康星州麦克法伦雉鸡公司引进。公雉鸡全身羽毛呈黑色,并在头顶部、背部、体侧部和肩羽、覆翼羽带有金属绿光泽,在颈部带有紫蓝色光泽;初级飞羽和次级飞羽呈暗黑橄榄色,尾羽为带有黑色条纹和青铜色边缘的灰橄榄棕色;腹部为潮黑色;眼睛为暗棕色;喙为灰色。母雉鸡全身羽毛呈黑橄榄棕色。其生产性能指标和肉质风味均与中国环颈雉相近。

五、白雉鸡

该品种是中国农业科学院特产研究所于1994年由美国威斯康里州麦克法伦雉鸡公司引进。公雉鸡头顶、颈部、喙及身体各部位羽毛均为纯白色,虹膜为蓝灰色,喙为白色,面部皮肤为鲜红色。母雉鸡除缺少鲜红色的面部和肉髯,尾羽较短外,其余部位羽色均与公雉鸡相同。其体形大小、产蛋量、受精率、孵化率等指标均与中国环颈雉相近,其突出特点是生长速度快,14～15周龄即可上市,很适合于作为集约化商品雉鸡生产用品种。

第三节 雉鸡的繁殖

一、雉鸡的繁殖特点

（一）性成熟晚

季节性产蛋雉鸡生长到 10 月龄左右才达到性成熟,并开始繁殖。公雉鸡比母雉鸡晚 1 个月性成熟。在自然环境中,野生雉鸡的繁殖期从每年 2 月份到 6~7 月份,雉鸡的产蛋量即达到全年产量 90% 以上。在人工养殖环境中,产蛋期延长到 9 月份,产蛋量也较野生雉鸡高。人工驯化后的雉鸡性成熟期可提前。美国七彩雉鸡 4~5 个月就可达到性成熟期。

（二）季节性产蛋

雉鸡属于季节性繁殖动物,在我国南方地区,雉鸡 3 月初即进入繁殖期,而北方要晚 1 个月,4 月初开始产蛋,7 月末产蛋结束,其中 5~6 月份为产蛋旺期。

（三）性行为

公雉鸡进入性成熟期有明显的发情表现,肉髯及脸变红,每日清晨发出清脆的叫声,并拍打翅膀向母雉鸡求偶,此时颈羽蓬松,尾羽竖立,频频点头,围绕母雉鸡快速来回做弧形运动。发情期母雉鸡性情变得温驯,主动接近公雉鸡,在公雉鸡附近低头垂展翅膀行走,发出求爱信息。

公雉鸡在繁殖季节有较激烈的争雌现象。在性活动期,公雉鸡相互发生斗架,获胜者称为"王子雉","王子雉"控制雉群中的其他公雉。人工养殖的雉鸡没有就巢性,产蛋地点很难固定。

(四)产　蛋

野生状态下,母雉鸡年产蛋 2 窝,个别的能产到 3 窝,每窝 15~20 枚蛋。如第 1 窝蛋被毁坏,母雉鸡可补产第 2 窝蛋。产蛋期内,母雉鸡产蛋无规律性,一般连产 2 天休息 1 天,个别连产 3 天休息 1 天,初产母雉鸡隔天产 1 枚蛋的较多,每天产蛋时间集中在上午 9 时至下午 3 时,产卵持续时间为 0.5~5 分钟。

(五)就巢性

野生雉鸡有就巢性,通常在树丛、草丛等隐蔽处营造一个简陋的巢窝,垫上枯草、落叶及少量羽毛,雌雉鸡在窝内产蛋、孵化。在此期间,躲避公雉鸡。如果公雉鸡发现巢窝,就会毁巢啄蛋。因此,在人工养殖条件下,要设置较隐蔽的产蛋箱或草窝,供母雉鸡产蛋,同时可避免公雉鸡的毁蛋行为。

二、雉鸡的配种

(一)配种方法与配种比例

雉鸡人工驯养后仍采用自然交配配种。雉鸡是典型的一公多母婚配禽类。野生雉鸡在冬季集体大群活动觅食越冬,到了繁殖季节后,开始分群。公雉占领一定区域后,开始表现自己,选择配偶。清晨时分,公雉发出清脆的叫声,并拍打翅膀来吸引异性。此时,领羽蓬松,尾羽竖立。迅速追赶母雉,头上下点动,围着母雉转动,从侧面接近母雉。若母雉有配种要求,则让公雉跨至背上。公雉用喙啄住其头顶羽毛,进行交配。一般 1 只公雉可配 4~8 只母雉,组成 1 个婚配群。人工饲养雉鸡的最适公母比例为 1∶6~8。

(二)适时放配

雉鸡一般 6~7 月龄即可放配。放配时,除考虑繁殖季节和公雉的争夺地位等因素外,还要选择适时放配的时机。一般我国南方 3 月初即可放配,而北方则要延迟 1 个月。也可根据母雉的鸣唱、筑巢等行为来掌握放配时间。实践证明,放配时间应在母雉领配(愿意接受交配)前的 5~10 天为宜。如果公雉放入过早,母雉尚未发情。而公雉则有求偶行为,强烈地追抓母雉,使母雉惧怕公雉,以后即使发情也不愿接受交配。公雉进入母雉群后,经过争斗,产生了"领主"或"王子雉",此后不再放入新公雉,以维护"王子雉"的地位,可减少体力消耗,稳定雉群,提高种蛋受精率。但为避免"王子雉"独霸全群母雉,可在网室内用石棉瓦设置遮挡视线的屏障,使其他公雉均有与母雉交配的机会,提高种蛋的受精率。

三、雉鸡的人工孵化

雉鸡人工孵化的程序与方法和家鸡基本相同,操作中应注意以下几个方面的要求。

(一)入孵前准备

孵化前要对孵化机全面检修,将孵化室和孵化机具彻底消毒。入孵前雉鸡蛋要预热,因为凉蛋直接放入孵化机内,由于温差悬殊对胚胎发育不利。预热对储放时间长的种蛋和孵化率低的种蛋更为有利。一般在 18~22℃ 的孵化室内预热 6~18 小时。

(二)孵化条件的控制

1. **温度** 孵化期温度要求相对稳定,孵化机内的各部温差不超过±0.2℃,孵化场所要求温度均匀,否则很难取得好的成绩。在整批入孵时,机内温度达到38.2℃后要固定膨胀柄等调节器,使温度保持稳定。进入中期(9~10天)以后,孵化温度改为37.8℃,从后期(20~21天)开始,温度改为37.3℃。分批入孵可采用恒温38℃,第20~22天落盘后温度降到37.3℃。

2. 湿度 孵化期间控制空气相对湿度为60%~65%,出雏期为70%~75%。

3. 翻蛋 实践证明,1~20天内每8小时翻蛋1次,翻蛋角度为180°,21~24天出雏期不翻蛋,只调边心蛋,即能满足胚蛋发育要求。

4. 凉蛋 从入孵后的第7天开始凉蛋,如夏季温度较高时,每天要凉蛋1~2次,每次10分钟左右。凉蛋时间长短不等,根据情况灵活掌握,当蛋温降至35℃时继续孵化。

5. 喷水 是提高出雏率的关键之一。对21~24天的胚蛋喷31~38℃的温水(不可过早,也不可过迟),每天喷1次,待晾干后继续孵化。在反复凉蛋、喷水的作用下,蛋壳由坚硬变松脆,雏鸡易破壳,可减少出雏期的死胎。

第四节 雏鸡的营养需要和饲料配制

一、雏鸡的营养需要特点和饲养标准

雏鸡的营养需要是指每只雏鸡每天对能量、蛋白质、矿物质和维生素等营养成分的需要。它是设计饲料配方、制作配合饲料和营养性饲料添加剂及规定雏鸡采食量等的主要依据。

(一)雉鸡的营养需要

1. 能量　雉鸡对能量的需要量依年龄、体重、生产水平及环境温度等的不同而有差异。如果日粮中能量偏低,不能满足雉鸡的营养需要,势必会增加采食量或动用体脂肪;相反,则会导致体脂肪过度沉积,影响生长发育及生产性能。试验表明,雉鸡幼雏期、中雏期和产蛋期的日粮能量浓度均分别不应低于 12.2 兆焦/千克、12.33 兆焦/千克和 11.70 兆焦/千克。

陶钧等根据美国、法国、日本的雉鸡营养标准和家鸡营养标准及有关报道,结合生产实际,研究了我国商品雉鸡的营养需要,得出商品雉鸡营养需要量推荐值为:1~5 周龄、6~10 周龄、11 周龄以上 3 个阶段日粮代谢能分别为 11.93 兆焦/千克、12.14 兆焦/千克、12.14~12.35 兆焦/千克,可以满足雉鸡不同生长阶段对能量的需要。

2. 蛋白质和氨基酸　雉鸡对蛋白质的需要量取决于日粮的代谢能水平、成分及雉鸡日龄、生产性能等因素。对于饲喂常规玉米—豆饼型日粮的生长雉鸡,3 周龄内合适的日粮粗蛋白质水平为 28%,4~8 周龄日粮的粗蛋白质水干达到 24% 即可满足需要。如果在此类日粮中适当添加蛋氨酸,使含硫氨基酸占粗蛋白质的 3.66% 时,日粮中的粗蛋白质水平维持在 26% 即可使生长雉鸡获得最快的生长速度和最高的饲料利用率。9~18 周龄的雉鸡正值第二次换羽期,饲喂含粗蛋白质 19% 的日粮便可获得最快的生长速度。但是为防止这一阶段啄羽现象的发生,建议日粮中的粗蛋白质水平应在 20% 左右。产蛋期的雉鸡为保证其正常的产蛋性能,又要防止其过肥影响产蛋量,此期的日粮粗蛋白质水平保持在 18%~19% 即可满足需要。

研究表明,0~8 周龄日粮中赖氨酸和蛋氨酸水平分别为 1.260%、0.634%;9~16 周龄保证增重的最佳效果的水平分别为

0.751%和 0.310%;保证羽毛生长的最佳水平分别为 0.751%和
0.410%。

3. 矿物质　矿物质在机体的生命活动中起着至关重要的作用,它是构成骨骼、蛋壳、血红蛋白、甲状腺激素等的重要成分,并能够调节渗透压,维持机体的酸碱平衡。但饲料中的矿物质含量也不能过多,各种元素要搭配合理,否则极易造成中毒或营养失衡。雉鸡所需要的矿物质主要包括钙、磷、钾、硫、钠、氯和镁等常量元素和铁、锰、铜、碘、钴、锌、硒、氟等微量元素。

(1)钙和磷　生长雉鸡对日粮中钙的需要量为 1%,可利用磷为 0.49%;种雉则分别为 2.8%和 0.34%。试验表明,0~4 周龄的雉鸡对日粮中钙的最小需要量为 0.93%~1.33%,对总磷的最佳临界需要量为 0.96%;4~16 周龄的最适宜钙磷水平分别为 1.2%和 0.6%;成年繁殖雉鸡要求日粮中钙水平为 2.1%~2.7%,钙磷比例为 1.5~2:1。

(2)钠和氯　雉鸡在开食、生长和种雉阶段日粮中对氯的需要量均为 0.11%,对钠的需要量均为 0.15%。

(3)锰和锌　锰和锌为雉鸡所必需,每千克日粮中需要量分别为 95 毫克和 65 毫克。

4. 维生素　雉鸡对维生素的需要量甚微,但对其物质代谢起重要作用。维生素能促进雉鸡的生长,提高饲料转化率、繁殖力和免疫力,对幼雉鸡和种雉鸡更为重要。

(1)维生素 A　雉鸡日粮中维生素 A 的水平为 2 500 国际单位/千克时,氮的消化率最高。产蛋雉鸡日粮中维生素 A 水平为19 000~22 000 国际单位/千克,可提高产蛋量和种蛋的孵化率。

(2)核黄素　在开食和生长阶段日粮中分别为 3.5 毫克/千克和 3.0 毫克/千克。

(3)泛酸　在开食和生长阶段的日粮中均为 10 毫克/千克。

(4)维生素 D　0~3 周龄雉鸡喂维生素 D 2 200 毫克/千克的

日粮,可获得最佳增重和饲料转化率,但提高到 6 600 毫克/千克和 11 000 毫克/千克时,其死亡率最低。

(二)雉鸡的饲养标准

我国雉鸡饲养业发展较晚,目前还没有统一的饲养标准,表4-1 和表 4-2 可供雉鸡养殖场参考使用。国外的雉鸡饲养标准有美国 NRC 雉鸡饲养标准(表 4-3)、法国 AEC 雉鸡饲养标准、澳大利亚雉鸡饲养标准等。由于雉鸡的不同生产目的、生长发育期及繁殖期对营养需要有不同的要求。

表 4-1　我国雉鸡各生长阶段营养需要

营养成分	0~4 周龄	4~12 周龄	12 周龄至出栏	产蛋种雉鸡	休产种雉鸡
代谢能(兆焦/千克)	12.13~12.55	12.55	12.55	12.13	12.13~12.55
粗蛋白质(%)	26~27	22	16	22	17
蛋氨酸+胱氨酸(%)	1.05	0.90	0.72	0.65	0.65
赖氨酸(%)	1.45	1.05	0.75	0.80	0.80
蛋氨酸(%)	0.60	0.50	0.30	0.35	0.35
亚油酸(%)	1.00	1.00	1.00	1.00	1.00
钙(%)	1.30	1.00	1.00	2.50	1.00
磷(%)	0.90	0.70	0.70	1.00	0.70
钠(%)	0.15	0.15	0.15	0.15	0.15
氯(%)	0.11	0.11	0.11	0.11	0.11
碘(毫克/千克)	0.30	0.30	0.30	0.30	0.30
锌(毫克/千克)	62	62	62	62	62
锰(毫克/千克)	95	95	95	70	70

续表 4-1

营养成分	0~4周龄	4~12周龄	12周龄至出栏	产蛋种雉鸡	休产种雉鸡
维生素 A(国际单位/千克)	15000	8000	8000	20000	8000
维生素 D(国际单位/千克)	2200	2200	2200	4400	2200
维生素 B_2(国际单位/千克)	3.50	3.50	3.00	4.00	4.00
泛酸(国际单位/千克)	10	10	10	10	10
烟酸(国际单位/千克)	60	60	60	60	60

表 4-2　商品雉鸡的营养标准推荐表

营养成分	育雏期(0~6周龄)	生长期(7周龄至上市)
代谢能量(兆焦/千克)	12.13~12.54	11.29~12.13
粗蛋白质(%)	22~25	16~20
蛋氨酸+胱氨酸(%)	0.95~1.11	0.61~0.91
赖氨酸(%)	1.48~1.52	0.80~1.02
钙(%)	1.02~1.20	0.70~1.02
有机磷(%)	0.55~0.65	0.45~0.55

(摘自南京市地方标准《商品雉鸡饲养管理规程》DB3201/T 101—2007)

表 4-3　美国 NRC(1984)雉鸡的饲养标准

营养成分	育雏期	生长期	种用期
代谢能(兆焦/千克)	11.72	11.3	11.72
粗蛋白质(%)	30.0	16.0	18.0
甘氨酸+丝氨酸(%)	1.8	1.0	—

续表 4-3

营养成分	育雏期	生长期	种用期
赖氨酸(%)	1.5	0.8	—
蛋氨酸+胱氨酸(%)	1.1	0.6	0.6
亚油酸(%)	1.0	1.0	1.0
钙(%)	1.0	0.7	2.5
有效磷(%)	0.55	0.45	0.40
钠(%)	0.15	0.15	0.15
氯(%)	0.11	0.11	0.11
碘(毫克)	0.30	0.30	0.30
核黄素(毫克)	3.5	3.0	—
泛酸(毫克)	10.0	10.0	—
烟酸(毫克)	60.0	40.0	—
胆碱(毫克)	1500	1000	—

二、雉鸡的日粮配方

由于饲养标准不同,各地使用的饲料原料也不一样,因此设计的配方存在很大差异,这里介绍几例仅供参考(表4-4、表4-5)。

表 4-4　雉鸡饲料配方一　(%)

饲料种类	0~4 周龄	5~9 周龄	10~16 周龄	种雉鸡
小　麦	41	56	70	61
高　粱	10	10	8	10
麦　麸	—	—	5	5
肉粉(50%粗蛋白质)	12	12	10	11
豆　粕	31	18	5	4

续表 4-4

饲料种类	0~4 周龄	5~9 周龄	10~16 周龄	种雉鸡
鱼　粉	3	3	1	2
苜蓿粉	—	—	—	3
石　粉	—	—	—	3
牛油、羊油	2	—	—	—
配合添加剂	1	1	1	1

表 4-5　雉鸡饲料配方二　（%）

	育雏期 0~4 周龄	育肥前期 4~12 周龄	育肥后期 12 周龄至出栏	种鸡休产期 或后备种鸡	种鸡产蛋期 4~7 月龄
玉　米	57	55	70.5	67	56
豆　粕	28	30	16	20	25
麦　麸	3	6	8	8	5
进口鱼粉	10	7	4	3.5	10
磷酸氢钙	1.5	1	1	0.5	2
石　粉	0.5	1	0.5	1	2

注：育雏期饲料在此配方基础上，每 100 只雏每次加 1 个熟鸡蛋，每日喂 9 次，20 天后停喂；按混合料的 0.3% 添加蛋氨酸。各期均按混合料的 0.3% 添加食盐。按说明添加各种添加剂

第五节　雉鸡舍与设备

一、雉鸡舍

雉鸡场应选择在有利于排水、干燥、背风向阳、无污染源、交通方便又不近村庄、厂矿，较为清静并有卫生水源和电源的地方建

场。雏鸡舍可因陋而简,从而降低固定成本开支。雏鸡舍要求保温性能好、便于通风干燥、便于清洁和消毒、有利于防疫和操作,育雏舍与育成舍隔 20 米以上。雏舍的设计特别是成雏舍的设计应充分利用自然条件(如自然光照等),宜采用开放式结构。

(一)育雏室

分为平面式和网箱式两种:

1. **平面式育雏室** 屋顶结构为双落水式,檐高 2~2.5 米,长 25 米,宽 6 米;用纤维板或砖分为 5 间,每间的南侧都留有走廊,靠清洁道最近的一间为饲养员操作间,这样一幢雏舍可育雏雏 2 000 只以上。

育雏室在构造上应注意以下几点:

(1)**加网** 雏鸡喜欢乱窜乱飞,门窗要有铁丝网尼龙网防护,网目为 0.5 厘米×0.5 厘米,为防雏鸡啄破或被鼠类咬破,离地 1 米内的网不能用尼龙网。

(2)**保温** 顶部应设置保温隔热板,为防止风从门直入,门外侧应设有用棉布或麻袋做成的门帘。

(3)**供温** 要有供温设备,如地下烟道、热气管、育雏伞、红外线灯泡等。

(4)**通风** 墙上部和墙足离地 35 厘米处均应开有便于通风的窗子。或者在房顶部开通风窗,有条件的可以安装排气扇通风。

(5)**地面及垫料** 地面应为水泥地,并铺上锯屑或碎谷壳做垫料,室内不能有鼠洞或鼠类。

2. **网箱式育雏室** 在室内设一列列网箱,以便于管理,提高育雏密度,减少粪便接触和胃肠疾病发生。网箱长 100 厘米、宽 50 厘米、高 45 厘米,底网目要求 3 厘米×1 厘米或 1 厘米×1 厘米,侧网目 3 厘米×1 厘米或 2 厘米×1 厘米。每个网箱可育雏 40 只。

(二)青年雉舍

青年雉舍屋顶结构可用双落水式,也可用单落水式,每幢长30米,宽5米,檐高2.0~2.5米;舍内分为6间,靠近清洁道的一间为饲养员操作间,其余五间北面开有后门,南面分别连有高2.0~2.5米、面积5米×5米的网栏,网栏的另一侧都开有网门,这样一幢雉舍可养青年雉1 300只左右。

青年雉舍在构造上应注意以下两点:

一是雉舍要求冬暖夏凉,干燥透光,清洁卫生,换气良好。窗子总面积要占到墙面积的1/8以上,要求后窗略小,前窗低而大。门、窗网的网目为2厘米×2厘米,舍内采用水泥地面,并设有栖架。

二是运动场基部1米高处设有铁丝网,上部及顶部都可用尼龙网,网高同舍檐高,网目以不超过4厘米×4厘米为宜,运动场全为沙地或仅小范围内设置沙池,大小一般为雉舍面积的1/2。

(三)成雉舍、种雉舍

成雉舍的建筑要求基本同于青年雉舍,不过窗子面积要适度增大,应占雉舍面积1/6以上。种雉舍在成雉舍的基础上要设置产蛋箱和遮挡"王子雉"视线的屏障,运动场地以大为宜,其建筑类型与规格如下:

1. **房舍式** 屋顶结构可用双落水式,也可用单落水式,每幢长45米,宽5米,檐高2.0~2.5米;内设9间,靠近清洁道的一间为饲养间,其余每间北面开有后门,南面分别连有高2.0~2.5米、面积为5米×8米的网栏,网目亦为不超过4厘米×4厘米,网栏的另一侧都开有网门。雉舍的南面也可不建墙,即完全敞开。这样一幢雉舍可养成雉1 500只左右,种雉450只左右。

2. **网棚式** 网棚坐北朝南,砌1.6~2.0米高的北墙,南面用台柱,比北墙略高,由北墙向南搭2~3米长斜坡式天棚,东、西、南三面用网,网目为不超过4厘米×4厘米,北面要设置工作门,网棚的面积每间以25米²为宜,养成雉75只左右,养种雉25只左右。

3. 网栏式 根据雉鸡的野性,充分地利用森林、荒地等生态资源,建成1 000~2 000米²网栏,进行大面积养殖。如网栏内防风避雨的条件不足,可在其内零星地设置少量简易棚。网栏以钢筋为架以铁丝为网,网目以不超过4厘米×4厘米为宜,这样牢固可靠。网栏饲养使雉鸡生活在自然环境中,可以增强其野性,有助于其采食野外活食料,节省饲料投入。一般饲养密度为1只/米²。

(四)终身制雉舍

由于移舍转群易给雉鸡带来应激反应,影响生产,所以近年来提倡采用终身制雉舍,即整个生产周期在一舍内进行,这样既减少了应激反应,又减少了基建投资。终身制雉舍的组成基本同于中雉舍,所不同的是每幢雉舍北面都留有1米宽的过道,每间雉舍都向过道开有后门,其内具有育雏室的保暖条件和保温设备;运动场特别大,是雉舍面积的10倍以上。

(五)附属建筑

主要指孵化室、饲料加工厂及化验、办公、生活用房,其设计与要求可参照普通鸡场内的建筑标准。值得强调的是孵化室要求有一个独立的进出口,工作人员进出要通过换衣间和消毒间,以防止病原入内。

二、笼具和配套用具

雉鸡场应根据其规模、资金情况来决定选用有关的设备与用具。现代化大型饲养场力求设备完善、机械化程度高。小型雉鸡养殖场则应因地制宜,尽量减少前期投入,加快资金周转,降低成本,提高效益。

(一)育雏笼

育雏笼由笼架、料槽、水槽和承粪板组成。一般笼架长2米,高1.5米,宽0.5米,离地面30厘米,每层高40厘米,分3层,每层4笼,每架12笼,每层之间留有10厘米的间隔放置承粪板,每节笼高30厘米,长、宽均50厘米。笼四周用竹竿或木条、铁丝网围好,这种育雏笼要放在配有加热设备的育雏室内使用。

(二)用　具

1. **栖架**　可用木条、木棍或粗竹棍制成。制作时要求向上的一面不带结或杈,要平整,以利雉鸡栖息。栖架一般分为吊挂式和平放式,安装吊挂式的栖架一定要固定,不能摇晃。平放式栖架要牢固,可适当做大些,这样有利于充分利用空间,同时也可节省材料。没条件的,也可因陋而简,用树枝搭成简易栖架,但应注意树枝不能太细。

2. **料槽**　一般由木板、毛竹、塑料、金属、镀锌板等材料制成。料槽既可用于平养,也可用于笼养。其边缘应向内卷,防止饲料浪费,同时将料槽设计成适宜的形状,防止雉鸡踩入槽内。笼养时最好将塑料槽或金属槽悬挂于笼外。料槽的高度应随时调整,其合适的高度为边缘与雉鸡背部平齐。

3. **饮水器**　式样较多,常用的有真空饮水器和长条形饮水槽。前者各地市场有售,后者可就地取材装制。成雉可用陶钵式饮水器,为了保持饮水卫生,防止粪便污染,陶钵式饮水器最好套上竹圈罩或金属罩。罩孔以雉鸡刚好伸进头部为好,且一定要保证罩的稳固性。饮水槽可用竹子做成,破成两半,但在使用过程中一定要固定好。每100只雉鸡占用饮水器的宽度,1~2周龄时为

50 厘米;3~10 周龄时为 100 厘米。如果是自动给水,可以再小些。饮水器的高度应随雏鸡日龄的增加,及时调整至合适的位置。

4. **捕雉工具** 雉鸡灵活好动,捕捉比较困难,尤其是平面散养的鸡群,捕捉就更不容易,用手捉不仅不能适应规模生产需要,而且易损伤,因此需借助一些捕雉工具。

(1)**捕雉网** 用木棍作长柄,以 8 号钢性铁丝做成直径为 40厘米的圆圈,接头处固定于木棍上,再用绳织成网兜即成。缺点是使用时目标大,容易炸群。

(2)**捉雉钩** 可根据雉鸡的大小,选用不同规格的铁丝,弯曲制成大小不等的捉雉钩。钩子的宽度比雉鸡的足略宽一些,钩住雉鸡足时可稍微扭动一下钩子,即可将雉鸡足卡住。这种钩子制作简单,使用时目标小,不易引起雉鸡炸群,在大群内捕捉个别雉鸡是很方便的。缺点是用力过猛时易将雉鸡(尤其是雏雉鸡)足打伤或扭伤,为了避免和减少这一现象发生,可在钩子上套层橡皮或塑料管,捕捉时注意用力不可过猛。

5. **产蛋箱** 一般在雉舍的一侧用砖砌成,宽 30 厘米,前高为45 厘米,后高为 80 厘米,长为 35 厘米,上盖可用沥青纸做成,角度为 45°。上盖可以防止雉鸡在上面走动而干扰产蛋。产蛋箱的进出口高为 30 厘米,宽 12~15 厘米,要尽量小,以母雉能够进出而公雉不能进出为原则。箱应垫有厚沙或少量的草。一般每 2~3只母雉需要 1 个产蛋箱。

6. **运雉笼** 装运雉鸡的笼子多为自制,可用竹木制成,成本较低,市场上也有铁制的和塑料制成的成品雉鸡装运笼。

第六节　雉鸡的饲养管理

一、雉鸡饲养阶段的划分

为了科学合理地饲养雉鸡,需要把雉鸡的一生划分为若干个饲养阶段。主要是根据各个时间段的生物学特性和对营养、环境的要求,以及管理上的方便等诸多因素作为划分的依据,并按照不同的饲养阶段拟定相应的日粮和实施相应的管理措施。划分方法上各国不尽相同。美国 NRC(1984)将雉鸡饲养阶段划分为育雏期(0~6 周龄)、育肥期(6~20 周龄),将种雉鸡划分为产蛋期和休产期。后来在生产实践中又将雉鸡阶段修改为育雏期(0~4 周龄)、育肥前期(4~12 周龄)、育肥后期(12 周龄以后)。法国 AEC(1978)将雉鸡的阶段分为 0~6 周龄、6~12 周龄和 12 周龄以后 3 个阶段。澳大利亚将雉鸡分为育雏期(0~4 周龄)、育成前期(5~9 周龄)、育成后期(10~16 周龄)。我国饲养的雉鸡,一般划分为如下几个饲养阶段:0~8 周龄为育雏期,9~20 周龄为育成期,21 周龄以后为成年期,成年雉鸡进一步划分为繁殖准备期、繁殖期、换羽期和越冬期。

二、雏雉鸡的饲养管理

(一)育雏前的准备工作

对育雏舍进行全面修理,清扫干净,达到地面干燥,通风良好,光线充足,保温良好,供温设施确实可靠。育雏所需的设备、用具、饲料、垫料和药品均应准备齐全。进雏的前几天应将育雏笼、育雏伞、垫料等育雏设备安放在适当位置。封闭所有门窗,并进行熏蒸消毒。按每立方米空间用福尔马林 15 毫升,高锰酸钾 7.5 克,熏蒸 1 昼夜。料槽和饮水器用 2% 氢氧化钠或其他常用消毒剂消毒,然后用清水洗净。在进雏的前 2 天要进行试温,使室内各部温度均匀,温差不超过 2℃。

(二)饲养管理

1. **精心饲喂** 雏雉食量小,对饲料中的蛋白质水平要求较高,一般要求蛋白质水平在 25%~27%。开食料要柔软,适口性好,营养丰富且易于消化,可喂给玉米拌熟鸡蛋(100 只雏雉鸡每天加 3~4 个蛋),2 日龄即可喂含 25% 以上粗蛋白质的全价料。喂料时用盘边高 2 厘米的盘装料,每 2~3 小时喂 1 次,少喂勤添,逐日增加饲料量并减少喂料次数,前 1~3 天采食次数,白天每隔 2 小时喂 1 次,夜晚每隔 3 小时喂 1 次,每天喂料的次数和时间要相对固定。4~14 日龄每天喂 6 次,15~28 日龄每天喂 5 次,4 周龄后,每天喂 3~4 次即可。0~20 周龄共需精饲料 6.4~6.5 千克。

要做到定时饲喂,少喂勤添,现拌现喂,干湿适度。此外,1 周龄后,可在饲料中拌入 1%~2% 的沙砾,以助消化。要供给充足而清洁的饮水,保持料槽和水槽的卫生。

2. **注意保温** 育雏温度应随雏雉日龄的增加而降低。笼育时的温度控制可遵照如下进行:1~3 日龄 34~35℃,4~5 日龄 33~34℃,6~8 日龄 32~33℃,9~10 日龄 31~32℃,11~14 日龄 28~31℃,15~20 日龄 25~28℃,21~25 日龄 18~24℃,25 日龄以后白天停止给温,但要求晚上继续供温,30 日龄后全部脱温;室温在开始时为 25~26℃,1~20 天每 3 天降低 1℃,21 天后每天降低 1℃,直至与环境温度(15~18℃)相同;伞下平面育雏,开始时伞下温度为 35℃,室温为 25~26℃,以后两者同时降温,其方法与室温降温法相同。要根据外界温度变化和雏雉的表现情况,灵活掌握给温,使育雏效果更佳。

3. **保持干燥**　湿度过大,雉雏散热困难,食欲下降,容易患白痢、霍乱及球虫病等;湿度过低,雉雏体内水分蒸发过快,影响卵黄吸收和羽毛生长,易出现啄癖。适宜的空气相对湿度为1周龄65%~70%,2周龄60%~65%,以后为55%~60%。因此,育雏头几天,可在地面上洒水或在室内放置饮水桶,既可以增加湿度,又可以提高饮水温度;之后随着雉雏呼吸量和排粪量的增大,要及时清粪,降低湿度。

4. **密度合理**　育雏密度大小直接影响雉雏的生长发育,密度大时采食、运动不便,呼吸缺氧,生长缓慢。适宜的饲养密度:1周龄时以50只/米²为宜,2周龄时40只/米²,从3周龄起饲养密度每周减少5只/米²,到7周龄时为15只/米²。

5. **通风和光照**　在保证育雏温度需要的前提下,注意通风换气,使育雏室内空气清新,做到无臭、无烟、无霉味。可以利用晴好天气在保证快速升温的前提下,最好在3分钟内敞开门窗进行彻底换气,每天2次。在育雏的前3天要进行24小时人工光照,以利于雉雏适应环境,完成开食饮水,4~7日龄每天光照20小时,2周龄每天光照18~19小时,3周龄转为自然光照,光照强度为20~30勒。

6. **及时断喙**　雉鸡易发生相互啄斗,到2周龄时,就有啄癖发生,应对其进行断喙。第1次断喙多在14~16日龄进行,第2次在7~8周龄转群时补断1次。断喙应使用专门的雏鸡断喙器,断去上喙的1/2、下喙的1/3,要注意止血。断喙后2小时不要给水,注意观察发现没有止住血的雉雏。

7. **保持圈舍卫生和做好疫苗接种**　每天对圈舍进行清扫和消毒,防止工作人员进出工作场地时带进病菌,舍内谢绝参观。饲养人员要经常观察雉雏群的生长状况,做好疫病防治。每周应搞1~2次的带雏消毒。也可根据各地的情况,制订符合当地养殖的

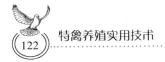

雉鸡免疫程序。

三、青年雉鸡的饲养管理

此阶段是一生中体重增长最快的时期,日增重可达 10~15 克,到 13 周龄即可达到成年体重的 75%,到 17~18 周龄时接近成年雉鸡的体重标准。饲养管理方面要注意以下几点:

(一)限制饲养

为防止种雉过肥而影响产蛋率和受精率,此期应限制饲养。一是从饲料的品质上限制,即减少日粮中的蛋白和能量水平,增加纤维和青绿饲料的给量。二是减少日喂次数和喂量。9~12 周龄每天喂 5~4 次;13~20 周龄每天喂 3~2 次,每只每天消耗饲料 60~70 克,同时喂给青饲料,用量占日粮的 30%。饲喂时可适当减少减少饲喂量,加强运动。

饲养过程中要设置沙砾盒,任其自由啄取;保证饮水的清洁和充分供应,特别是在采食干粉饲料的情况下,更应重视饮水的供给,做到饮水不断。

(二)强化管理

1. **及时转群,注意分群**　8 周龄时应转入青年雉鸡舍饲养,同时进行第一次选择,将体形外貌有严重缺陷的雉鸡淘汰作商品雉鸡饲养。在雉鸡转群前,要进行大小、强弱分群,以便分群饲养管理,达到均衡生长。根据雉鸡日龄和体重合理控制饲养密度,厚垫料平养,从 7 周龄的 15 只/米^2,按每周减少 5 只递减,直至 3 只/米^{2}左右;网上平养,5~10 周龄雉舍内 6~8 只/米^2,其群体以 300 只以内为宜,11 周龄时 3~4 只/米^2,每群 100~200 只。

2. **加强运动,防止逃逸**　青年雉鸡性情活跃爱活动,应提供适当的活动场地,使其自由运动以增强体质,活动场地应为舍内面积的 2~3 倍或更大。但雉鸡有飞翔能力,为防止逃逸,一般采用半敞开式雉鸡舍,设置双重门,舍外设有金属网罩(或尼龙网)的运动场(即预备门—预备间—鸡舍门—鸡舍—动动场五位一体)。

3. **防止啄癖** 在第 8~9 周龄进行第二次断喙,以后每隔 4 周进行 1 次修喙。

4. **设置栖架和沙池** 育成舍及其天网内应设置栖架若干和 1 米²的沙池 1 个,满足雉鸡飞翔和登高而栖的习性,并能充分利用空间,增加活动范围,降低密度,利于羽毛生长。沙池中放直径为 0.1~0.2 毫米的清洁沙粒,供雉鸡沙浴和觅食,在沙中喷施杀虫剂,以驱除雉鸡体外寄生虫。

四、种雉鸡的饲养管理

种用雉鸡饲养和管理的目的是培育健壮的种雉鸡,使之生产出更多高质量的种蛋。种雉鸡饲养时间较长,根据雉鸡因季节变化而产生的生理变化和特点,可将种雉鸡的饲养管理分为繁殖准备期(2~3 月)、繁殖期(4~7 月)、换羽期(8~9 月)、越冬期(10 月至翌年 1 月)4 个阶段。

(一)繁殖准备期

此时天气转暖,日照时间渐长,为促使雉鸡发情,应适当提高日粮能量、蛋白质水平,降低糠麸量,添加多种维生素和微量元素,补喂多汁饲料,如萝卜、大葱、麦芽等,以增强公雉鸡的体质。但能量类饲料不可多喂,以防过肥而推迟产蛋或难产。

此期管理上应注意以下几点:

1. **降低饲养密度,增加活动空间** 每只种雉鸡占饲养面积为 0.8 米²左右即可。

2. **整顿雉鸡群、鸡舍**　选留体质健壮、发育整齐的雉鸡进行组群,每群 100 只左右。网室地面应铺垫 5 厘米的细沙,产蛋箱放置在运动场光线较暗的地方,或者设置在舍内,一般每 4 只雌雉鸡要有 1 个产蛋箱。箱内铺少量木屑,底部应有 5°倾斜,以便蛋产出后自动滚入集蛋槽,避免踏破、污染种蛋和啄蛋。在舍内四周和运动场靠近舍内墙壁处设置栖架,供雉鸡休息。在运动场一角可设置 1 个沙浴池,铺设 15~20 厘米细沙,满足雉鸡沙浴需求。

3. **延长光照**　开产前公雉鸡要提前 3 周光照,母雉鸡要提前 2 周光照,光照强度为 3~4 瓦/米²,灯泡距地面 1.8~2 米为宜。光照每天 16 小时,灯距要适当,保证照明均匀,光线要稳定,否则会使雉鸡烦躁不安,影响产蛋。

4. **搞好防疫**　加强鸡舍的环境卫生消毒工作,以防疾病发生,雉鸡开产后最好不做任何免疫接种。

(二)繁殖期

本地产雉鸡一般在 4 月下旬到 5 月上旬开始产蛋。美国七彩雉鸡于 3 月 20 日左右开始交尾。地产雉鸡在 4 月 15 日左右、美国七彩雉鸡则于 3 月 15 日左右将日粮更换为繁殖日粮,并要求配方稳定,不能经常变换。

1. **喂料、饮水要求**　繁殖期的雉鸡要求日粮营养丰富,尤其是动物性蛋白质饲料,应随着产蛋量的增加而逐渐提高,进入产蛋高峰期饲料中的蛋白质水平应达到 20%~22%,饲料中的维生素和微量元素含量也要适当增加。饲喂次数应满足其无顿次性的特点,少喂勤添,保证供料充足。为了提高产蛋率,原则上应不限量供料,但以不浪费饲料为原则。产蛋高峰期,平均每只日采食量为 85 克左右。产蛋期喂料次数每天不少于 4 次,可每隔 3 小时喂 1 次,早上第一餐必须早喂,最后一餐可安排晚一点。每年 5 月份开始,早晨最好 6 时喂第一餐,以后每隔 4 小时喂一餐,晚上 9 时喂最后一餐。在定时喂料的情况下,每次可有 40%～60% 的鸡争抢采食,5～6 分钟就可吃饱。这些先采食者多是体质强壮的,为使弱者也有均等的采食机会,料槽、水槽数量要充足,放置的地点要分散一些。料槽、水槽要垫起 10～15 厘米,既方便采食,又减少饲料的浪费。

在供应充足饲料的同时,还要保证不间断供给清洁的饮水,尤其是夏季气温高,各种细菌易于滋生,每天换水 2～3 次,每次都要将饮水器彻底清洗干净,每天应消毒 1 次。

2. **管理要求**　种雉鸡的管理工作重点是提高繁殖性能和减少蛋的破损。因此,应加强日常管理,创造一个良好稳定的产蛋环境,做到"三定"即定人、定时、定管理程序。出入雉鸡舍动作要轻,本着少干扰雉群的原则进行。如不轻易捕捉雉鸡,接种疫苗、分群、合群、疏散密度等工作应尽可能结合在一起进行,并最好安排在晚间操作。经常检查、修补网室,防止野生动物惊吓、骚扰雉鸡群;夏季炎热天气搭棚或在网室旁种植藤蔓类的丝瓜、豆角等植物遮阴,以避免烈日直射,保证种雉正常的性活动与交配次数。产蛋期雉鸡密度不能过大,每只鸡占地面积不应少于 1～1.2 米²。

雉鸡产蛋时间集中在上午 9 时到下午 5 时之间,以中午 12 时至下午 3 时产蛋最多。雉鸡因驯化时间短,野性较强,公母雉都有啄蛋的坏习惯,而母雉又具有产蛋地点不固定的特点,破蛋率较高,因此每天至少要捡蛋 2 次,产在运动场上的蛋更应及时收取。为防止啄蛋现象的发生,应及时清除破损蛋,避免形成食蛋癖。

（三）换羽期

雉鸡每年 8 月中下旬产蛋基本结束,紧接着即开始换羽。为了加快换羽,日粮粗蛋白质要适当降低（20% 以下）,但要保证含硫氨基酸的供应,代谢能 10.46 兆焦/千克。同时,在饲料中加入 1% 生石膏粉,有助于新羽长出。此期应淘汰病、弱雉鸡及产蛋性能下降和超过使用年限的种雉。留下的应将公母雉鸡分开饲养。

（四）越冬期

此期应对种雉鸡群进行调整，通过转群和整群，可选出育种群、一般繁殖群、商品群和淘汰群。对种雉鸡进行断喙、接种疫苗等工作，同时做好保温工作，以利于开春后种雉鸡早开产、多产蛋。日粮中能量饲料应占日粮的 50%~60%，蛋白质占日粮的 15%~17%，主要是植物性蛋白饲料。若青饲料不足，可用青草粉代替维生素和微量元素添加剂。每天饲喂 2 次，上、下午各 1 次。冬天可在中午用谷物料补饲 1 次，补饲量为日粮的 1/3，并保证供给充足的饮水。

五、商品肉雉鸡的饲养管理

商品肉雉鸡饲养至 3~4 月龄，体重达到 1250 克，即可出栏上市。出售的雉鸡除要求体重外，还要求膘情良好，发育完善，羽毛完全、鲜艳。商品雉鸡在饲养管理上应做好以下几个方面的工作。

（一）合理饲喂

采用符合雉鸡不同生长阶段营养要求的全价配合饲料或自配饲料为主，辅助供应适量的青饲料。商品雉鸡的推荐喂料量见表4-6。

表4-6　商品雉鸡的参考体重及推荐喂料量表

周　龄	体　重 （克）	每天料量 （克/只）	每周料量 （克/只）	累计料量 （克/只）	料重比
1	34.2	5	35	35	2.46：1
2	55.7	9	63	98	2.93：1

续表 4-6

周 龄	体 重（克）	每天料量（克/只）	每周料量（克/只）	累计料量（克/只）	料重比
3	87.5	13	91	189	2.86：1
4	134.6	17	119	308	2.53：1
5	185.0	21	147	455	2.92：1
6	261.0	25	175	630	2.30：1
7	346.0	30	210	840	2.47：1
8	445.0	36	252	1092	2.55：1
9	540.0	42	294	1386	3.09：1
10	635.0	48	336	1722	3.54：1
11	722.0	55	385	2107	4.43：1
12	798.0	62	434	2541	5.71：1
13	874.0	68	476	3017	6.26：1
14	927.0	70	490	3507	9.26：1
15	977.0	70	490	3997	9.80：1
16	1024.0	73	511	4508	10.87：1
17	1069.0	75	525	5033	11.67：1
18	1110.0	78	546	5579	13.32：1

（摘自南京市地方标准《商品雉鸡饲养管理规程》DB3201/T 101—2007）

为了防止商品雉鸡的生长发育受阻，尽快上市，应加强其早期饲喂，做到早入舍、早饮水、早开食。2周龄前雏雉一般采用雏鸡料盘或料槽饲喂，饮水使用小型真空塔式饮水器。每次喂料不要过多，少喂勤添，以免造成污染或浪费，一般每天喂6次。2周龄后的雏雉体形变大，采食能力和活动能力均加强，可以选用稍大的吊塔式料桶和塔式饮水器，每天饲喂5次，以后每天4次。

在饲养过程中，应保证充足的饮水；添加20%～25%青绿饲料。每周至少沙浴 1 次,在干净河沙中加入 2% 敌百虫溶液,以杀灭体外寄生虫。

(二)强弱分群饲养

为提高出栏率和群体的整齐度,应提前做好大小、强弱分群。弱鸡群单独饲养,补充营养丰富的饲料,使其在体重上能尽快赶上强鸡群。如果采用的是地面平养方式,则雉鸡群的大小可根据雉鸡场设备条件来定,一般为小群饲养,以每群 30~50 只为宜,饲养密度 46~60 日龄时 8 只/米^2,61~75 日龄时 7 只/米^2。

(三)采用"全进全出"制

所谓"全进全出"制,就是在同一雉鸡舍内只饲养同一日龄的雉鸡,并在相同时间全部出场,出场后即彻底打扫、清洗、消毒,切断病原的循环感染。采用"全进全出"的饲养制度,是保证雉鸡群健康生长、减少病原产生的重要措施之一。

(四)合理光照

商品雉鸡的光照不宜过强,这样既可以减少啄羽,又可以减少活动量。晚上通常也应适当补充一些弱光照,这样可促使雉鸡夜间采食,发育均匀,提早上市,同时有些弱雉鸡白天抢不到食物,可以在夜间继续采食。关于照明时间,宜采用 1~2 小时光照,随后 2~4 小时黑暗的间歇式光照法(1 昼夜总的光照 8 小时,黑暗 16 小时)。据报道,这种方法不仅节省电费,还可促进商品雉鸡采食,生长发育快,增加经济效益明显。

(五)防应激

尽可能保持场内安静,谢绝参观,以减少外界因素的影响。为防应激造成撞伤或撞死,可剪掉雉鸡一侧的初级飞羽;网舍建筑不宜过高。

(六)设栖架、防啄癖

雉鸡舍内外应放置栖架供雉鸡栖息,这样不仅充分利用了养殖空间,还有利于减少啄癖。发现有被啄伤的雉鸡应在伤口处涂紫药水或樟脑软膏,并隔离饲养。必要时对雉鸡群进行调控,方法是:①在舍内挂青草或青菜,引诱野鸡啄菜以分散其啄羽的精力,同时也补充了维生素和纤维素。②9~11 周龄时,可在饲料中加入0.2%含硫氨基酸(蛋氨酸或胱氨酸)。③饲料中的食盐提高到2.5%,或在饮水中添加 1%食盐。

(七)卫生防疫

应保持雉鸡舍清洁干燥,湿度过高,容易促使病菌繁殖而诱发疾病。同时,要及时清理粪便,水槽和料槽要定期洗刷消毒,每周还要带鸡喷雾消毒 1 次。8~9 周龄时进行新城疫 Ⅱ 系疫苗饮水接种(按注射用量的 2 倍)。同时,应保持饲料的质量,不喂霉烂变质的饲料。若遇连绵阴雨天气,应在饲料中添加药物,以预防禽霍乱或球虫病的发生,一般投药 1 周,停 1 周后再投药 1 周,才能达到预防的目的。

第七节 雉鸡主要疾病的防治

雉鸡的抗病能力比普通的家鸡要强得多,只要平时注意清洁卫生,加强饲养管理,执行好免疫消毒制度,一般很少发生疾病。但如果饲养场内环境卫生差,气温骤冷骤热,或从场外带入病原,也会感染疾病。

一、雉鸡大理石样脾病

本病又称大理石脾,是由禽腺病毒引起雉鸡的一种急性接触性传染病,临床上以脾脏肿大、呈大理石样外观为特征,各种年龄的雉鸡都易感,主要侵害 3~8 月龄封闭饲养的雉鸡。

【病　原】　本病原为 Ⅱ 型禽腺病毒,病毒经粪便排出体外,污染周围环境,感染主要是通过消化道途径传播。

【症　状】　潜伏期 6~8 天。病雉鸡外观健壮,增重正常,突然发生死亡。肺功能衰竭,病程 1~3 周。最急性病例常无明显症状而突然死亡。多数病雉鸡一般仅见呼吸加快,精神、食欲欠佳,消化道功能紊乱,间歇性下痢,最后因肺功能衰竭而死亡。

【病　变】　特征性病变是脾脏肿大,可为正常的 2~3 倍,呈典型的大理石样斑纹。肺脏淤血、出血和水肿,肝脏肿大,有散在的细小灰白色坏死灶。

【防　治】　本病无特效治疗药物,应以预防为主,切实搞好雉鸡舍和场地的清洁卫生与消毒工作,供给全价日粮和新鲜清洁饮水。发病后可用康复雉鸡血清或高免血清治疗,颈部皮下注射,0.5~1 毫升/只。亦可用双黄连 60 毫克/千克体重,分 2 次肌注,同时应用抗菌药物防止继发性细菌感染。

二、传染性支气管炎

雉鸡传染性支气管炎是一种由病毒引起的急性高度接触传染病。主要特征是气管炎和支气管炎,表现为气喘、咳嗽、流鼻液、产蛋显著下降、产畸形蛋。

【病　原】　本病病原是一种冠状病毒,抵抗力中等,0.01%高锰酸钾液和 1%福尔马林溶液等在 3 分钟内可将病毒杀死。各种年龄的雉鸡都可发病,雏雉最为严重。

【症　状】　病雉鸡表现伸头,张嘴呼吸,咳嗽、流鼻液、眼泪,面部水肿,5周龄以上雉鸡发病时气管出现啰音,伴有咳嗽和气喘。产蛋雉鸡产蛋量下降,产软蛋、畸形蛋或蛋壳粗糙,蛋质变差,蛋白稀,频频排出水样粪便。

【病　变】　主要是气管、支气管、鼻腔和窦内有浆液性、卡他性或干酪样的渗出物,产蛋母鸡腹腔内出现液状卵黄物质。输卵管发生病变。肾肿大、色淡。输尿管变粗,内有大量尿酸盐结晶。

【防　治】　该病无有效的治疗方法,主要是采用弱毒苗点眼或滴鼻接种进行预防。发病后,可使用一些广谱抗生素和抗病毒药,对防止继发感染有一定的作用。如:口服氨茶碱片,0.5~1.0克/次,1次/天,同时肌注青霉素3 000单位/次、链霉素4 000单位/次,2次/天,连用3~5天,疗效较好;白芥子500克、莱菔子500克、麻黄500克、款冬500克、半夏500克、桑白皮500克、枇杷叶500克、鱼腥草600克、黄芩500克、当归500克、甘草150克,煮水拌料饲喂,以上为1 000只成年雉鸡1天的用量,连用3~5天。

三、葡萄球菌病

【病　原】　本病主要是由金黄色葡萄球菌引起的急性败血性或慢性传染病。雏雉鸡感染后多为急性败血症,青年雉鸡为急性和慢性经过,40~60日龄雉鸡发病最多。雉鸡群过大、拥挤、鸡舍卫生差都可促进本病发生。

【症　状】　病鸡精神不振,减食,羽毛松乱。脐炎型以孵出不久的雏鸡脐部感染发炎为主要特征。关节炎型主要表现为关节肿大,特别是跗关节和趾关节,挤压有痛感,站立和行走困难,跛行。有的病鸡腹泻,排黄绿色稀粪。

【病　变】　脐炎型表现为脐部肿大呈紫黑色,有暗红色或黄红色液体;肝脏有出血点、卵黄吸收不良。青年雏鸡主要病变在胸部,剪开皮肤见整个胸腹部皮下充血,呈弥漫性紫红色,积有大量水肿液。肌肉有出血斑和条纹,肝脏略肿,呈淡紫红色。关节肿大、充血或出血,关节囊内有较多浆液性渗出物,有脓汁和奶酪样物质。

【防　治】　控制好饲养密度,及时断喙,防止雏鸡群互啄造成外伤,保持环境清洁卫生。发病雏鸡群用庆大霉素,按每千克体重3 000单位肌内注射,每天2次,连用3天;按每千克饲料添加环丙沙星100毫克混饲,同时将2%鱼肝油加入水中供雏鸡自饮,连用5天。也可用磺胺类药物拌料或庆大霉素饮水。在治疗的同时,必须对雏鸡舍和用具进行消毒。

四、恶食癖

恶食癖又称啄食癖或异食癖,在舍饲条件下各种年龄的雏鸡均可以发生。

【病　因】　雏鸡发生恶食癖的原因很复杂,最主要的有以下几种:饲料单一,营养不全,某些必需氨基酸特别是含硫氨基酸、维生素、微量元素、常量元素缺乏;饲养密度过大,雏鸡群拥挤;舍内光照过强;患有外伤、啄伤、皮肤病、脱肛和白痢的雏鸡更易被啄伤啄死。此外,雏鸡舍潮湿,温度过高,通风不畅,有害气体浓度过高,外寄生虫侵扰,限制饲喂,垫料不足,饲养密度过大等,均能引起恶食癖的发生。

【症　状】　主要有以下几种临床表现:

1. 啄肛癖　雏鸡自啄肛门或其他雏鸡追啄一只雏鸡的肛门,致使肛门损伤出血,严重的可将直肠拉出造成死亡。

2. 啄肉癖　包括啄冠、啄眼、啄头、啄背、啄趾等,常见的为啄趾,雏鸡群相互啄食足趾,引起出血或跛行。

3. **啄羽癖**　雏鸡群相互啄食羽毛,严重的可将羽毛啄光。

【防　治】

1. **加强管理**　做到及时分群,饲养密度适中,光照合理,舍内通风良好,清洁卫生。

2. **合理配制日粮**　确保日粮的全价营养,避免饲料单一,注意饲料中添加钙、磷等矿物质,特别是蛋白质、维生素、微量元素、氨基酸等的含量,要严格按照营养需要配制。

3. **及时隔离,妥善处理**　发现恶食癖的雏鸡要及时移走,单独饲养。对患有外伤、啄伤、皮肤病的病雏鸡要及时涂上有异味的药物,如碘酊、紫药水、樟脑油等。

第五章
珍珠鸡养殖

第一节　概　述

一、珍珠鸡的生产现状

　　珍珠鸡又名珠鸡、珍珠鸟、几内亚鸡,属脊椎动物门、鸟纲、鸡形目、珠鸡科,原产于非洲的几内亚、肯尼亚等地。它原为野生禽类,羽毛有无数细小白色斑点,恰似全身披满白珍珠。由于羽毛美丽,体态优雅,一直被世界各地动物园作为珍稀的观赏鸟饲养。经现代驯化饲养,逐渐成为一些国家和地区的肉用家禽新品种。

　　目前,世界上许多国家都饲养珍珠鸡,法国、意大利、苏联、美国、日本等国饲养数量较多,其中以法国发展最先最快,到 1985年,法国全国珍珠鸡饲养量达到 5 000 万只;在意大利的禽肉生产中,珍珠鸡肉占 30% 左右,但仍然满足不了国内市场的需要。特别是近年来,由于国外消费者对肉用家鸡的肉味清淡日渐不满意,有寻求野味品替代的倾向,使得珍珠鸡饲养业开始向大规模的工厂化生产发展。在亚洲国家中,以日本发展最先,现饲养量达到

200万只左右,远远不能满足国内市场需求,每年从国外大量进口。一些发展中国家,如尼泊尔、泰国也开始饲养,但发展不快,未能形成商品化生产。

我国最早于1956年从苏联引进珍珠鸡并饲养成功,但30来年一直作为观赏鸟饲养。大规模的人工驯化饲养从1984年开始,目前我国珍珠鸡的饲养量有50万~60万只,北方一些省、直辖市已建立起较大规模的养殖场。珍珠鸡是粮草兼食的节粮型特禽,它既可舍养,又可放牧养,被视为具有发展前途的养殖品种之一。

二、珍珠鸡的体貌特征

目前我国饲养量最多的是灰色银斑珠鸡,其外观似雌孔雀,头部清秀,头顶有尖端向后的红色肉锥(为角质化突起,称之头盔或盔顶),脸部淡青,颊下部两侧各长一红色的心叶状肉髯,喙大而坚硬,喙端尖,喙基有红色软骨性的小突起。喉部具有软骨性的三角形的肉瓣,色淡青。颈细长,头至颈部中段被有针状羽毛。足短,雏鸡时足呈红色,成年后呈灰黑色,尾直向下垂。

全身羽毛黑中带灰,其上布满大小如珍珠状的白点,形如珍珠,故有"珍珠鸡"之美称。珍珠鸡形体圆矮,尾部羽毛较硬略向下垂。公珍珠鸡羽毛颜色与母珍珠鸡相同,其他特征也相似,两性最明显的区别是:母珍珠鸡肉髯小,色鲜红;公珍珠鸡的肉髯较发达,但粗糙,颜色没有母珍珠鸡那样鲜红。

刚出壳的珍珠鸡外观特征与鹌鹑很相似,重约30克,全身棕褐色羽毛,背部有3条深色纵纹,腹部颜色较浅,喙、腹部均为红色。到2月龄左右羽毛颜色开始发生变化,棕褐色羽毛被有珍珠圆点的紫灰色羽毛逐渐代替,头顶长出深灰色坚硬的角质化盔顶,颈部肉髯逐渐长大,喙、足颜色也变为深褐色。

不同品种的珍珠鸡羽毛颜色从灰白到蓝黑色,差异很大。但

同一品种内的个体应基本相似。

三、珍珠鸡的生物学特性

1. **适应性强**　成年珍珠鸡喜干厌湿、耐高温、抗寒冷、抵抗疾病能力强。在-20~40℃仍能生活。但出壳后的雏珍珠鸡若温度稍低,则易受凉、腹泻或死亡。

2. **野性尚存,胆小易惊**　珍珠鸡仍保留野生鸟的特性,喜登高栖息,晚上亦能看到它的活动。尤其是雏珍珠鸡表现出明显的胆怯性,饲养过程中常到处乱钻而引起死亡。饲养中应对此习性给予足够重视。珍珠鸡性情温驯、胆小、机警,环境一有异常或动静,均可引起其整群惊慌,母鸡发出刺耳的叫声,鸡群会发生连锁反应,叫声此起彼伏。若将红色饮水器换成黄色饮水器,鸡群会较长时间不敢靠近饮水器。

3. **群居性和归巢性强**　野生状态下,珍珠鸡通常 30~50 只一群生活在一起,决不单独离散。人工驯养后,仍喜群体活动,遇惊后亦成群逃窜和躲藏,故珍珠鸡适宜大群饲养。另外,珍珠鸡具有较强的归巢性,傍晚归巢时,往往各回其屋,偶尔失散也能归群归巢。

4. **善飞翔、爱攀登、好活动**　珍珠鸡两翼发达有力,1 日龄就有一定的飞跃能力,随日龄的增大,其短距离飞跃能力表现更明显,受惊吓时成群飞蹿,在散放饲养时要注意加高围篱。白天珍珠鸡几乎能不停地走动,休息时或夜间爱攀登高处栖息。

5. **喜沙浴,爱鸣叫**　珍珠鸡散养于土地面上,常常会在地面上刨出一个个土坑,为自己提供沙浴条件。沙浴时,将沙子均匀地撒于羽毛和皮肤之间。珍珠鸡有节奏而连贯的刺耳鸣声,实为一大特点,这种鸣声对人的休息干扰很大,但也有几个作用,一是夜间鸣声强烈骤起有报警的作用,二是这种鸣声一旦减少,或者声音强度一旦减弱,可能是疾病的预兆。

6. **择偶性强**　珍珠鸡对异性有选择性,这是造成其在自然交配时受精率低的原因之一。当然易受惊吓也是大群珍珠鸡受精率低的主要原因。因此采用人工授精可以从根本上解决受精率过低的问题。

7. **食性广、耐粗饲**　一般谷类、糠麸类、饼粕类、鱼骨粉类等都可用来配合饲料。另外特别喜食草、菜、叶、果等青绿植物。

四、珍珠鸡的经济价值

1. 珍珠鸡肉质细嫩、营养丰富、味道鲜美。与普通肉鸡相比,蛋白质和氨基酸含量高,而脂肪和胆固醇含量很低,是一种具有野味的特禽。

2. 屠宰率高,可食部分多。珍珠鸡骨骼纤细,头颈细小、胸腿肌发达,身体近似椭圆形。活重 1 700 克的珍珠鸡,屠体重为 1 544 克,占活重的 91%;半净膛 1 415 克,占活重的 83%,可见其屠宰率和出肉率都较高。

3. 生产性能较高。种母鸡自 28 周龄开产,一个产蛋期可产蛋 160 枚左右,提供雏鸡 110 只左右,每只种鸡产蛋全程耗料 40~44 千克。商品肉鸡最佳屠宰时间为 12～13 周龄,活重可达 1 300~1 500 克,料肉比为 2.7~2.9：1。

4. 珍珠鸡适应性好,抗病力强,对设备和房舍要求简单,耐粗饲、易饲养,所以从事珍珠鸡饲养业投资少、周转快、效益高。此外,珍珠鸡个体大小适中,既不像火鸡大得需要分割出售,也不像鹌鹑那样小,既适于普通家庭一顿食用,更是宴席上的高档肉禽。

第二节　珍珠鸡的品种

目前我国饲养的珍珠鸡,大都是从非洲引进的品种,也有在此基础上培育出的变种。当前引进品种主要有以下几种:

一、银斑珍珠鸡

该品种的羽毛为深灰色,体躯布满珍珠般的银白色斑点,皮肤颜色灰白,略带灰黄色。成年母鸡活重 1.5~1.6 千克,成年公鸡活重 1.6~1.7 千克。70 日龄育成鸡活重为 800~850 克,90 日龄平均活重可达 1 千克,150 日龄平均活重达 1.35 千克,每千克增重消耗饲料为 3.2~3.4 千克。8~8.5 个月达性成熟,季节性产蛋,平均年产蛋 100 枚左右,蛋重 45~46 克。自然交配的种蛋受精率为 76%,受精蛋孵化率 75%;人工授精的种蛋受精率为 90%,孵化率 80%,雏鸡的育成率为 95%~99%。

二、西伯利亚白珠鸡

由苏联畜牧专家在西伯利亚奥姆司科地区育成,由银斑珍珠鸡浅色羽毛的突变种,经近交及严格选育而培育的优良种群。70 日龄育成鸡活重达 850~950 克,90 日龄活重 1.2 千克,150 日龄平均活重达 1.6 千克,年产蛋量 120 枚左右,蛋重 42~45 克,每千克增重的饲料消耗为 3.2~3.4 千克。自然配种的种蛋受精率为 75%,受精蛋孵化率为 90%。

三、法国伊莎灰色珍珠鸡

该品种是由法国培育的较有名的专门化高产珍珠鸡品系,商品名称为"可乐"、"依莎"。又称为灰色珍珠鸡,也是目前世界各国饲养最普遍的品种。成年活重达 2.2~2.5 千克,12 周龄体重可达 1.2~1.5 千克,28 周龄体重 1.9~2.1 千克,每千克增重消耗饲料为 2.8~3.0 千克。产蛋期长达 35 周,产蛋量为 165~185 枚,壳褐色、有少许斑点,可获得 110~120 只雏鸡,雏鸡成活率 90%~92%。

四、沙高尔斯克白胸珍珠鸡

本品种是由苏联全苏家禽研究所育成的肉用珍珠鸡种群。体躯羽毛为深灰色,遍布白色斑点,因其胸部有白色羽毛,而叫作白胸珍珠鸡。现有 3 个品系。90 日龄平均活重可达 1 千克,150 日龄平均活重 1.45 千克。成年鸡体重 2.2~2.5 千克,7 个半月达性成熟,年产蛋 140 枚左右,蛋重 40~45 克。每千克增重的饲料消耗为 2.9~3.4 千克。净肉率 56%~57%。自然配种种蛋受精率 76%,孵化率 73%;人工授精种蛋受精率 90%,孵化率 80%。

第三节 珍珠鸡的繁殖

一、珍珠鸡的繁殖特点

珍珠鸡的性成熟期一般在 28~30 周龄,产蛋有一定的季节性,多集中在 4~11 月份,产蛋高峰在 6 月份。人工饲养条件下公母比以 1：4~5 为宜,但由于珍珠鸡仍保留有对公母配对的选择特性及种蛋受精率与季节、温度有关,故自然交配受精率较低(30%左右)。为了提高珍珠鸡的种用价值,克服因择偶性和季节性所造成的局限,可在配种季节进行人工授精,受精率可达 87%~88%。

二、珍珠鸡的自然交配

自然交配就是在散养条件下不受人为影响的配种。但由于珍珠鸡受外界干扰大,自然交配时的种蛋受精率不是太高,只有在安静的环境中,才能提高自然交配的受精率,特别是每天的早晚。

自然交配法有大群配种法、小间配种法、个体控制配种法和同母异公轮配法等。

1. **大群配种法** 就是将一定数量的母珠鸡同一定比例的公珠鸡混合在一起,使每只公珠鸡和每只母珠鸡都有机会自由交配的方法。此法的配种率比其他几种配种方法相对较高,但不能确知雏珠鸡的父母,多用于非育种场。

2. **小间配种法** 每个配种小间养 2~3 只母珠鸡和 1 只公珠鸡,公母珠鸡均编有足号或肩号,设置自闭式产蛋箱,种蛋要记上配种间号和双亲的编号。此法的优点是所得雏珠鸡系谱清楚。

3. **个体控制配种法** 将一只公珠鸡单独养在配种笼或配种间内,将一只母珠鸡放入,待交配后,立即将母珠鸡取出,再换另一只母珠鸡,但每只母珠鸡每周至少配种 2 次。此法的优点是能够充分发挥个别特别优秀种公珠鸡的性能,且种蛋受精率显著提高。

4. **同母异公轮配法** 在进行家系育种时,为了充分利用配种间,多获得配种组合或父系系系以便于进行对配种公珠鸡的后裔鉴定,常采用此法。每个配种间,如果轮配 1 次,可得同母 2 只公珠鸡家系,如果轮配 2 次,可得同母 3 只公珠鸡家系。

三、珍珠鸡的人工授精

(一)授精前的准备工作

为了适应人工授精的需要,当种鸡饲养到 25 周龄时则应转入产蛋鸡舍的种鸡笼中饲养。转群要在夜间弱光下进行,捉鸡时宜抓鸡足、不抓翅膀,以防翅膀发生断裂。由于种鸡在育成期一直采用地面散养,刚转至笼中会很不适应,不断撞笼,特别是遇到人或其他异常动静,则更为严重。为了缓解应激反应,最好马上让其自由采食,喂些珠鸡爱食的青绿饲料。也可在饲料中添加维生素,以缓解应激反应。装笼的种鸡应健康、结实、无伤残,公母比例可比自然交配时稍大(1∶6)。公母鸡装笼几天后,待其基本适应笼养生活环境时,应马上开始人工授精训练调教工作,其内容是对种公鸡的采精训练和对种母鸡的翻肛训练。开始时,专门人员每天应多进鸡舍,尽可能多地接触、抚摸珠鸡,使珠鸡习惯人的接近,这时则可进行抓鸡训练,待其熟悉这些动作后,即可正式开始采精和翻肛训练。训练过程中要专人负责、动作轻稳、迅速而准确,不可急躁、粗鲁。训练应避开上午产蛋时间。

(二)人工授精的方法

1. **主要器械** 包括集精杯、试管、显微镜、载玻片、盖玻片、输精滴管、稀释液、酒精及器械的清洗、消毒、烘干设备。

2. **采精** 采用按摩法,需 2~3 人配合完成,一人可坐在长凳上,将公鸡头朝后、胸部压在腿上固定,腹部和泄殖腔虚悬于腿外;也可将鸡胸部直接放在长凳上、两腿垂在凳下固定;有时也可将鸡身体夹在左肘和左腰间固定,用力要适度,另一人用右手沿公鸡后背部向尾方向有节奏地按摩数次,然后左手拇指与其余四指分跨于泄殖腔(肛门周围)二侧迅速按摩抖动,等其引起冲动、交尾器勃起而翻出射精时,右手迅速用集精器收集精液,同时用左手在泄殖腔二侧挤压、促其排精。

3. **输精**　为了确保精液的质量要求,可用吸管吸取一滴精液放于载玻片上,再加一滴生理盐水,后盖上盖玻片,在低倍显微镜下观察、鉴定精子的活力、密度和质量。将符合要求的精液用吸管吸取放入盛有0.9%生理盐水稀释液的试管中,按1∶1稀释,及时给母鸡输精。输精由两人配合完成,一人用左手抓住母鸡的双腿倒提、腹部向里,用右手压迫母鸡的尾部,并用分开的拇指和食指将肛门翻开,使输卵管口露出(管口在泄殖腔的左侧上方,右侧为直肠开口)。当输卵管口完全翻开后,另一人将输精管斜向插入输卵管内2~3厘米,缓缓将精液输入。

4. **注意事项**　公鸡一般每周采精2次或5天采精1次,母鸡每5天输精1次。每只母鸡的输精量0.013~0.015毫升纯精液,含0.8亿~1亿个精子。母鸡应在产蛋后几小时输精或次日产蛋前几小时输精。

四、珍珠鸡的人工孵化

珍珠鸡种蛋的孵化期为26~28天,0~23天在孵化机内,此后时间在出雏机内。

(一)种蛋选择

种蛋要新鲜,最好是保存5~7天的种蛋,最多不能超过10天,蛋重38~48克,蛋形不过圆、过长或畸形。蛋壳颜色正常且有光泽。

（二）温度、湿度

种蛋可采用恒温孵化和变温孵化。恒温孵化:0~23 天的孵化温度为 38℃,空气相对湿度为 60%;24 天后的孵化温度为 37.6℃,空气相对湿度应保持在 68%。变温孵化:1~3 天的孵化温度为 38.2℃,4~10 天为 37.9℃,11~17 天为 37.8℃,18~20 天为 37.6℃,24~28 天为 37.5℃,空气相对湿度保持在 60%~68%。

（三）照　蛋

珍珠鸡蛋在孵化过程中需进行 2 次照蛋,头照在第 8~10 天,二照在第 23 天。头照是为了剔除无精蛋和死精蛋,二照时剔除死胚蛋。

（四）翻蛋与凉蛋

从种蛋入孵第 1 天开始,每隔 2 小时翻蛋 1 次,翻转角度为 90°。种蛋的大头朝上,小头朝下,至入孵的第 23 天停止翻蛋。如果孵化机内各处温差±0.5℃,则每日要调盘 1 次,即上下蛋盘对调,蛋盘四周与中央的蛋对调,以弥补温差的影响。在入孵期间,应根据室温和种蛋温度的高低确定是否凉蛋。

（五）移盘与出雏

二照后就可以直接将蛋盘转移至出雏机,不要翻蛋,等待出雏。

珍珠鸡出壳时间一般比家鸡长,即出壳时间前后相差 1~2.5 天。孵化到 26 天后开始啄壳,到第 28 天基本上出雏完毕。要及时将出壳的雏鸡从出雏盘中取出,放在雏鸡盘中。

五、珍珠鸡的公母鉴别

（一）雏珍珠鸡的公母鉴别

鉴别应在雏鸡出壳后 12 小时内进行。公雏生殖器突出充实，轮廓明显，表面紧张而有光泽，富有弹性，受刺激容易充血；母雏突起不充实，突起表面软而易变形，不易充血。

（二）成年珍珠鸡的公母鉴别

珍珠鸡的公母外貌的差别不大，靠外貌来区别比较难。可根据以下几方面进行鉴别。

1. **看头饰和肉髯** 公珍珠鸡头饰和肉髯较大，肉髯向内稍弯曲，头较粗；母珍珠鸡头饰和肉髯较小，肉髯平直向颈后掠，头也较小些。12～15 周龄的公珍珠鸡的肉髯边缘较母珍珠鸡的厚些。

2. **听叫声** 成熟的母珍珠鸡发出"各嘎！各嘎！"的叫声，声音缓柔从容；公珍珠鸡则发出"嘎嘎嘎……"的叫声，声音短促而激昂，声音尖锐刺耳。当整个鸡群兴奋或受惊吓时，公母珍珠鸡均发出一个音节的叫声。但不管怎样，公珍珠鸡是绝对发不出"各嘎！各嘎！"的鸣叫声。

3. **看行走姿势** 成年公珍珠鸡行走姿势似"将军式"，即正步走；母珍珠鸡似"缠足式"，即双足排成单行走、交叉或踢足走。

4. **看颈背羽上的白点** 公珍珠鸡颈背羽上密缀着的白色圆点大而明显；母珍珠鸡的白色圆点小而色淡。

5. **翻肛门** 翻开肛门，如有粒状生殖突起，即是公珍珠鸡；无突起者为母珍珠鸡。

六、种用珍珠鸡的选择

为了获得优良的后代,必须在其生长发育的各个阶段对种珍珠鸡实行严格的选种选配,选出优秀的公母珍珠鸡作为种用,繁殖。种珍珠鸡的选择必须符合以下要求:

(一)外 貌

必须符合本品种的特征和特点,体形和姿势要正常,站立时身体平稳,胸部至足与背部平行,由背部自然向尾部倾斜。走动时姿势自然,动作灵活,特别是公鸡。眼睛要圆而明亮,喙要上下长度相等,或上喙微长,喙部要求坚硬。头小,要与颈部匀称自然。背部要宽平,胸宽度适中,龙骨直而长短适中。腿足要健壮,肌肉丰富。胫部直,趾齐全。羽毛覆盖紧密,有光泽。

(二)体 重

必须符合本品种、品系的标准体重,或者应在种群的平均体重以上。体重过重或过轻者均不宜留作种用。

(三)繁殖力

要求在 32 周龄前性成熟;32 周龄开产,产蛋高峰期的产蛋率在 60% 以上;种蛋受精率 85% 以上;受精蛋孵化率达 90% 以上。

第四节　珍珠鸡舍与设备

一、鸡　舍

珍珠鸡舍要求如下：

第一，保温隔热性能好，冬暖夏凉。保温隔热是指珍珠鸡舍冬季舍内热量损失少，能保持足够的温度，以利于珍珠鸡的生长和产蛋；在夏季能防止外界高温的辐射，不至于由于外界高温而影响珍珠鸡的生产。由于环境温度对珍珠鸡的生长和繁殖有比较大的影响，因此鸡舍的保温隔热性能在鸡舍建造方面具有重要意义。

第二，通风排水良好。根据珍珠鸡喜干忌湿的特性，栏舍要排水良好，通风透气。通风在夏季可以使珍珠鸡舍散热，缓解热应激。一般季节的通风可以排出舍内的污浊空气，降低舍内的湿度，对珍珠鸡的生产及疾病预防有重要意义。因此，可用水泥铺成倾斜的地面，栏舍四周应较开敞。

第三，光照充足。光照对珍珠鸡的生长发育和生产有着重要影响，是养好珍珠鸡的一个重要条件。珍珠鸡舍坐北朝南或坐西北朝东南，有利于自然采光。所开窗户面积与地面面积的比例应达到1∶10~12（窗台高度距地面70厘米，不宜太高），这样利于阳光照入，也有利于保温，但比例也不宜太大，否则不易保温。

第四，设置防飞网栏。由于珍珠鸡人工驯化的时间短，在家养情况下仍表现出明显的野生习性，一般1月龄后羽毛长齐，具有飞翔能力，活动能力也很强，所以栏舍外的运动场顶上要设置铁丝网、尼龙网或麻绳网，网目大小以珍珠鸡不能逃出为宜，一般不大于4厘米×4厘米，网栏高约2米。栏内的地面铺粗沙或煤渣，栏内设置若干栖息网。

第五,有利于防疫消毒。珍珠鸡舍地面应坚实、平坦、防滑、保温、不渗水、不积水和便于清扫消毒,以水泥地面为好,并具有一定的坡度和通畅的下水道。四周墙壁及顶棚要光滑,便于冲洗消毒。

珍珠鸡舍的建造要求不高,农村家庭中一般空闲房屋进行适当修理和改造,就可用来饲养。

二、设备用具

(一)育雏器

育雏器是雏鸡保温的补充热源,起到母鸡育雏的作用。珍珠鸡从出壳到脱温前,饲养的关键是保温,常用的简便方法有以下几种:

1. **木箱、纸箱育雏** 如饲养数量少时,可用大木箱套小木箱(纸箱也一样),两个箱子之间用棉絮、木屑等填充,雏鸡放在里面,主要靠自身温度保温,一般情况下,均可达到育雏所需温度。但遇天冷温度不够时,可用热水袋或装一盏电灯加温。也可使用稻草编的草窝等作育雏保温器具。

为了便于管理和观察,可将两只纸箱或木箱连在一起,两箱之间开一个进出口相通,其中一只箱子上面盖上麻袋或棉絮,里面设热源(安电灯或放热水袋),作为温室,另一只箱子作为雏鸡吃食、采光和活动的场所,箱上装上玻璃以便观察,箱壁四周开设通气孔。

2. **电热毯育雏** 适合大规模饲养的专业户采用。电热毯的温度自下而上,温度稳定,安全可靠,使用时先开启升温开关,约半小时左右达到温度要求后,再将开关调至恒温档。电热毯上面最好用保温帐(也可用塑料浴罩),以造成一个小气候,既利于保温,又节约电能。育雏密度每不超过 20 只/米^2。

3. **火炉育雏**　有条件的农户可利用空闲房屋作为育雏室。根据育雏室面积的大小和育雏数量决定安装火炉的数量及布局。一般一个火炉可育 500 只雏鸡。还可在炉子上部装配用镀锌板制成的伞罩,保温效果更好。雏鸡饲养密度为 15~20 只/米^2。此外,育雏室内要注意空气流通,以免造成缺氧。

4. **立体育雏**　通常为两层,每层 120 厘米×60 厘米×45 厘米(长×宽×高),可养 70 只。

(二)饮水器

1. **塔形饮水器**　由尖顶的圆桶和底部比圆桶稍大的圆盘构成。圆桶顶部和侧壁不漏气,基部距底盘高 2.5 厘米处开有 1~2 个圆孔。圆桶盛满水后,当盘内水位低于小圆孔时,空气由小圆孔进入桶内,水就会自动流到底盘,当盘内水位高于小圆孔时,空气进不去,水就流不出来。这种饮水器构造简单,洗刷方便,适于平养雏鸡时用。

2. **自制饮水器**　可用一个玻璃罐头瓶和一个深盘自制自动饮水器。制作方法是:将玻璃罐头瓶用钳子夹掉约 1 厘米的缺口,再找一个深约 3 厘米的盘子,合在一起,固定住就可以用了。

(三)料　槽

可用铁皮板、木板和塑料等材料制成。料槽可设置两种规格,3 周龄以内用高 4 厘米、宽 7 厘米、长 80~100 厘米的小料槽;3 周龄以后换用高 6 厘米、宽 10 厘米、长 100 厘米左右的大料槽;7~8 周龄以后,随鸡龄增加可将料槽相应地垫高一些,以使料槽高度与鸡背高度大致接近。如采用平养方式,在料槽上方加上一根滚木或竹网栅,以防止鸡站在槽里排粪,污染饲料。料槽的数量要根据珍珠鸡的数量来设置。每只珍珠鸡在不同生长期应有的料槽长度为:2~4 周龄 4 厘米;5~10 周龄 5~6 厘米;11~12 周龄 7~8 厘米。

(四)栖　架

专供珍珠鸡栖息的木架。常用的有立架和平架。立架用 2 根木棍钉上若干竹竿,斜倚墙壁即可,大小长短可依栏舍面积及饲养量而定。这种栖架制作简单,便于移动和清洗;平架的制作是将栖木制成长凳子形状摆在舍内,以便移动和翻转。无论立架还是平架均要求表面光滑,以免挂伤鸡足。每根栖木宽 5~8 厘米,厚 4~5 厘米,每根间距 30 厘米以上。栖架距地面 60~80 厘米。要求最里面的栖木距墙 30 厘米。一般认为,每只珍珠鸡占有栖木长度应达 15~20 厘米。珍珠鸡上架栖息,能减轻潮湿地面对其健康的影响,有利骨骼肌肉的发育,避免龙骨弯曲的发生。

(五)沙　池

沙池是供珍珠鸡沙浴,以清除身上污物、寄生虫的地方。试验证明:经自由沙浴的珍珠鸡,其产蛋率和蛋重与同一饲养管理条件下不沙浴的珍珠鸡相比,要高出 3%~5%。经常沙浴的珍珠鸡皮肤健康,不感染皮肤病和其他疾病,因此,有条件的地方,应充分考虑到珍珠鸡喜沙浴这一特性,设置沙池。种鸡用的沙池可建于活动场内,用砖砌高 40 厘米的沙池。一般每 100 只珍珠鸡应有沙池面积 2~3 米^2。每 7~10 天用筛子清除杂物和粪便,消毒后循环使用,同时不断添加部分新沙。也可在沙中均匀地拌入些草木灰和硫黄粉,这样可以在沙浴的同时杀灭体表寄生虫。

第五节　珍珠鸡的营养需要和饲料配制

一、珍珠鸡的营养需要

（一）能　量

日粮中的淀粉与脂肪是能量的主要来源,蛋白质多余时也能分解提供能量。碳水化合物包括无氮浸出物(单糖、双糖、三糖、淀粉)、粗纤维(半纤维素、纤维素、木质素)。在碳水化合物饲料中,淀粉既便宜且来源广泛,喂给珍珠鸡含淀粉量高的饲料,既能满足其代谢旺盛需要能量多的特点,又可降低成本,节约开支。但饲料中半纤维素、纤维素的含量应控制在 2%～5%,因为珍珠鸡消化纤维素的能力很低。

（二）蛋白质

珍珠鸡所需要的必需氨基酸有:蛋氨酸、赖氨酸、色氨酸、组氨酸、亮氨酸、异亮氨酸、精氨酸、苯丙氨酸、苏氨酸、缬氨酸、酪氨酸、胱氨酸、甘氨酸等。在植物性蛋白质饲料中,最缺乏的是蛋氨酸,其次是赖氨酸和色氨酸,同时,这三种氨基酸又是限制氨基酸,当日粮中这三种氨基酸不足时,会限制其他氨基酸的利用。

（三）矿物质

珍珠鸡体内的矿物质含量仅为体重的 3% 左右,但种类很多。按照饲料中的浓度和珍珠鸡的需要量可将矿物质分为常量元素和微量元素。常量元素机体需要量大(占机体重量的 0.01% 以上),主要有钙、磷、钠、镁、钾、氯、硫等;微量元素机体需要量少(占机体重量的 0.01% 以下），包括铁、铜、钴、锰、锌、碘、硒等。

1. **常量元素**

（1）钙　成年母珍珠鸡日粮中的钙主要用于蛋壳的形成。雏珠鸡缺钙则患软骨病，成年母珍珠鸡缺钙时蛋壳变薄，产软壳蛋，且产蛋量降低。钙在谷物和糠麸中含量很低，需要另外添加，但过多的钙影响镁、锰、锌的吸收，对珍珠鸡的生长发育和生产也不利。

（2）磷　珍珠鸡缺磷时，食欲减退，生长缓慢。严重时关节硬化，骨骼易碎。植物中的磷含量虽多，但主要是以植酸盐的形式存在，珍珠鸡对其利用率较低（雏鸡 30%，成鸡 50%），故配料时要以有效磷作为磷需要的指标。

钙和磷有着密切的关系，饲料中除应注意满足钙、磷的需要外，还应注意保持钙、磷的适当比例。一般情况下，雏鸡的钙、磷比例为 1.2:1，产蛋珍珠鸡的钙、磷比例为 4:1 或更高一些为宜。

钾、钠、氯这三种元素广泛存在于珍珠鸡的体液和组织中，主要作用是维持渗透压、酸碱平衡和水的代谢。植物性饲料中钾的含量比较丰富，而钠和氯的含量都很少，满足不了珍珠鸡的需要，但鱼粉中含量较高。珍珠鸡对高剂量的食盐耐受力很差，一般日粮中以 0.3% 左右为宜，超过 0.8% 或长期超过 0.5% 就可能引起中毒。

2. **微量元素**

（1）铁与铜　铁是合成血红蛋白的核心材料，铜是多种酶的组成成分和激活剂，缺铁时常发生贫血，而缺铜时影响铁的吸收，也会发生贫血。

（2）锰　锰与钙、磷的代谢和珍珠鸡的骨骼生长发育、繁殖有关。锰不足时雏珠鸡骨骼发育不良，表现为腿短，后髁关节肥大呈球形；成鸡的产蛋量和种蛋的孵化率下降，蛋壳变薄。

（3）锌　锌是多种酶的必需成分和激活因子，参与几乎所有的代谢过程。雏珠鸡缺锌时，生长发育受阻，腿骨变粗，羽毛蓬乱，皮肤有鳞片,尤其在腿上更为明显。种珠鸡缺锌时,产蛋量下降,精子活力减弱,种蛋孵化率降低。胚胎发育不良,初生雏鸡体弱,不能站立。

(4)硒 硒是谷胱甘肽过氧化物酶的主要成分,这种酶能够催化还原谷胱甘肽的氧化,以及由维生素 E 缺乏而产生的过氧化苯酯类之间的氧化还原反应。硒在珍珠鸡的饲料中以 0.15 毫克/千克为宜。过少时,发生渗出性素质病;过多时会引起硒中毒,使孵化率降低,胚胎异常,性成熟延缓。当饲料中硒的含量超过 10 毫克/千克时,即可发生硒中毒。

(四)维生素

维生素是珍珠鸡维持生命和健康的必需营养物质。包括脂溶性维生素和水溶性维生素,其中只有维生素 C 能够在体内合成,不需要补充,但在高温逆境的情况下也要补充。维生素虽然用量很少,但具有预防疾病和增强神经系统、血管、肌肉及其他系统的机能的营养作用,并保证鸡体正常生长、繁殖、产蛋及其他的生理功能。

(五)水

珠鸡体内的水分主要来源于饮水,其次来源于青绿饲料和自身的代谢。珍珠鸡的饮水量与生长阶段、环境温度、生产水平、饲养方式等有关,一般情况下,其饮水量为采食量 2 倍左右。当珍珠鸡饮水不足时,血液变浓,体温升高,营养物质的消化吸收和代谢废物排泄发生障碍,产蛋鸡产蛋量明显下降或停止。

二、珍珠鸡的日粮配方

由于珍珠鸡的驯化时间不长,所以仍保持有适应粗糙饲料、消化功能较强这样的特点。珍珠鸡的饲料来源非常广泛,各种野生草籽、谷物籽实及各类无毒的青草、树叶均可作其饲料。珍珠鸡的日粮配合,主要根据珍珠鸡生产各阶段的营养需要(表5-1),结合当地条件选择价格便宜的饲料,做到既能满足珍珠鸡的日粮需要,又能降低成本。表5-2的饲料配方仅供参考。

表5-1 珍珠鸡的饲养标准

项 目	0~3周龄	种 用				肉 用		
		4~8周龄	9~26周龄	产蛋率50%以下	产蛋率50%以上	0~4周龄	4~8周龄	8周龄至出栏
代谢能(兆焦/千克)	12.34	11.51~11.72	11.30	11.51	11.51	12.97	13.38	13.60
粗蛋白质(%)	22	20	15.5	16.5	17.5	24	22	18~20
赖氨酸(%)	1.25	1	0.7	0.80	0.85	1.35	1.00	0.9
蛋氨酸(%)	0.55	0.43	0.35	0.36	0.43	0.60	0.57	0.50
蛋氨酸+胱氨酸(%)	0.95	0.8	0.65	0.56	0.75	1.00	0.94	0.85
粗纤维(%)	3.5	4	6.5	4.2	4	3.5	4	4
钙(%)	1.1	1.1	1.1	3.2	3.2	1.20	1.00	0.9
有效磷(%)	0.55	0.5	0.45	0.45	0.45	0.5	0.4	0.4
镁(毫克)	100	100	80	100	100	100	100	80
锌(毫克)	80	80	70	80	80	80	70	70
铁(毫克)	40	40	32	40	40	40	32	32
铜(毫克)	12.5	12.5	10	12	12	12.5	12.5	10
钴(毫克)	0.25	0.25	0.25	0.25	0.25	0.25	0.25	0.25
碘(毫克)	2	2	2	2	2	2	2	2
硒(毫克)	0.15	0.15	0.15	0.15	0.15	0.15	0.15	0.15

续表 5-1

项　目	0~3 周龄	种　用				肉　用		
		4~8 周龄	9~26 周龄	产蛋率 50% 以下	产蛋率 50% 以上	0~4 周龄	4~8 周龄	8周龄 至出栏
维生素 A(国际单位)	15000	15000	12000	15000	15000	15000	15000	15000
维生素 D_3(国际单位)	3000	3000	2500	3000	3000	3000	3000	3000
维生素 E(毫克)	25	25	25	30	30	25	25	25
维生素 C(毫克)	20	20	20	20	20	20	20	20
维生素 K_3(毫克)	5	5	5	5	5	5	5	5
维生素 B_1(毫克)	1.5	1.5	1.5	2	2	1.5	1.5	1.5
维生素 B_2(毫克)	12	12	10	20	20	12	12	12
维生素 B_6(毫克)	5	5	3	4	4	5	5	5
维生素 B_{12}(毫克)	0.125	0.125	0.10	0.15	0.15	0.125	0.125	0.125
烟酸(毫克)	60	60	40	50	50	60	60	60
泛酸(毫克)	20	20	16	20	20	20	20	20
胆碱(毫克)	600	600	500	600	600	600	600	600
叶酸(毫克)	1.5	1.5	1.5	2	2	1.5	1.5	1.5
生物素(毫克)	0.15	0.15	0.15	0.2	0.2	0.15	0.15	0.15

表5-2　珍珠鸡的日粮配方

饲料原料	0~4 周龄	4~8 周龄	8~12 周龄	12~14 周龄	繁殖期
玉米(%)	47.56	55.22	55.6	64.01	62.6
大豆粉(%)	19.99	11.62	13.26	5.38	5.45
大豆粕(%)	13.32	7.75	8.84	3.58	3.63
进口鱼粉(%)	7.55	5.96	2.49	3.51	5.31
啤酒酵母(%)	7.55	5.96	3.48	3.51	5.3
麦麸(%)	2.03	11.49	14.33	18.01	11.71
磷酸氢钙(%)	1.16	1.34	1.34	1.16	
碳酸钙(%)	0.92	0.53	0.43	0.45	4.42
碳酸氢钙(%)					0.93
食盐(%)	0.4	0.4	0.4	0.5	0.5
蛋氨酸(%)	0.1				
合计(%)	100.58	100.27	100.17	100.11	99.85
营养水平					
代谢能(兆焦/千克)	12.55	12.13	12.13	11.92	11.72
粗蛋白质(%)	26	21	19	16	17
钙(%)	1.2	1.2	0.8	0.8	2.25
总磷(%)	0.8	0.8	0.7	0.7	0.7
赖氨酸(%)	158	1.2	1.07	0.81	0.91
蛋氨酸+胱氨酸(%)	0.91	0.65	0.58	0.49	0.53

第六节 珍珠鸡的饲养管理

一、珍珠鸡饲养阶段的划分

珍珠鸡按其用途和饲养管理的不同,可区分为种鸡和商品肉鸡。种鸡可分育雏(0~3周龄)、育成(4~25周龄)和产蛋(26~66周龄)三个阶段;商品肉鸡可分育雏和生长两个阶段。为了养好珍珠鸡,必须掌握各阶段的饲养管理原则、要求和标准。

二、珍珠鸡育雏期的饲养管理

珍珠鸡刚出壳时,体小娇嫩,体重仅有25~30克。由于其体温调节、消化等能力还不完善,对外界环境和疾病的抵抗力较差,易生病死亡,所以需要精心细致的饲养管理,特别是从出壳到3周龄这一阶段的幼雏饲养,对后期的生长发育和成活率影响较大。

(一)提供适宜环境条件

1. **温度** 育雏3周内,鸡舍里的温度适宜与否是育雏工作成败的关键,既不能过高,也不能过低。刚出壳的雏鸡要生活在35~38℃的保温伞下,以后每周下降3℃左右,至21℃为止。鸡舍温度是否适宜可观察鸡群的表现:太冷,雏鸡群扎堆;太热,雏鸡张口喘气;适宜温度下精神活泼,表现舒适。在育雏过程中,要注意调整雏鸡群。要将体弱矮小、站立不稳的单独组成小群,给予特殊照顾,离热源近些,密度小些,饲料饮水充足,添加维生素,以促进恢复健康。

2. **湿度** 育雏室内温度高,常导致湿度偏低,空气干燥,雏鸡因失去水分过多而影响健康,严重时造成脱水。当育雏舍湿度低时,可在地面洒清水。育雏室保持 60%~65% 的空气相对湿度,可在室内悬挂干湿球温度计测定。育雏后期对湿度要求不严,保持正常湿度即可。

3. 通风　目的在于排出舍内过多的水蒸气、热量和有害气体,以保持舍内空气新鲜。为使舍内空气中有害气体含量控制在最小限度之内,又不能影响保温,所以要求流入舍内空气以每秒 0.3 米~0.35 米的低速达于鸡体。同时,整个鸡舍气流速度应基本一致,既无死角,也无贼风。

4. 光照　雏鸡需要一定的光照时间和光照强度。在密闭式鸡舍,1~2 日龄的雏鸡需光照 23 小时,3~7 日龄需 20 小时,2 周龄需 16 小时,3 周龄公雏需 12 小时,母雏 14 小时。光照强度:0~10 日龄 3 瓦/米^2,11~21 日龄 2 瓦/米^2,要注意使全舍的光照均匀一致。目前我国饲养珍珠鸡多采用开放式鸡舍,白天可利用自然日光。光照时间不足可按光照制度补充人工光照。

5. 饲养密度　珍珠鸡的饲养密度要根据鸡舍结构、饲养设备、环境温度及日龄的大小来决定。1 周龄 50~60 只/米^2,2 周龄 30~40 只/米^2,3 周龄 20~30 只/米^2。

(二)饲喂与给水

虽然珍珠鸡的雏鸡生长速度没有肉雏鸡快,但它对日粮的能量和蛋白质需要量较高,特别是必需含硫氨基酸更为突出,应加注意。出壳后 12~24 小时的珍珠鸡运到育雏室休息片刻,即要饮水开食。可先让其饮用 5% 葡萄糖水,2~3 小时后再喂给浸软晾干的碎米或玉米粉,1~2 天后可喂给配合料。由于珍珠鸡活泼好动,采食时除了喜欢践踏饲料外,还爱用喙将饲料甩出槽外,因此给料不能超过槽深的 1/3,以减少饲料浪费。喂料次数随日龄的增加而逐渐减少,一般在开食时要坚持少喂勤添,1 周龄每昼夜喂食

6~8次,2周龄5~6次,3周龄4~5次。开食后可自由饮用水质好、水温20~25℃的饮水。育雏期所用长形料槽、水槽的数目和长短,依据饲养数而定,原则上保证每只雏鸡拥有的长度为料槽2.5厘米、水槽0.6厘米。

(三)加强管理

1. **日常管理** 饲养人员每天应进入鸡舍检查记录鸡群的精神状况,采食、粪便是否正常,并填写育雏日记。发现异常应及时查明原因,确认病情,及时隔离、治疗或淘汰,视具体情况可对雏鸡群有针对性地投药预防。

减少漏水,勤换垫料,保持舍内干燥,防止垫料发霉,导致霉菌性疾病和球虫病发生。

2. **断喙与断翅** 为防止啄癖发生、降低飞行能力,可在10日龄内断喙和切去左或右侧翅膀的飞节。

3. **卫生消毒和疫苗接种** 除进出车辆、人员消毒外,应定期对鸡舍、笼具及环境进行预防消毒。定期投药驱除体内外寄生虫,根据本地区疾病流行情况及本场具体情况制定免疫程序,按时进行疫苗接种。

三、珍珠鸡育成期的饲养管理

珍珠鸡的育成期分为育成前期和育成后期,前者为22~56日龄,后者为57日龄至25周龄。

(一)育成期饲料要求

可根据饲料来源和价格情况,制定营养全面、价格合理的饲料配方。为了获得良好的生长率,早期饲料的代谢能要高于12.13兆焦/千克,随着日龄的增加,代谢能逐渐降低。饲料中蛋白质水平也随着日龄的增加而降低,育成前期粗蛋白 20%,育成后期粗蛋白质为 15.50%。饲料也可采用市售的营养成分相似的家鸡的全价饲料,在 30~60 日龄用青年鸡颗粒饲料。2 月龄后的青年鸡采用自配饲料,降低能量水平,从而可避免在出售前沉积较多脂肪而失去野生禽的风味,同时防止留种后备鸡过肥而影响产蛋性能。珍珠鸡不大喜欢吃过于粉碎的饲料,自配饲料要制成颗粒稍大的碎屑状。珍珠鸡还喜欢吃嫩草、青菜及蚱蜢等昆虫,常吃青菜可使羽毛颜色鲜艳,也有利于降低饲料成本。

(二)适当限饲

育成期各周龄珍珠鸡的标准体重与饲料消耗量见表 5-3。限制饲喂要根据育成期各周龄的体重增长情况与饲料营养、采食量和体重标准相比较,及时调整饲喂量和饲喂方法。当实际体重超过标准体重时,可酌情减少或不增加饲料量。当超重较多时,可实行隔日饲喂。但必须每 2 周随机抽测鸡群 5% 的体重(称空腹体重),并与标准体重相比较。

表 5-3　珍珠鸡的标准体重与饲料消耗量

周　龄	标准体重(克)	平均日耗料量(克/只)	累计耗料量(克/只)
4	300	28	196
5	400	35	441
6	500	43	742
7	600	50	1092
8	700	55	1477
9	800	60	1897
10	850	64	2345
11	920	68	2817
12	1000	70	3311

续表 5-3

周　龄	标准体重(克)	平均日耗料量(克/只)	累计耗料量(克/只)
13	1050	72	3815
14	1130	72	4319
15	1200	72	4823
16	1250	74	5341
17	1330	74	5859
18	1400	76	6391
19	1450	76	6919
20	1500	78	7469
21	1560	80	8029
22	1620	80	8589
23	1680	82	9163
24	1740	82	9737
25	1790	85	10332
26	1830	90	10962

(三)育成鸡的光照

育成期公母鸡应分开饲养,给予不同的光照。育成前期保持光照 8~9 小时,育成后期逐渐增加光照至 14 小时。光照强度为 0.5~1.0 瓦/米² 的均匀光照。由于公珍珠鸡要比母珍珠鸡晚成熟 1 个多月,因此,育成后期公珍珠鸡要比母珍珠鸡提早增加光照时间,加速公珍珠鸡的性成熟,以便在母珍珠鸡开产后公珍珠鸡能尽早配种。

(四)饲养密度

在舍温 20~25℃、空气相对湿度 65%~70% 的条件下,育成前期 15~20 只/米²,育成后期 6~15 只/米²。育成前期鸡群可占用鸡舍 1/3 地面,以后随着珍珠鸡的长大,再逐渐增加占地面积,直到占据整幢鸡舍。平时可根据舍内温、湿度高低,适当增减饲养密度。

(五)防止应激

珍珠鸡很容易受惊,要尽力避免各种应激造成其紧张。可用细铁丝编成三角形的网放在鸡舍的墙角处,防止珍珠鸡受惊时拥挤在角落里受伤甚至死亡。

(六)日常管理

每天进鸡舍时,注意观察鸡的精神、食欲、饮水、排粪等情况,挑出病弱鸡,隔离饲养。搞好清洁卫生,鸡舍内每周消毒 1 次,舍外每月消毒 1 次;每日除粪、清洗饮水器,及时更换垫料、调整群体密度。记录耗料、换料、疾病、病死、气温等,根据珍珠鸡的生长速度及时添加水槽、料槽。

(七)放牧管理

根据珍珠鸡的习性,有条件的可采用放牧饲养,但需要丰富的质量好的牧草地,而且放牧前要对珍珠鸡进行调教,以培养回巢性。同时放牧前应将翼尖剪掉,防止飞失。

珍珠鸡舍饲到脱温后(一般 6 周龄左右)即可选择晴天放牧。此期羽毛开始丰满,食欲旺盛,生长快速。放牧群以 100~200 只为宜,群过大,容易因采食不够而自然分散,造成管理困难。放牧时应遵循由近及远和不断改变放牧场地的原则。放牧时应有专人看管,当鸡群过于分散或跑得太远时,就马上用信号呼唤拢来,给点饲料,防止丢失。

四、珍珠鸡产蛋期的饲养管理

珍珠鸡在 26～66 周龄时为产蛋期,31～32 周龄产蛋率可达 50%,35 周龄达到产蛋高峰。产蛋期是种鸡饲养全程的收益时期,任何饲养管理上的疏忽大意,都会直接影响到种鸡的生产成绩和经济效益。

(一)饲养要求

1. **产蛋期的饲料** 育成鸡转入成年鸡舍后约在 22 周龄开始使用过渡饲料,也可将育成前期饲料与产蛋期饲料混合使用,在产蛋率达到 10% 左右时转换为产蛋前期饲料,在 50 周龄前后换为产蛋后期饲料。

产蛋期间饲料要相对稳定,不能经常更换饲料配方或主要原料,换料应有 5～7 天的过渡期,以使珍珠鸡的消化系统能够很好地适应。饲料的质量必须保证,发霉变质的原料不能使用,存放时间过长者也尽可能不用。

产蛋期一般都喂干粉料,喂料约 1 小时后如发现料槽内仍有少量碎粉料,可考虑用少量水将其拌湿以刺激采食。饲料的颜色、气味、颗粒大小都会影响采食,要尽可能保持稳定。

珍珠鸡产蛋具有较强的季节性,为了保证产蛋率和提高种蛋受精率,期间除增加饲喂量、提高蛋白质和能量比例外,特别需增加维生素和矿物质的供应,如锰、烟酸、维生素 E 等,以满足其需要。

2. **喂饲方法** 产蛋期间尤其是 45 周龄以前应保证鸡群充分采食,只有摄入足够的营养才能保证高的产蛋率。一般在产蛋期的平均日耗料约 115 克(105～120 克),喂饲 3～4 次,第一次喂料应在早上开灯后 2 小时内进行,最后一次喂料则应在晚上关灯前

3 小时左右进行,中午前后可喂 1~2 次。

3. **均匀采食**　喂料时尽可能使料槽中饲料散布均匀,每次喂料后半小时应匀料 1 次。下次喂料前要检查上次喂料的采食情况:若槽内局部有饲料堆积,则应检查该处鸡只的数量、精神状态及笼具有无变形;若没发现异常,则应将该处饲料匀到他处让鸡采食。

4. **做好喂料记录**　包括喂料的类型、生产单位和日期、当天总喂量、当日平均采食量等。

(二)饮水管理要求

饮水对于种珍珠鸡生产来说具有重要意义,具体要求如下:

1. **不能缺水**　缺水时间稍长就会影响采食量和产蛋量,长期或经常性缺水易造成鸡体代谢紊乱而影响其健康和生产。在生产中早上开灯后就应开始供水,最好不要停水,有光照期间停水时间不能长于 3 个小时。

2. **水质符合要求**　水中某些矿物质及微生物的含量不能超标,否则会影响健康和蛋壳质量,如饮水中氟含量超过 5 毫克/千克时,蛋壳质量会明显下降。深井水的质量优于地表水。

3. **勤清理水槽或饮水器**　当珍珠鸡饮水时,常将饲料带入饮水中,而且随着饮水在槽内存放时间延长,其中的细菌含量也会迅速增加。所以要求每天应清洗并用消毒药擦洗水槽或饮水器。

4. **饮水消毒**　定期在饮水中添加消毒药物,可有效杀灭饮水中以及鸡肠道内的微生物。这是保持鸡群健康的重要措施之一。用于饮水消毒的药物(如二氯异氰脲酸钠、漂白粉)应没有刺激性、腐蚀性及明显的异味。

(三)环境要求

1. **温度**　珍珠鸡在繁殖期对温度十分敏感。据测定,气温低于 10℃时,种蛋的受精率明显降低,产蛋率也呈下降趋势。而且温度对公珍珠鸡的影响比对母珍珠鸡更为突出。因为温度低,公珍珠鸡的射精量减少,精液浓度变稀,精子活力减弱,即使采用人工授精技术,受精率也不高。采用自然配种,公珍珠鸡也出现此种情况,而且不愿配种。但是高温对珍珠鸡繁殖率的影响不明显。特别是公珍珠鸡仍有良好的繁殖性能,甚至气温高达 37℃时,不论是自然配种还是人工授精,受精率降低均不显著。珍珠鸡产蛋最适宜温度为 15~28℃,如要延长产蛋季节,则需对产蛋舍给予保温。当夏季气温达到 35℃时,应不断供给清洁饮水,加大通风,同时提高日粮能量和其他营养素水平,以补偿因采食量降低而造成的营养不足。

2. 光照　光照对于产蛋期的种珍珠鸡而言不仅会影响其采食、饮水、活动和休息,更重要的是会影响其体内与生殖有关激素的合成和分泌,对其繁殖过程产生明显的影响。

(1)光照时间的变化　若以 26 周龄认定为性成熟期,在 24 周龄时就开始改变光照时间,逐周递增 20~30 分钟,到 32 周龄光照时间达到 16 小时,以后保持稳定。产蛋期间切忌光照时间忽长忽短。

(2)光照的补充　一般种珍珠鸡舍都有窗,白天应充分利用自然光照,补充照明应在早上和傍晚。人工补充光照一般采用白炽灯。

(3)光线分布　舍内灯泡的布局要均匀,以保证舍内鸡群均匀接受光照刺激,损坏的灯泡应及时更换。

(4)光照强度　人工补充光照时,以每平方米地面有 4~6 瓦的白炽灯泡即可,或以工作人员进入鸡舍后能清楚地观察到各处料槽内的饲料情况为准。光线过强会造成鸡群的不安,易诱发啄癖,必要时应考虑遮挡强光。

3. 通风换气　珍珠鸡粪便会产生氨气、硫化氢等有害气体,鸡群呼吸过程中会产生二氧化碳。这些气体含量偏高时对鸡群的健康和生产都是不利的,必须通过通风以不断更新舍内空气,将有害气体含量降至最低水平。

4. **饲养密度**　珍珠鸡产蛋期适宜的饲养密度为 7~8 只/米²。

5. **保持环境安静**　珍珠鸡产蛋期高度神经质,容易惊群,应尽量避免惊扰,否则影响产蛋量和蛋的质量,出现较大比例的软壳蛋。在鸡舍内外工作时动作尽量轻稳,尽可能减少进出鸡舍的次数,更不能让其他动物窜进鸡舍。

五、商品肉用珍珠鸡的饲养管理

肉用珍珠鸡饲养管理的主要任务在于缩短饲养期,增加体重,减少耗料,提高存活率和商品合格率,同时还要特别注意保持珍珠鸡肉的风味及品质。在良好的饲养管理和饲料营养条件下,肉用珍珠鸡通常养到 12~13 周龄时,就可上市,平均体重 1.5~1.75 千克,出栏率可达 97%~98%,料肉比 2.75~2.80∶1。

(一)饲养方式

肉用珍珠鸡多采用平养方式,平养可使珍珠鸡活动量加大,肌纤维纹理更明显,有利于改善肉质。通常在大栏舍内隔成小间饲养,每间不超过 1 000 只,饲养密度 8~10 只/米²。舍内地面铺垫料,并设一些栖架供鸡站落。每间鸡应是同一批进舍、同时出栏,即采用"全进全出"制。出栏后房舍和所有设备清洗消毒,闲置 1 周后,方可进第二批鸡。

(二)饲　喂

肉用珍珠鸡对饲料蛋白质与能量水平要求较高,可采用肉用仔鸡料饲喂。用料桶饲喂,每日加料 2 次,自由采食。颗粒料的增重效果要好于粉料,因此,有条件的选用颗粒料,既减少浪费,又易于消化,提高生长率,此外,每日投放15%左右青饲料,切碎拌于饲料中。为了以最低的饲料成本获得最大的产肉量,可参考"肉用珍珠鸡的增重与耗料量"(表5-4)来饲喂。每3天增喂沙砾1次。保证清洁卫生的饮水。

表5-4　肉用珍珠鸡的增重与耗料量

周　龄	体重(克)	日增重(克)	累计耗料量(克)	料肉比
1	80	7.3	80	1.08∶1
2	140	8.6	190	1.40∶1
3	240	14	390	1.65∶1
4	350	16	650	1.85∶1
5	490	20	950	1.93∶1
6	630	20	1310	2.08∶1
7	760	19	1680	2.21∶1
8	890	19	2090	2.35∶1
9	1025	19	2530	2.46∶1
10	1165	19	2980	2.57∶1
11	1300	20	3460	2.66∶1
12	1430	20	3940	2.75∶1
13	1525	14	4430	2.90∶1
14	1605	11	4930	3.07∶1
15	1675	10	5460	3.26∶1

(三)饲养密度

肉用珍珠鸡饲养密度根据气候、日龄大小和棚舍面积大小而定。一般0~3周龄40只/米^2,4~8周龄15只/米^2,9~12周龄6~

10 只/米²。

(四)饲养管理

肉用珍珠鸡育雏的方法与前面所述的种用珍珠鸡的育雏相同,采用高温育雏、自由采食和饮水。脱温至出栏期间,舍温在20℃左右最好;对肉用珍珠鸡来说,光照不宜太强,方便其采食、饮水即可。一般 0~3 周龄 3 瓦/米²,4~12 周龄为 0.5 瓦/米²。后期开放式鸡舍采用自然光照,晚上补充 1 次光照,主要预防因环境突变鸡群受惊拥挤压死或防兽类侵袭。注意保持环境安静,防止各种不利于肉用珍珠鸡生长的应激因素出现。

第七节　珍珠鸡主要疾病的防治

一、传染性法氏囊病

【病　原】　法氏囊又称腔上囊,是鸟类特有的免疫器官,位于泄殖腔上方。本病是由传染性法氏囊病病毒引起的一种损害珍珠鸡的法氏囊的特殊疾病。本病直接致死率不高,但因法氏囊受损、免疫功能降低,而严重继发新城疫等传染病,造成很大损失。

【症　状】　本病的发生无明显季节性,3~5 周龄的珍珠鸡易感。病鸡精神沉郁、饮水增多、食欲大减、羽毛蓬乱、闭眼昏睡、排白色会绿色水样稀粪,肛门周围羽毛沾有粪便,步态摇晃、发抖,虚弱而死亡。耐过鸡表现消瘦、生长缓慢。

【病　变】　剖检可见法氏囊肿胀、清亮,黏膜点状或斑状出血,腔内含白色黏液或血性渗出物,病程较长者则法氏囊萎缩。胸、腿肌有散在性斑、点状出血;脾肿大,表面散布灰白色小点坏死;腺胃与肌胃交界处带状出血。

【防　治】　预防本病的根本措施是加强饲养管理,按免疫程序要求及时进行免疫注射。一旦发生疫情,可用高免血清或高免蛋黄抗体逐只注射,同时投以适当的抗生素、补液盐和维生素 C、维生素 A,适当提高育雏温度,降低日粮中的蛋质水平。某些中草药制剂(如抗囊疫等)早期应用,效果良好。

二、传染性肠炎

【病　原】　本病是由一种披膜样病毒引起的急性、高度接触性传染病。该病毒具有宿主特异性,各种龄期的珍珠鸡都有易感性,尤其对幼龄珍珠鸡的危害较大。本病主要以横向传播方式播散,一旦发生,数天至 10 天左右即可波及全群,感染发病率可高达 100%,而死亡率则随龄期的增长而下降,幼龄者发病死亡率为80% 以上,成年鸡则约 30%。

【症　状】　病鸡精神委顿,弓背呆立,或蹲伏于地,羽毛松乱,颈毛竖起,对外界反应迟钝,食欲废绝;严重腹泻,排黄白色或绿色水样稀便;脱水消瘦,最后衰竭死亡。耐过的珍珠鸡极度消瘦,难以恢复到正常体重。

【病　变】　发病早期急性死亡者体况良好,肌肉丰满;肠炎,肠道黏液增多,盲肠肿胀,偶有盲肠芯、盲肠扁桃体出血点;胰腺色淡,散布针尖大小灰白色病灶;脾轻度萎缩,肾稍肿大。发病后期死亡者明显消瘦、脱水,嗉囊内出现假膜,脾显著萎缩,小肠黏膜充血、出血。

【防　治】　目前尚无特效的治疗方法,亦无商品性的疫苗可供选用。一旦暴发本病,应对发病鸡群实施严格的隔离,并进行对症治疗。在饮水中添加口服补液盐,同时投服抗生素以预防和治疗继发性感染,如恩诺沙星 10 毫克/千克体重,混饲或混饮;培氟沙星 0.01% ~ 0.02%,混饮,均连用 3 ~ 5 天。投药期间,加强饲养场地及其周围环境的清洁卫生和消毒。采用全进全出的饲养方式,加强包括检疫、清洁卫生和消毒等在内的各种生物安全性措施,能较好地预防本病的发生和流行。

三、溃疡性肠炎

【病　原】　本病是由鹌鹑梭状芽胞杆菌引起的一种急性传染病,自然感染情况下,珍珠鸡时有发病的报道。鹌鹑梭状芽胞杆菌为厌氧菌,呈直杆状或稍弯曲,两端钝圆。本菌对外界抵抗力较强,广泛分布在污染的土壤中。病鸡和带菌鸡经粪便排菌,污染环境、饲料、饮水、垫料和用具,经消化道传染。一旦发病,场地、土壤、鸡舍即被芽胞污染,导致年复一年发生,呈地方性流行。

【症　状】　病鸡精神不振,毛松弓背,闭目呆立;食欲下降或废绝,白色水样下痢,如并发球虫病时,可见血性下痢。病程较长者,表现为贫血消瘦,鸡冠和肉髯苍白。

【病　变】　剖检可见肠黏膜脱落,有淡白色芝麻或白瓜子状的溃疡灶;出血性溃疡性肠炎,肠黏膜脱落,有淡白色糊状的血性假膜,散在性分布圆形或椭圆形溃疡灶,溃疡可深达肌层,甚至穿透肠壁,并引发腹膜炎;肝肿大;脾极度肿大,偶亦见坏死灶。

【防　治】　链霉素是治疗本病的首选药物,四环素、金霉素、杆菌肽锌等药物也有疗效,但磺胺类药则无效。一旦发生疫情,可选用链霉素,按 10 万~20 万单位/千克体重,混饮,连用 7~10 天;同时饮水中添加复合维生素 B 制剂;或用 10% 杆菌肽锌,按 0.15%~0.25% 混饲,连用 3~5 天。也可用复方敌菌净,按 0.02%~0.1% 混饮,连用 3 天;或肌注青霉素、链霉素各 6 万~8 万单位,每天 1 次,连用 2~3 天。在投药的同时,彻底清除和更换被粪便污染的垫料和表土,进行全面消毒;最好改地面平养为网上饲养,以减少鸡群与粪便接触的机会。

四、沙门氏菌病

【病　原】　本病(俗称白痢)是由沙门氏菌引起的一种以败血症及肠炎为主要症状的传染病,是严重影响雏鸡成活率的疾病之一,以2~3周龄以内的雏鸡的发病率与死亡率最高,发生该病后,鸡群不易净化。

【症　状】　病鸡精神委顿,绒毛松乱,两翼下垂,缩颈闭眼昏睡,不愿走动,拥挤在一起;食欲减少,软嗉,腹泻,排出白色稀粪,肛门周围羽毛被稀粪黏结、堵塞肛门,病鸡发出"叽叽"的叫声。3周龄以上病鸡死亡较少,成年鸡主要表现消瘦、产蛋下降。

【病　变】　病雏肝脏肿大,质地极脆,易破裂,表面可见散在或弥漫性的出血点和黄白色的粟粒大小的坏死灶;胆囊胀大,心冠脂肪有出血点;肺淤血呈褐色,有坏死灶;卵黄吸收不良,外观呈黄绿色;脾脏肿大;肾肿大、质脆、充血;输尿管有尿酸盐沉积。

成鸡感染后,可突然发病,并在出现下痢症状后数天内死亡,发病率可达10%左右,但更多的成为慢性带菌者。剖检可见肝稍肿大,散布灰白色小坏死灶;心肌色淡、柔软;脾肿大、质脆;卡他性肠炎;盲肠肿胀,肠壁增厚,黏膜充血、出血并脱落;卵巢和输卵管萎缩,卵泡血管充血扩张,内容物变性。

【防　治】　注意改善饲养管理条件,严格实行病鸡隔离饲养,做好带鸡消毒。料槽及饮水器每天清洁1次,防止鸡粪便污染,注意通风换气,减少拥挤。治疗沙门氏菌病的药物较多,选用时应注意细菌的耐药性问题,最好先做药敏试验,选择有效药物。常用的有:庆大霉素,肌内注射,每只8 000单位,每天2次,连用2天,同时配合恩诺沙星按0.02%~0.04%混饮,每天2次,连饮3天;氟哌酸,每千克饲料添加0.05~0.1克,连用3~5天。

五、组织滴虫病

【病　原】　本病又称黑头病或盲肠肝炎,是由火鸡组织滴虫寄生于珍珠鸡的肝脏和盲肠所引起的一种寄生虫病。该病主要发生于雏鸡和青年鸡,成年鸡病情轻微。该病的主要特征是盲肠发炎和肝脏表面产生一种具有特征性的坏死性溃疡病灶。本病原体对外界抵抗力很弱,在外界很快死亡。但如鸡体内有异刺线虫寄生时,病原体可被异刺线虫食入体内,最后转入其卵内,随鸡的粪便排出体外。几乎所有的异刺线虫卵内都带有这种原虫,在外界,由于火鸡组织滴虫有异刺线虫虫卵的保护,故能较长时间地生存,本病主要靠此种方式传播。

【症　状】　潜伏期为 7~12 天。病鸡表现精神倦怠,沉郁,嗜睡,食欲减退或废绝,缩头弓背,羽毛松乱,尾翅下垂,下痢,排淡黄色或黄绿色稀粪,个别的粪便中带血。群体消瘦,增重缓慢。最后导致明显消瘦、衰弱或贫血。病鸡头部皮肤变暗蓝紫色,故称"黑头病"。

【病　变】　剖检可见肝脏肿大,表面出现黄绿色圆形坏死灶,直径可达 1 厘米,在肝表面者明显易见,可单独存在,亦可相互融合成片状,坏死灶中心凹陷,呈淡绿色,少数肝脏无明显变化。有的盲肠黏膜有出血性炎症,肠腔充满血液;有的盲肠膨大,腔内充满干酪样物,切面红白相间,呈同心圆样的栓子,多数为一侧盲肠发生,也有两侧同时发生。

【防　治】　预防本病应注意及时清理粪便,堆积发酵,消灭病原。保持鸡舍、运动场清洁卫生或采用网上平养、笼养,避免珍珠鸡直接食入虫体造成发病。

二甲基咪唑对本病都有良好的治疗和预防效果。二甲基咪唑,按每天 40~50 毫克/千克体重的剂量,混饲或混饮,连用 5~7

天,后减半剂量再用 5~7 天。也可使用中药治疗:取茯神、白术各 600 克,常山、苦参、青蒿各 500 克,何首乌 80 克,柴胡 75 克,加 5 千克水煎煮,以上药量可供 1 500 只 7~20 日龄的病鸡饮用。一般 集中饮水,每天 2~3 次,直至完全康复。

第六章
鹧鸪养殖

第一节　概　述

一、鹧鸪的生产现状

　　鹧鸪是珍稀特禽,属鸟纲、鸡形目、雉科、鹧鸪属,它集肉用、观赏、药用价值于一身。美国于20世纪30年代开始人工驯化并获得成功,至今不过80多年的历史。近10年来,鹧鸪的饲养和食用风靡世界各地,成为特种禽类养殖中突起的新军。据国家有关部门调查,日本、俄罗斯、韩国鹧鸪消费需求量极大。

　　我国是20世纪80年代从美国引进的鹧鸪,也只有近30年的历史。我国鹧鸪养殖业的发展并非一帆风顺。自1984年国内开始兴起饲养鹧鸪以来,鹧鸪市场经历了20世纪90年代开始的“炒作期”,当时肉鸪每只(约400克)均价在15~18元,有时甚至炒到24元;自2000年开始,由于全国各地大肆炒种倒种,致使商品鹧鸪进入供大于求的“低迷期”,特别是受“非典”及禽流感的影响,2003年商品鹧鸪及鹧鸪苗甚至沦落到无人问津的地步。鹧鸪苗无法卖出,400~500 克重的肉鸽一度跌到了 10 元 3 只的超低价。

由于我国鹧鸪养殖起步较晚,饲养和消费主要集中在部分大中城市和沿海一带,规模化、集约化的饲养场非常少,养殖技术还未普及。近几年的快速发展,已使鹧鸪市场走出销种、炒种期,进入商品销售阶段。据报道,全国鹧鸪饲养总量已超过 1 200 万只,仅广州市日需求量就达 2 万多只,售价在每只 15~25 元不等,在香港每只鹧鸪 50 港币仍供不应求。据有关资料显示,全国年需求量约 2 亿只,目前的产量还远不能满足市场的需要。因此,加深人们对鹧鸪的认识,推广鹧鸪的饲养技术,对满足人民日益增长的生活水平的需要及发展畜牧经济具有十分重要的意义。

二、鹧鸪的体貌特征

目前我国人工饲养的鹧鸪品种主要是美国鹧鸪及野鹧鸪。以美国鹧鸪为例,成年鹧鸪体长 35~38 厘米。鹧鸪体形圆胖丰满似肉鸽,体羽艳丽,头顶灰白色,足为橘红色,喙上部围绕额两侧和喉部下方有黑色环带,似项圈,环带中央为白色。背羽棕褐色,胸羽灰色,腹部棕黄色,体侧有深黑色虎斑纹。翼基部灰色,翼尖则有两条黑纹,体侧双翼有多条黑纹。公母羽色几乎一样,但体形大小、头部粗细、有无距等仍有差异。鹧鸪在成熟前共有 4 次换羽。出壳时雏鹧鸪的毛色像雏鹌鹑。随着日龄的增长,绒毛脱落,换上黄褐色的羽毛,羽毛上伴有黑色长圆斑点;7 周龄后再次换羽,长成灰色羽毛;12 周龄后还要进行 1 次换羽,这时喙、足、眼圈都开始出现橘红色,羽毛再次更换,背部及腹部(胸下)多是灰色,并掺杂覆盖着褐红色羽毛,两翅上有多条黑纹,有一条黑色带纹从前额横过双眼,下行到颈部,形成护胸衣领状;到 28 周龄即产蛋前,再次换羽,羽毛颜色与换羽前虽无多大的区别,但却显得更加艳丽丰满。

鹧鸪公母的羽色和体形大致相同,从外形上鉴别比较困难,可从以下三个方面综合加以鉴别。

一是看外形。公鹧鸪体形较大,头部大而宽,稍短,羽毛有光泽,足粗大,两足有突出的扁三角形的距。母鹧鸪体形较小,头部较狭长,有少数母鹧鸪一边足上有很短的距,羽毛紧贴身体,有光泽,显得清秀美丽。

二是看泄殖腔。成年公鹧鸪泄殖腔皱襞中央处有圆锥形突出物;而母鹧鸪则无此圆锥形突出物,在泄殖腔皱襞中部偏中央处有一个小结节。只要外翻泄殖腔就可以识别。

三是听声音。公鹧鸪善于啼叫,啼叫时昂头挺胸,啼声响亮短促,发情期公鹧鸪会发出"嘎嘎"的求偶叫声。母鹧鸪则很少啼叫。

三、鹧鸪的生物学特性

1. 早成性　鹧鸪为早成鸟。出壳绒毛干后,就会走动、觅食、饮水和斗架。

2. 好斗性　由于鹧鸪驯化时间短,仍存有野性。尤其是交配季节,常为争夺配偶,公鹧鸪之间会大动干戈。因此,在人工饲养至 20 周龄,公母要分开饲养。开产前按一公配数母的比例,分小群笼养。

3. 喜群居,敏感性强　鹧鸪喜群居群栖,尤其对雏鹧鸪,无论是睡眠或觅食,都有较好的群居特点。散养时常成群结队一起觅食,每群的数量 10~14 只不等。鹧鸪听觉敏感,视觉发达,对外界环境因素的刺激反应敏感,遇到响声或异物的出现,立即出现不安,跳跃飞动,笼养时常招致撞伤。有较强的飞翔能力,飞翔快,但持续时间短。

4. 杂食性　鹧鸪为杂食性鸟类,不论杂草、籽实、水果、树叶、昆虫或人工配合的混合饲料,均能采食,且觅食能力强,活动范围较广。在驯养条件下,喜爱颗粒状饲料,但对饲料的种类更替和营养成分的变化反应很敏感。人工饲养时,配合饲料营养成分要平衡,要制成颗粒状饲料饲喂。不宜频繁、大幅度改变饲料的组成。鹧鸪对发霉的饲料非常敏感,因此,饲料必须是新鲜的,在加工颗粒状饲料时,除采用新鲜的饲料原料,还应加入饲料防霉剂。

5. **喜温暖干燥**　鹧鸪性喜温暖干燥的环境,忌潮湿、酷热和严寒。气温低于10℃或高于30℃,对鹧鸪的生长发育和生产均不利。鹧鸪在20~24℃、空气相对湿度60%时生长良好。

6. **趋光性**　在黑暗的环境中如发现有光,鹧鸪就会向光亮处飞蹿。

四、鹧鸪的经济价值

(一)营养价值

鹧鸪肉质细嫩,味道鲜美适口,营养丰富,含有人体所需的多种氨基酸,其蛋白质含量为30.1%,比鸡肉高10.6%;脂肪含量为3.6%,比鸡肉低4.2%;脂肪酸含量为64%,为不饱和脂肪酸;富含钙、磷、铁、铜、锌、硒等多种元素,具有高蛋白、低脂肪、低胆固醇的营养特性。尤其含有其他鸟类体内所没有的牛磺酸,是有益于儿童智力发育的"脑黄金"。自古民间有"飞禽莫如鸪"、"一鸪顶九鸡"之说,是历代宫廷膳食重要的珍品,素有"野味之冠"、"赛飞龙"之美誉。妇女在哺乳期间食用鹧鸪,对促进婴儿的体格和智力发育具有明显的效果。

鹧鸪蛋是一种营养价值较高的滋补品,蛋清厚稠,蛋内蛋白、氨基酸、卵磷脂,以及维生素 A、维生素 D、维生素 E、维生素 K、B族维生素和锌、铁、钙、碘、硒等含量均高于普通鸡蛋,尤其是蛋内胆固醇低于普通鸡蛋 20%~40%。蛋味醇香,无腥味,且极易被消化吸收。长期食用,对中老年增强体力、延缓衰老、提高工作效率,对儿童的智力发育有促进作用,对体弱多病者能提高抗病能力,起到恢复健康的辅助作用。

(二)药用价值

在我国古代的《唐本草》、《本草纲目》、《医材摘要》和《随息居饮食谱》等经典著作中都阐明,鹧鸪肉具有"利五脏、开脾胃、益气神"等滋补强壮作用,是男女老少皆宜的滋补佳品。鹧鸪的脂肪有特殊的润肤、养颜功效,是历代帝王的药膳食品。

(三)观赏价值

鹧鸪前额有一条带纹横过双眼,下行到颈部形成胸衣领样,雍容华贵,令人赏心悦目,具有较高的观赏价值。其羽毛是加工装饰工艺品的珍贵原料,用其制成生态标本,已作为高档装饰品进入城市家庭。

(四)经济效益

人工饲养鹧鸪是一项投资少、见效快、设备简单、效益高的特种养殖项目,适合各地家庭饲养。人工养殖鹧鸪生长发育快,饲养周期短,饲料报酬高,繁殖能力强。鹧鸪出壳 70~90 日即可出栏上市,一般体重可达 400~500 克,平均日耗料量为 20 克左右。种鹧鸪 6 个月开始产蛋,年产蛋可达 120~150 枚,每枚蛋 1~1.5 元,年收入在 100 元以上,利用年限 4~5 年。1 个劳动力可管理种鹧鸪 2 000 只,商品鹧鸪 3 000 只,1 年可养商品鹧鸪 3~4 批。饲养商品鹧鸪每只可获利 3~5 元,经济效益可观,是农民脱贫致富奔小康的好门路。

第二节　鹧鸪的品种

鹧鸪主产于我国云南、贵州南部、广西、广东、海南、福建等南方地区,浙江、安徽黄山也有分布,偶见于山东烟台;在国外分布于印度阿萨姆、缅甸、泰国。我国境内的鹧鸪有 11 个单型种和若干个亚种,分布较广的是中华鹧鸪,但由于驯化程度低,饲养量较少。美国鹧鸪是当前我国鹧鸪商品生产的当家品种,具育高产高效的特点,生产前景好,是我国特禽生产的热点之一。

一、美国鹧鸪

一般认为美国鹧鸪是美国从印度野生石鸡经过长期驯化育成的优良品种,且以肉蛋兼用型品种 Chukar 鹧鸪最为著名。石鸡与鹧鸪在动物分类学上是近亲,但却是两种截然不同的鸟。之所以称这种驯化的石鸡为鹧鸪,其原因之一可能是在前些年,台湾有一些养殖场主从美国引入时,将"Chukar"误译为"鹧鸪";其原因之二可能认为鹧鸪比石鸡的名称更易吸引人,所以"鹧鸪"作为商品名便传开了。

美国鹧鸪体形圆胖丰满似肉鸽,体羽艳丽,头顶灰白色,背部和两侧羽毛为褐红色,鞍部、尾部的上尾羽为灰色,胸下羽为灰白色,腹下和尾下羽毛呈褐红色,体两侧有明显的黑色斑条,酷似虎皮色彩,喙、足不论公母均为橘红色,公母几乎是同色同形。单从其羽色上难以区分。但体形公大母小,头部公宽母窄,颈部公粗母细;胫部的距公有母无(或单足有小距)。成鸪体长 35～38 厘米,公鹧鸪体重 600～850 克,母鹧鸪 400～650 克。母鹧鸪 30 周龄开产,年产蛋 100～120 个,蛋重 20～25 克。

二、中华鹧鸪

中华鹧鸪又称中国鹧鸪、越雉、怀南。属鸡形目、雉科。分布区主要在我国境内,国外见于印度、缅甸、泰国。

中华鹧鸪雄鸟的体长为282~345毫米,体重292~388克;雌鸟体长为224~305毫米,体重255~325克。它长得比石鸡更为俏丽,头顶黑褐色,周围有棕栗色,脸部有一条宽阔的白带从眼睛的前面开始一直延伸到耳部,在这条白带的上面和下面还镶嵌着浓黑色边儿,更衬托出它的眉清目秀。其身体上的羽毛也很有特色,除颏、喉部为白色外,黑黑的体羽上点缀着一块块卵圆状的白斑,上体的较小,下体的稍大,下背和腰部布满了细窄而呈波浪状的白色横斑;尾羽为黑色,上面也有白色的横斑,色彩对比十分鲜明。虹膜为暗褐色,喙黑色,腿和足为橙黄色。

中华鹧鸪的繁殖期为3~6月份,3~4月份间开始求偶交配。每窝产卵3~6枚,多时可达8枚。卵为椭圆形或梨形,颜色为淡黄色至黄褐色,卵的大小为31.8~40.6毫米×26.7~30.5毫米。孵卵由雌鸟承担,甚为恋巢,孵化期为21天。雏鸟出壳后不久即可跟随亲鸟活动,如遇天敌袭击,立即钻入草丛中隐匿,而雄鸟则善于将敌害引走。

第三节　鹧鸪的繁殖

一、鹧鸪的繁殖特点与配种

(一)繁殖特点

鹧鸪 4.5~5 月龄达到性成熟,公鹧鸪比母鹧鸪成熟早 2~4 周。开始配种繁殖的年龄为 180~225 日龄,此时母鹧鸪开产。一年四季均可产蛋,多在晨昏产蛋,年产蛋量为 100~120 枚,高产的可达 150 枚以上。一般来说,鹧鸪的第二个生物学年度的产蛋量最高,约比第一年高 10%~15%,而第三个生物学年度的产蛋量比第一年又要低 5%~10%。因此,为了提高产蛋量,延长产蛋时间,可在第一产蛋期不让母鹧鸪配种产蛋,而在第二产蛋期才让母鹧鸪配种产蛋。鹧鸪种蛋的受精率和孵化率都很高,受精率一般高达 92%~96%,孵化率达 84%~91%。鹧鸪蛋的孵化期为 23~24 天。种用鹧鸪的使用年限为 2~3 年。

(二)鹧鸪的配种

1. **大群配种**　公母比例以 1∶3~5 为宜。常采用平养方式进行饲养,配种群的大小以 50~100 只为宜。

2. **小群配种**　常采用笼养方式,公母比例 1∶3~4,根据笼舍大小,每笼按 1 公配 3~4 母,或 2 公配 6~8 母,或 3 公配 9~12 母来混合饲养,任其自由交配。

3. **个体控制配种**　先将一只公鹧鸪饲养在一个笼内,再捉一只母鹧鸪放进去让其自由交配,交配后立即提出母鹧鸪,以免损耗公鹧鸪的精力。母鹧鸪每 5 天轮回配种 1 次,即 1 只公鹧鸪可配 5

只母鹧鸪。

二、种用鹧鸪的选择

种用鹧鸪应选择那些符合本品特征的健康个体。从当年的育成鹧鸪中选择出来的种用鹧鸪一般可使用 2 年,第 2 年繁殖期后应予以淘汰。

第一次选择在 1 周龄内。去掉弱雏、畸形雏等,将健壮幼鹧鸪按种用目的进行饲养和管理;第二次选择在 13 周龄;第三次选择在 20 周龄;第四次选择在 28 周龄。

第三次、第四次选择要求个体健壮不肥胖,肩向尾的自然倾斜为 45°,行动敏捷,眼大有神,喙短宽稍弯曲,胸部和背部平宽且平行,胫部硬直有力、无羽毛,足趾齐全(正常 4 趾),羽毛整齐毛色鲜艳。

20 周龄时,要求公鹧鸪体重 600 克以上,母鹧鸪体重 500 克以上。

三、鹧鸪的人工孵化

家养鹧鸪已失去就巢性,必须采用人工孵化繁殖。要选择生产性能好、无传染病的种鹧鸪所产的蛋。蛋重在 20~25 克,椭圆形,蛋壳黄白色、上面有大小不一的褐色斑点。

(一)温　度

鹧鸪蛋的孵化温度应根据胚龄、季节和具体条件来掌握,在孵化前期 1~7 天内,机温保持 37.8℃,8~20 天 37.5℃,21~24 天 37.2℃。孵化温度上下偏差在 0.2℃ 以内。在同一孵化器内各部分的温差也应在 0.2℃ 以内。

(二)湿 度

孵化 1~7 天空气相对湿度应保持在 55%~60%,8~20 天降低至 50%~55%,有利于排除尿囊液和羊水,第 21 天至出雏空气相对湿度增加到 60%~70%。

(三)通风换气

孵化前 2 天,胚胎需氧少,可利用蛋内的氧便足够。3 天后要打开孵化机的进出气孔,3~12 天,每天要打开 2 次,每次约为 3 小时,12 天以后要经常打开,孵化后期全部气孔要终日打开。

(四)翻 蛋

从入孵的第 2 天起,一般 2~3 小时翻 1 次,第 20 天即可停止。

(五)凉 蛋

在整批入孵时,如果温度过高,可适当凉蛋,每次凉 10~15 分钟至蛋温达 32~33℃为止。夏天可凉至 30 分钟。

(六)照 蛋

孵化过程中,除抽检照蛋外,还要进行 2 次全面照蛋。头照在入孵 7~8 天进行,以检出无精蛋、死胚蛋,消除死胚对环境的污染。二照在 20~21 天进行。

(七)落盘出雏

孵化 20 天或 21 天照蛋后要落盘,23~24 天出壳,迟的要 25 天才出壳。出雏机内平时不准打开灯,只有出雏时方打开,以免刚出壳的雏鹧鸪见到光线骚动乱爬。26 天仍未出壳的蛋一律弃去。

出雏机和孵化机在出雏完后要彻底消毒,以备下次使用。

第四节　鹌鸪舍和笼具设备

一、鹌 鸪 舍

可以利用简易的畜禽舍进行饲养,也可露天饲养。鹌鸪舍宜东西向而建,坐北朝南。冬季,有利于太阳先透过窗户斜射到舍内,提高舍内温度;夏季,太阳光早晨照射到东侧墙,中午照射到屋顶,下午照射到西侧墙,而不通过窗户直射到舍内,利于舍内降温。为防止疫病的传播和火灾蔓延,舍与舍之间的距离至少应为 20 米左右,并且在舍与舍之间要种草种树。生活区和生产区要严格分开,之间要设置围墙或栅栏,不可随意来往。进入生产区先要经过消毒室、消毒池,有条件的鹌鸪场可设置淋浴间、更衣室。鹌鸪场各类房舍的建筑要求如下:

(一)育雏鹌鸪舍

育雏舍要有良好的保暖性能和相应的设施,还要求阳光充足、通风良好。育雏舍一般采用单坡式或双坡式。双坡式跨度 5～6 米,单坡式的跨度 3 米左右。四周用砖砌,墙壁要比其他鹌鸪舍稍厚,尤其是北面墙壁,以利于保温。门最好开在东西两头。南北开窗。窗与舍内面积之比为 1:6～8,寒冷地区窗的比例宜适当小些,北窗一般为南窗的 1/2,南窗离地 100 厘米,北窗离地 100 厘米。要严防隙风,墙面、门和窗要无缝。墙面最好抹灰,门和窗上最好设有布帘,既便于遮光,也可避免冷风直入鹌鸪舍。南墙应设气窗,以便于调节舍内空气,克服保温和通风的矛盾。育雏舍最好分隔成约 4 米² 大小的小间,以便于分小群育雏鹌鸪。

(二)青年鹧鸪舍

育成鹧鸪舍建筑的基本要求类似于育雏舍,但是保温要求没有育雏舍那样严格。随着鹧鸪的生长,代谢量增大,对鹧鸪舍的通风换气和空气新鲜的要求提高。单坡式或双坡式育成鹧鸪舍可在顶棚上适当开出气口,并设置拉门,通过调节出气口的大小来调节空气的流量,使污浊气体经出气口排出舍外。舍内四周要设窗户,以增加采光。正面窗户宜多,侧面和后面宜少。由于鹧鸪善飞的习性未改,育成鹧鸪舍的门、窗和通风口处要装上铁丝网,既防鹧鸪外逃,又防其他鸟兽进入。

育成期的鹧鸪活泼好动,要求有足够的活动面积,除适当减少密度外,采用平面饲养的,可以设露天运动场,供鹧鸪活动、阳光浴或沙浴。运动场的面积可稍小于鹧鸪舍,并在四周栽树或搭遮阳棚,以利于夏季防暑降温。附设的运动场要建成网室,也可用铁丝或竹木材料圈围,材料可因陋就简,只要鹧鸪钻不出,飞不出就行。露天网室一般长 30.5 米,宽 3.7 米,栏底、顶及四周均围以铁丝网,顶的一端设一个宽 3~4 米的罩盖,其下放置料槽、饮水器和栖架,供鹧鸪采食、饮水、栖息、避光、避雨。

采用笼育方式饲养,如果是进深 3 米的单坡式鹧鸪舍,鹧鸪笼置于舍内两侧,中间留操作通道。通道中央上方装电灯,供照明,可架设 3 层笼。如果是进深 6 米左右的双坡式鹧鸪舍,各鹧鸪笼架之间留 1.2 米的间隔,窗的两侧要留出 0.9 米的通道,以便于饲养管理。如果鹧鸪舍跨度足够大,也可以采用单面阶梯式或两面阶梯式的笼,舍内安置单排或两排笼架,各放 2~3 层全阶梯笼,设左、中、右 3 条走道。

(三)种鹧鸪舍

种鹧鸪舍又称产蛋舍,主要供种用鹧鸪交配、产蛋用,休产期的种用鹧鸪也在其中饲养,也可用作饲养育成阶段以后至性成熟前的鹧鸪。种鹧鸪舍要求足够的光照及保温条件,受光面积之比为 1：10。北面墙壁要防风,屋顶要求保温隔热性能好。种鹧鸪舍内要有照明装置,以便提供人工辅助光照。一般光照强度保持 2~3 瓦／米²。

平养种鹧鸪,其舍内多分成若干小间,以便在休产期将公母鹧鸪分开饲养。在繁殖产蛋期,每个小间饲养一个繁殖群。舍后设 1 米左右宽的走道,以便饲养人员喂料和捡蛋。舍前可设运动场。鹧鸪舍的地面要铺水泥,并设有排水沟,以便清除粪便和排水。墙壁应涂防水材料,沿墙的四周放置巢箱,高×宽×长为 38 厘米×30 厘米×60 厘米,供种鸪产蛋用,一般每 10 只母鹧鸪应保证有 0.5 米²的巢箱面积。为了节省人工,可用散装饲料桶或自动料槽。

笼养种鹧鸪,可采用气楼式或半气楼式鹧鸪舍,舍内采用全阶梯式笼。建筑要考虑性成熟后鹧鸪好斗的特点,宜采用多层笼分小群饲养为好。笼的大小和形式是多样的。一般的种鸪笼为 3~5 格,每格笼放养公母比例为 1：3,每格笼规格高×宽×长为 30 厘米×40 厘米×60 厘米。每层间有承粪板,饮水槽和料槽挂在笼外。群居笼高×宽×长为 152 厘米×71 厘米×51 厘米。种鸪笼尽量选用光滑材料,以防撞损鸪体。笼底应有倾斜,以便鸪蛋能滚进集蛋槽内。

(四)肉用鹧鸪舍

用于饲养专供肉食用的鹧鸪,其建筑要求与育成舍相似,只是鹧鸪饲养一般采用全进全出制。多采用立体笼养方式饲养,从育雏到出栏(一般从出壳到 14~16 周龄)在同一笼内饲养。鹧鸪舍的大小和栋数应根据饲养方式、生产规模和饲养期长短等因素确定。

二、设施用具

(一)笼 具

目前饲养鹧鸪以室内笼养为主,各生长期笼具结构、规格如下:

1. **育雏笼** 有单层或 3 层的铁笼,每层高 64 厘米,宽 66 厘米,长 200 厘米,中间分为两格,每格 660 厘米^2,可养雏鹧鸪 100 只,每层承粪板高 13 厘米、足高 42 厘米。底网网目为 2 厘米×2 厘米,两侧用榄核形硬网,网目为 1.5 厘米×1.5 厘米。

2. **青年鹧鸪笼** 单笼笼长 125 厘米,高 50 厘米,宽 130 厘米,铁丝网目为 1.5 厘米×1.5 厘米。鹧鸪 50~60 日龄后,笼的前后网目改为宽 2.5 厘米,用 16 号铁丝制成栏栅,方便中鹧鸪伸出头饮水与采食。

3. **种鹧鸪笼** 自制分层铁笼,一般为 3 层,每层有承粪板。蛋鹧鸪的笼子底部结构应稍向外倾斜,产蛋后,种蛋滑落网底边沿,便于捡蛋。每层笼一般分为 3~4 格,每格规格为长 40 厘米,宽 40 厘米,高 35 厘米,养鹧鸪 4 只,即 1 公 3 母。另一种规格是长 90 厘米,宽 40 厘米,高 35 厘米,养鹧鸪 8~10 只,公母比为 1∶4~5。

(二)育雏保暖器

可用育雏鸡的育雏保温伞,育雏保温伞直径为 1.2 米左右,可饲养育雏鸪 100~200 只。也可自制育雏保暖器,即用木材做成长 1.2 米、宽 0.6 米、高 0.4 米的框架,用纤维板作框架两侧壁、后壁和顶;保暖器顶部装 200 瓦红外线灯 1 盏;框架前面安装铁纱网,并在其正中部位开设宽 0.15 米、高 0.2 米的活动门,门框安装铁纱网;其下边安装承粪盘;保暖器足高 0.2 米。这种育雏保暖器每个可饲养雏鸪 80~100 只。

(三)育雏围栏

为防止雏鸪乱窜,可在育雏器的周围设置屏障,高度为 50 厘米,长度可根据群的大小而定。1 周龄的鹧鸪以 300 羽为一群的,约需围栏长度 8 米;以 500 羽为一群的,约需围栏长度 10 米;以 800 羽为一群的,约需围栏长度 12 米;以 1 000 羽为一群的,约需围栏长度 15 米。

第五节　鹧鸪的营养需要和饲料配制

一、鹧鸪的营养需要

目前,我国饲养的鹧鸪主要是由美国引进的,尚未制定我国的饲养标准。一般多结合饲养实践经验,摸索配制日粮。肉用鹧鸪营养需要见表 6-1。

表 6-1　鹧鸪的营养需要量

营养水平	种用鹧鸪				肉用鹧鸪		
	0~14 日龄	15~42 日龄	43~56 日龄	57 日龄以后	0~14 日龄	15~42 日龄	43~91 日龄
代谢能(兆焦/千克)	12.55	12.13	11.92	12.13	12.55	12.13	11.92
粗蛋白质(%)	24	23	21	19	24	23	21
粗脂肪(%)	3	3	3	3	3	3.5	3.5
粗纤维(%)	3	3	4	3.5	3	3	3.5

续表 6-1

营养水平	种用鹧鸪				肉用鹧鸪		
	0~14 日龄	15~42 日龄	43~56 日龄	57 日龄 以后	0~14 日龄	15~42 日龄	43~91 日龄
钙(%)	1.60	1.00	1.20	3.20	1.00	1.10	1.10
磷(%)	0.65	0.60	0.60	0.65	0.65	0.60	0.60

二、鹧鸪的日粮配方

(一)饲料配制原则

鹧鸪野性较强,随着日龄增长,其消化能力逐渐增强,耐粗饲能力增强,食物消化很快,如果精饲料过多,而粗纤维太少,则易造成空腹和饥饿,诱发啄食羽毛、肛、趾等恶癖。精饲料特别是能量饲料(玉米,小麦等)喂得过多、过饱,则易使鹧鸪过于肥胖而影响配种和产卵。所以,在饲料配方中适当增加粒料或草籽,效果较好。此外,还应适当投喂蔬菜,让鹧鸪自由啄食。饲料的理化性质不同,可能造成另一种饲料中营养物质的破坏,这一点在配制日粮时必须注意。例如,骨粉属碱性,不能与酵母、B 族维生素和维生素 C 混合饲喂,否则后者将被破坏。

配合日粮中主要饲料品种的能量水平、蛋白质含量要满足鹧鸪的营养需要。鹧鸪在野生状态以昆虫食物为蛋白质的主要来源,昆虫含有丰富的蛋白质且较易消化,可以满足迅速生长与羽毛快速生长的需要。幼雏日粮中可采用熟鸡蛋、昆虫、豆饼或花生饼等蛋白质饲料。对育雏早期的鹧鸪,其饲料中的蛋白质用昆虫性饲料,如蚕蛹粉或直接饲喂黄粉虫(切碎)、蝇蛆、蚯蚓(切碎)是最理想的,不宜加过多的鱼粉;也可按每 100 只雏鹧鸪的饲料量混入

2个熟鸡蛋。

　　豆类饲料(包括豆饼类)经焙炒或蒸煮后(热榨豆饼已经焙炒)香味浓郁,适口性好,并破坏了抗胰蛋白酶,可增加鹧鸪对蛋白质的吸收利用。油菜饼、棉籽饼和亚麻饼含毒素,要经过脱毒等处理才能饲喂。

　　鹧鸪日粮配方中各类饲料比大致如下:谷物类饲料2~3种,占45%~70%;糠麸类饲料占5%~10%;植物性蛋白质饲料占10%~25%;动物性蛋白质饲料占2%~10%;矿物质饲料占0.5%~5%;维生素、微量元素添加剂占0.5%。

　　另外,供应充足的保健砂,对养好肉用鹧鸪,尤其是笼养肉用鹧鸪相当重要。常见的保健砂配方是:细沙100份,蚌壳粉50份,二氧化铁0.75份,牛骨粉1.5份,甘草1份,明矾1份,龙胆草1份,木炭末2份,石膏1份。

(二)饲料配方举例

　　见表6-2,表6-3。

表6-2　华南农业大学鹧鸪饲料配方 （%）

生长阶段	育雏期	育成期	繁殖期
黄玉米	48	50	53
小麦粉	3	5	11
豆　粕	34	28	16
麦　麸	—	5	9
鱼　粉	12	8	5
磷酸氢钙	1	1.5	3
贝壳粉	1.1	1.6	2.1
食　盐	0.4	0.4	0.4
添加剂	0.5	0.5	0.5

鹧鸪所需微量元素与维生素添加剂应比鸡用量高 0.5～1 倍。如果小规模饲养鹧鸪可选用肉鸡全价颗粒饲料,另应在 50 千克饲料中添加多维素 5～10 克,微量元素按说明另外添加。

表 6-3　肉用鹧鸪饲料配方　（%）

生长阶段	0～2 周龄	3～6 周龄	7～13 周龄
玉　米	45	47.5	50
小　麦	12	14	14
麦　麸	5	6	8
豆　粕	28	24	20
鱼粉(进口)	8	6	5
石　粉	1	1	1.5
微量元素	0.5	1	1
食　盐	0.2	0.2	0.2
添加剂	0.3	0.3	0.3

第六节　鹧鸪的饲养管理

一、鹧鸪饲养阶段的划分

种用鹧鸪一般分为三个阶段,即育雏期(0～6 周龄)、育成期(7～28 周龄)和产蛋期(29 周龄至淘汰)。

肉用鹧鸪一般分为前期(0～14 日龄)、中期(15～42 日龄)和后期(43 日龄至上市,90 日龄左右)三个阶段。

二、雏鹦鹉的饲养管理

要搞好育雏,需要了解雏鹦鹉的生活习性和生理特点,为其创造最合适的生活环境条件,供给充足的营养,做好科学饲养管理。

(一)适宜的温、湿度

鹦鹉生性喜暖怕湿,对过冷过热比较敏感。由于鹦鹉出壳时体重仅有 13~14 克,虽全身被毛,但其体温调节能力较差,因此,温度是否适宜则是育雏成败的关键。经生产实践证明,雏鸽第 1 周温度要求为 36~37℃,以后每周降 1~2℃,至 4 周龄时温度为 28~30℃,6 周龄温度为 24~26℃,具体温度应当根据雏鸽表现情况而灵活掌握。

育雏的环境湿度要求第 1 周保持 60%~70%,第 2 周保持 60%~65%,之后保持 55%~60%。

(二)适时开饮、开食

雏鸽移入育雏室后,先让其安静休息 1~2 小时,然后开始喂给温水(每千克水中加入红糖 10 克、乳酸诺氟沙星 100 毫克和适量的复合维生素 B 溶液)。4 周龄内坚持用温水。

出壳后 12~24 小时内开食,一般在开饮后 0.5~1 小时进行。雏鹦鹉开食料一般以全价碎屑料为主。第 1 天喂料前,应在笼的铁丝网上铺上牛皮纸,饲料可撒在纸上,以预防脐带炎。3 天后逐渐用料槽代替。料槽要放在灯光下,使雏鹦鹉能看到。

(三)精心饲喂

雏鹦鹉饲料可采用全价颗粒饲料,1~3 日龄保证不断料,自由采食;4~10 日龄,每天饲喂 6 次;11~28 日龄可喂 4~5 次,做到少喂勤添,不断料。每天吃完,要将料槽中的剩料清理干净,再用沾有消毒水的抹布擦净料槽,再添新料。

(四)防止应激

出壳后的雏鹧鸪通过人的频繁接触和各种声音、光暗变化等刺激的锻炼,可防止以后出现过于剧烈的应激性反应。雏鹧鸪 6~9 日龄可进行断喙,断喙前后 1~3 天在饮水添加维生素 K,防止应激。一般用剪刀或断喙机断去其上喙 1/4~1/3,6 周龄再修喙 1 次。

(五)饲养密度合适

鹧鸪具有耐密性饲养的特点,提倡根据适应的密度来增加单位面积的饲养量,但应以良好的通风为前提。在笼养条件下,根据品种和生长情况,合适的饲养密度为:1~7 日龄 100 只/米^2,8~14 日龄 80 只/米^2,15~21 日龄 60 只/米^2,22~28 日龄 40 只/米^2,29~36 日龄 25 只/米^2,37~43 周龄 18 只/米^2。

(六)合理光照

合理的光照能提高雏鹧鸪生活能力,促进生长发育,第 1 周内需 24 小时光照;2~3 周 20 小时;4~5 周 18 小时;以后每天 16 小时,光照的强度为 3 瓦/米^{2}地面,光源距地面 1.8~2 米。

(七)卫生与防疫

鹧鸪抗病力较强,不易生病,但管理不善和饮食不洁也会导致一些疾病发生,要加强对舍内环境、水槽、料槽和其他用具的消毒,定期在饮水或饲料内添加一些抗生素药物,以预防肠道或呼吸道疾病的发生。同时要及时观察鹧鸪群体日常变化,及时诊断,及时治疗。做好新城疫疫苗的接种。

三、育成鹧鸪的饲养管理

育成期鹧鸪的生命力比雏鹧鸪强,活泼好动,采食量逐渐增多,体重增长迅速,具有飞翔能力。为了使育成期鹧鸪的生长发育整齐一致,平均体重与标准体重相差不超过 30 克,减少死亡,按时达到性成熟,必须加强管理。

(一)限制饲养

鹧鸪 70~120 日龄是生长最快的阶段,若不限制饲养,不仅饲料消耗多,而且体重会过大过肥,性成熟早,产小蛋的比例大,要达到标准蛋重的时间长,产蛋高峰不高,且不持久,还可能造成难产,导致产蛋量降低,繁殖功能下降,受精率降低。

限制饲养一般从 12 周龄开始,至 29 周龄止,可通过减少投料次数或减少每次的投料量来完成,或用青绿饲料代替一部分配合饲料,将青绿饲料和配合饲料搅拌在一起饲喂,防止身体过肥,影响产蛋性能。

(二)严格光照管理

光照管理的原则是在保证鹧鸪正常发育的前提下达到适时开产的目的。光照的颜色以红色和白色为好。一般在育成期多采用 8 小时光照到 21~22 周,光照强度为 3~5 勒。22 周龄后随着鹧鸪的进一步发育,适当的增加光照时间和光照强度。应注意的是在育成期绝对不能随意增加光照时间和光照强度,以免光照过强,引发啄癖,或性成熟提前。

(三)调整饲养密度

随着鹧鸪不断长大,要及时调整饲养密度,一般鹧鸪的饲养密度视周龄而定。通常笼养鹧鸪育成期适当的饲养密度为:11~17周龄35~40只/米²;18~24周龄为25~35只/米²;25~29周龄为20~30只/米²。总之,要保证鹧鸪有适当的活动场地,减少发生互啄、互斗的现象,促使生长发育一致。

(四)及时转群

育成鹧鸪在临开产经过淘汰整理之后,应及时转移到产蛋舍,使鹧鸪有足够的时间适应和熟悉新的环境,不能在产蛋开始后才进行转移。原则上在产蛋前2~4周将鹧鸪转入产蛋舍,同时准备好产蛋期的饲养工作。

(五)淘汰劣种鹧鸪

除在限制饲养开始之时淘汰那些生长发育不良或不符合留作种用的鹧鸪以外,在育成期还应经常注意观察,将不健康的、不能留作种用的及时淘汰处理。开产之前再进行一次淘汰,将发育不良、畸形、第二性征表现太差、太过早熟、产小蛋的鹧鸪淘汰。

(六)稳定舍内环境

在这一时期除了保持舍内适宜的温、湿度,良好的通风条件外,还应当尽量减少各种应激因素的刺激,要务必保证鹧鸪舍内的安静。饲养员要按照工作日程进行操作,绝不允许无关人员进入舍内。尽可能减少各种操作对鹧鸪群带来的应激。

(七)修　喙

育成期鹧鸪的上喙往往长得过快,形成上喙弯曲。若任其自然生长,会导致上下喙歪曲畸形,影响采食,严重时会发生裂喙或脱喙,要及时用剪刀修正。

四、成年鹦鹉的饲养管理

28周龄后就转入成年种鹦鹉阶段,这阶段饲养管理的主要目的是获得高的产蛋率和种蛋受精率,为生产繁殖优质鹦鹉苗,提供合格的种蛋。

(一)环境条件

产蛋鹦鹉对环境温度要求较严,低于5℃或高于30℃,产蛋率和受精率都要受到较大影响,产蛋期适宜的温度为8~24℃,理想的温度为16~18℃。为保持全年产蛋,提高产蛋量和种蛋质量,夏季应做好防暑降温工作,使舍温在29℃以下,冬季舍温应保持在16~17℃。为充分发挥产蛋潜力,从28周龄开始增强光照,每天保持光照16小时,产蛋后期可适当增至17小时。最好使用15瓦的灯泡,3瓦/米²,灯高离地2米,灯光分布均匀。在光照时间内,光的强度不要忽高忽低,否则会使鹦鹉烦躁不安,导致产蛋量下降。产蛋舍要求空气新鲜,要定时清粪,保持舍内清洁卫生。

(二)饲料饲喂

产蛋鹦鹉对蛋白质的要求不高,但维生素、微量元素等其他营养物质要求合理、全面。产蛋鹦鹉的配合饲料要求含粗蛋白质19%,代谢能12.34兆焦/千克,粗脂肪3.5%,粗纤维2.9%,钙3.2%,磷0.65%。饲料要新鲜并保持成分相对稳定,不能随意改变,禁止饲喂发霉变质饲料。同时要求饲喂程序不能随意变动,喂料数量及饲料营养水平可随产蛋量上升适当增加,但其变化应当是一个渐进过程,不能突然改变。应供给全价碎粒料,颗粒料的颗粒较大,鹦鹉不易采食,必须加以破碎。也可给些青绿饲料,如苜蓿干草,让其自由啄食。日喂3次,喂量以料槽内不断料为度。

（三）饲养环境

在饲养过程中,要保持舍内安静,应在产蛋前让鹧鸪适应各种操作,不致引起应激。料槽、水槽等用具及饲养员衣服的颜色,发出的饲喂信号等均应相对固定。在产蛋期,防止一切人为造成的应激发生,不宜在产蛋期带陌生人参观及进行抓鸟、注射等操作。

（四）饮 水

要供给成年种鹧鸪充足、清洁的饮水,水温要适宜,春、夏、秋可供应自然温度的饮水,入冬后要供给温水。每周可在饮水中加1次高锰酸钾(0.1%~0.15%),可以起到消毒的作用。

（五）饲养密度

28周龄以后的鹧鸪,其体形达到最大,以饲养8只/米²为宜。在交配产蛋期,饲养密度宜控制在6~8只/米²。如果饲养密度过大,容易造成鹧鸪发生啄癖,影响交配。

（六）日常管理

细致观察鹧鸪群的一切动态,如采食、饮水、粪便、活动状态及生产情况等,发现问题及时分析处理。及时清粪;水、料槽定时清洗,隔天消毒1次。舍内外定期清扫、消毒。勤拣蛋,每2~4小时拣蛋1次,这样可促进母鸪产蛋,还可以减少蛋的破损。平养鹧鸪还要设置沙浴场所,供其清洁羽毛和皮肤。

五、肉用仔鹧鸪的饲养管理

饲养商品肉用鹧鸪,应促进其快速生长,提高饲料转化率,缩短饲养期,以获得最高商品合格率。

（一）饲养方式

商品肉用鹧鸪采用立体笼养方式进行饲养，鹧鸪从育雏至出栏应在同一笼中饲养。

（二）饲料饲喂

按照肉用鹧鸪的营养需要，配制全价配合饲料。雏鸪开饮后即可开食，开食料可用育雏料或玉米粉加碾碎的熟鸡蛋，撒在开食盘内诱导鹧鸪采食。出壳至 3 周龄，饲喂雏鸪料；3 周龄至出栏，饲喂中鸪料，饲喂量见表 6-4。如果没有雏鸪料也可用雏鸡料代替。在整个育雏期内都用熟鸡蛋黄拌料的方法，每千克育雏料加入 50~70 克的熟鸡蛋黄，拌和均匀并做到现拌现喂。

表 6-4　商品鹧鸪饲喂量

周　龄	每日采食量（克/只）	每周采食量（克/只）	累计（克）
1	8	56	56
2	13	91	147
3	18	126	273
4	23	161	434
5	26	182	616
6	30	210	862
7	33	231	1057
8	35	245	1302
9	37	259	1561
10	38	266	1827
11	40	280	2107
12	40	280	2387
13	42	294	2681

续表 6-4

周　龄	每日采食量（克/只）	每周采食量（克/只）	累计（克）
14	42	294	2975
15	43	301	3276
16	43	301	3577

鹧鸪的饲喂要做到少喂勤添，1～3 日龄每天喂 10～12 次，喂料量以 15～20 分钟吃完为准。4～7 日龄每天喂 8 次，2 周龄每天喂 6 次，3 周龄每天喂 5 次，4 周龄以后每天喂 4 次。5 周龄后肉用鹧鸪要用高能饲料进行饲喂，通常可采用肉用仔鸡配合颗粒饲料来代替。用料桶上料，自由采食，注意每天加料 3 次，使之不断料。另外每天再增加 1 次青绿饲料，以促进鹧鸪增加采食量。

（三）饮　水

鹧鸪在饲养中要不断供给充足而清洁的饮水，3 周龄内，在 100 升水中加入多种维生素 5 克；3～7 周龄每周可喂 2～3 次 0.01%高锰酸钾水；7 周龄后至出售，可以每周喂 2 次土霉素水。

（四）环境条件控制

1. 温度与湿度　鹧鸪宜采用高温育雏，且不同周龄对温度要求不同，1～2 日龄 37℃，3～7 日龄 37～35℃，以后每周降 2～2.5℃，35 日龄后逐渐下降直至所需温度与环境温度相近才脱温。空气相对湿度 1 周龄内为 60%～70%，1 周龄后为 55%～60%。

2. 光照　2 周龄内供给全天光照，2 周龄后供给 20 小时光照。光照强度为 4 瓦/米^2。

3. 保持舍内空气清新　随着日龄的增大，通风量也要加大，如果通风量不足，空气不新鲜，不仅影响鹧鸪生长，而且易患慢性呼吸道疾病。

(五)饲养密度

合理的饲养密度不仅有利于饲养管理,还有利于之后分群、疏群,提高鹧鸪成活率。根据生产实践,鹧鸪笼养的适宜饲养密度:1周龄 60 只/米^2,2~4 周龄 50~40 只/米^2,5~7 周龄 30~20 只/米^2,之后不要超过 15 只/米^2,直到出栏。

(六)减少应激

避免各种对鹧鸪有惊扰的因素,减少应激产生。对于一些必不可少的日常操作,如抓鸪、注射等,要使之适应,操作前饮水中应补充多种维生素。

(七)坚持全进全出制

每一批同龄的鹧鸪在出售时,应在同天或同周内全部清出处理,绝不许将个别生长缓慢的鹧鸪与其他鹧鸪合并饲养,以有利于防疫。

(八)适时上市出售

根据市场需求及鹧鸪的饲料报酬、生长发育情况确定出栏时间。一般在不考虑市场因素的情况下,当鹧鸪生长到 13~14 周龄、平均体重达 500 克时是出栏的最适宜时期,这时鹧鸪的生长速度最快、饲料报酬最高、肉质最佳。

第七节 鹧鸪主要疾病的防治

鹧鸪的生活力强,疾病较少,但出生后至 2 月龄这个阶段,尤其是 1 月龄之内是死亡率较高的时期。因此,一定要采取综合预防措施,做好疾病的防治工作。

一、巴氏杆菌病

【病　原】　本病是由禽多杀性巴氏杆菌所引起的接触性传染病。多杀性巴氏杆菌是两端钝圆、中央微凸、不能运动、不形成芽胞的短小杆菌。本病菌对外界环境及消毒药等抵抗力不强,在干燥空气中 2~3 分钟可杀死。主要是经呼吸道、消化道及皮肤创伤感染;病鹧鸪的排泄物污染用具、饲料、饮水等,可引起其他鹧鸪发病,昆虫也是本病传播的媒介。

【症　状】　病鹧鸪表现精神委顿,食欲骤减,离群独居,闭目呆立,羽毛蓬松,翅下垂,饮欲增加,口鼻流出淡黄色黏性液体,摇头,张口呼吸;剧烈腹泻,排出灰白色或黄绿色稀粪,临死前病鹧鸪冠部发紫。病程短,多在 1~2 天内死亡。病程稍长者表现消瘦、贫血、关节肿胀、跛行,冠和肉髯肿胀。

【病　变】　最急性病例剖检变化不明显。急性病例,腹腔内有大量积液,呈淡红色、浑浊、不透明。心外膜,心冠状沟脂肪有出血点;肝肿大,为淡土黄色、质脆,表面有弥漫性针尖大小灰白色或黄白色坏死点;胆囊肿大,胆汁充盈;肠系膜淤血,呈紫黑色;大小肠黏膜有出血点,十二指肠黏膜出血;表面覆有黄色纤维素样物,肠壁变薄;盲肠体部见出血斑,肠腔内充满黄白色、质地较硬的管状栓塞物;肺充血、出血。慢性病例表现关节腱鞘内有灰黄色渗出物,肉髯肿胀。

【防　治】　立即隔离病鹧鸪,对鹧鸪舍、运动场和周围环境彻底清扫,粪便集中堆积发酵处理。患病鹧鸪用链霉素治疗,3 万单位/天,肌注,连用 4 天;或每只肌注青霉素 2 万~3 万单位,每天 2 次,连用 5 天;磺胺嘧啶片按 0.5%比例混饲,连续饲喂 7 天;用畜禽口服补液盐、维生素 C 片连续饮水 10 天。

二、支原体病

【病　原】　本病又称慢性呼吸道病、微浆体病。是由鸡毒支原体引起的禽类慢性呼吸道传染病。幼鹦鹉比成鹦鹉易感染。一年四季均可发生,以冬春寒冷季节多发,4～8周龄幼鹦鹉最易感染。本病可经种蛋传播,也可通过空气、饲料、饮水、家禽或野禽、用具、衣物、蛋箱等传播,经呼吸道、消化道、交配等传染。饲养管理不当,饲料营养不全,禽群拥挤,通风不良,气候突变,都能引起该病的发生。

【症　状】　发病初期鼻腔流出水样或黏性鼻液,常摇头甩鼻或做吞咽动作,呼吸不畅,常张口呼吸。中期咳嗽、喷嚏、鼻塞、啰音,结膜发炎,流泪等。严重时病鹦鹉鼻窦、两颊明显肿大,眼眶内蓄积白色豆渣样渗出物,几乎遮蔽眼睛。病鹦鹉瘦弱不堪,雏鹦鹉生长缓慢,成年鹦鹉产蛋下降,最后因营养不良或二次感染而死亡。

【病　变】　病鹦鹉的鼻腔、鼻窦、气管有卡他性炎症。气囊浑浊,不透明,内含有黏液性或干酪样物。有时有粘连性心外膜炎。

【防　治】　引进种鹦鹉必须隔离饲养观察,杜绝传染源的侵入。对鹦鹉群定期检疫、净化。饲养管理中不喂发霉变质的饲料,及时清除发霉垫草杂物,保持鸽舍清洁、干燥和空气流通。治疗可选用以下药物:支原净,按说明给药。恩诺沙星,每克纯粉加10～15升水,让鹦鹉自由饮用。每千克饲料中加入北里霉素5～12克喂服,治疗量加至15～22克。链霉素按每只2万单位肌注,每天1次,连用7天,或按0.04%～0.06%拌入饲料中喂服,每天2次,连服4天。

三、沙门氏菌病

【病　原】　由沙门氏菌引起的急性败血性传染病。此菌常存于鹧鸪的胃肠道中,当鹧鸪营养不良,饲料变质,环境恶劣时,易诱发本病。

【症　状】　多发于1周龄以内的雏鹧鸪。发病鹧鸪精神委顿,头翅下垂,不愿活动,拥挤扎堆;食欲基本消失,饮水增加;多发黏液性下痢,排黄色或黄绿色稀粪,肛门黏结,排粪时疼痛尖叫,急性型2~3天死亡。

【病　变】　剖检可见肝脏肿大,呈土黄色或有条纹状出血,表面有大小不等灰白色坏死点;小肠卡他性炎症,十二指肠出血性肠炎,盲肠内有黄白色干酪状物,直肠部分充满血色黏稀粪便,肛门、泄殖腔有绿白色粪便粘着;肾脏稍肿大,部分有白色尿酸盐沉积;个别脑软化;心冠脂肪有少量出血点。

【防　治】　使用消毒剂全方位带禽消毒,每天喷雾消毒1次,喷雾时要注意舍内通风和温度,防止幼雏受寒。治疗按每100千克饲料混拌2.5%氟哌酸粉100克,连用5天;庆大霉素口服,每次2 000~10 000单位,2次/天,连用3~5天。

四、蛔虫病

【病　原】　本病是由鸡蛔虫寄生于鹧鸪的小肠内引起的一种常见寄生虫病。主要危害幼鹧鸪,1~4月龄最为易感。

【症　状】　鹧鸪感染后,由于幼虫钻入肠黏膜,损伤肠绒毛,破坏肠腺,使黏膜溢血和发炎;成虫大量聚集于肠道,引起肠道阻塞,严重时可使肠管破裂,虫体的新陈代谢产物可引起慢性中毒。冠和可视黏膜苍白,精神萎靡,行动迟缓,呆立不动,翅膀下垂,食欲减退,下痢与便秘交替发生,有的粪便中带血,进而衰竭死亡。

【病　变】　剖检可见尸体消瘦,小肠内可见有数量不等的蛔虫,严重时可阻塞肠管。

【防　治】　在同一场地内不应与鸡混养,每天清扫粪便,集中堆积发酵处理。患病鹩鸪确诊后,可用盐酸左旋咪唑、丙硫苯咪唑、阿维菌素按规定剂量混饲驱虫。

第七章
贵妃鸡养殖

第一节　概　述

一、贵妃鸡的生产现状

贵妃鸡,由野生驯养而来,原产于法国的 Houdan 城,谓之 Houdan 鸡。1850 年引入英国,由英国皇家科学院进一步选育,成为遗传性稳定、外貌独特的稀有鸡种。现主要分布于英国、法国、荷兰等欧洲国家和中国,是著名的观赏与肉用珍禽,而以外貌奇特和肉质鲜美闻名全球。

1989 年,贵妃鸡由我国民间引入广东侨乡江门市。之所以称为贵妃鸡,是由于其头上有一华丽毛冠,犹如欧洲贵妇的帽子,更像我国古代皇妃的凤冠,因而国人便称之为贵妃鸡、贵妇鸡、皇家鸡。

广东海洋大学于 2003 年开始展开贵妃鸡的相关研究和品种选育,经 10 年努力,不仅实施了较为系统的一系列究,尤其是率先选育出世界上第一个贵妃鸡商用配套系,这也是迄今为止国内外唯一的贵妃鸡商用品种。这也为贵妃鸡从观赏走向商用、从皇室美味走向寻常百姓家庭、从小规模走向产业化迈出了历史性的一步。到目前为止,贵妃鸡已推广到全国29个省、直辖市、自治区,年饲养量超过500万只。同时随着贵妃鸡从品种选育,到种蛋孵化、种鸡繁育、商品鸡饲养管理、安全生产及疫病防治各环节技术的不断成熟,使贵妃鸡这一新型的特禽业正朝着标准化和产业化方向迈进。

因此可以这样说:虽然贵妃鸡的原产地在法国,发展雏形出现于英国,而真正展开深化研究和规模化商品生产的则是在当今的中国。

二、贵妃鸡的体貌特征

贵妃鸡为黑白花羽,全身羽毛基色为黑色,白色飞花不规则地分布全身,皮肤为粉白色。鸡冠奇异,成年公鸡更为明显,冠体成“V”形肉质角状冠,中间有一小冠,也可称为“三冠”,色泽鲜红,有气宇轩昂、威武雄壮之感。冠后侧形如圆球状的大朵黑白花片的羽毛束(俗称“凤头”),即华丽的毛冠,尤其是贵妃母鸡,毛冠几乎覆盖整个颜面,大有窈窕淑女害羞遮面之意。足有五爪,是禽类少有之特点;胫较细,粉白色上带有浅黑色斑点。尾上翘,公鸡有距。体态健美,步履轻盈,极具观赏价值。

一句话:“三冠五爪,黑白花羽,白皮粉胫,体小肉实,娇美玲珑,典雅华贵”,是贵妃鸡的最典型外貌特征。

三、贵妃鸡的生物学特性

作为特禽的一种,贵妃鸡不仅具有家鸡的一切特性,同时尚存一定的野性。具体表现如下:

1. 活泼好动,动作敏捷,善于低飞。对外界环境变化,较家鸡敏感,一受惊便可起飞,当遇到饲养人员给料时,远处的鸡便迅速起身低空飞翔(1~2米高度)而来。

2. 合群性好,不爱打斗。正常饲养条件下啄癖很少发生,无须断喙也可达到理想的饲养效果。

3. 生性趋人和趋光,遇有人参观,就举步靠拢来人,表示欢迎;夜间舍内开灯后,即能成群入舍。

4. 无就巢性,这是很难得的又一特性,更是一个难得的蛋用性状,符合现代优质禽育种与生产方向。

四、贵妃鸡的经济价值

(一)肉用价值

贵妃鸡属于瘦肉型特禽,体形娇小,结构紧凑,胸肌发达;皮薄,皮下脂肪少,肌肉结实,骨骼细而坚硬,毛孔小而致密;有土鸡肉的香味和山鸡肉的结实,还有飞禽的野味。其肉质鲜嫩,脂肪含量少,胆固醇含量比普通土鸡低1倍,富含17种氨基酸、10余种微量元素,特别是对人体极为重要的微量元素锌、硒、铜、铁的含量分别是地方品种土鸡的4.2、3.1、3.2和1.9倍。其肉滋补而性温,善补虚弱,具有补气、补血、祛风的作用,经常食用有壮阳、补肾、强体、抗癌、美容等功效,不失为一种高蛋白低脂肪的理想保健食品,深受国内外市场欢迎。

(二)蛋用价值

贵妃鸡蛋壳白里透红,长椭圆形,蛋重较小,口感细腻,营养全,味香鲜,除了含有普通鸡蛋所含的各种营养成分外,特别是富含补血元素铁、抗癌元素硒、增智补肾元素锌、强化骨骼机能的钙和磷,被誉为蛋中珍品。经测定:贵妃鸡蛋中的钙、磷、铁、锌、硒含量比国际著名的蛋鸡品种海兰褐鸡蛋分别高 23%、16.7%、24.9%、33.3%和55%。

(三)观赏价值

贵妃鸡有与众不同的华丽外观,头戴凤冠,黑白花羽,三冠五爪,典雅华贵,飞檐上树,野性十足,是一种很具特色和魅力的观赏禽,是国际上有名的观赏动物。

概言之,贵妃鸡的经济价值在于——观其貌:华贵、玲珑、可爱、具魅力;尝其肉:皮薄、滑嫩、醇香、不腻嘴;品其汤:清靓、甜润、香浓、回味长;享其蛋:色亮、质细、味美、口感佳。

五、贵妃鸡的品种

(一)英国贵妃鸡

1850 年从法国的贵妃鸡原产地 Houdan 城引进,亦称 Houdan 鸡,由英国皇家科学院进一步选育而成的高品质肉鸡。其主要特征是:具五趾(世界上绝大多数鸡品种都为四趾),叶状的鸡冠,蒙住的颜面,漂亮的胡须,羽毛颜色只有一种,即纯白色斑点均匀地分布在基色为黑色的全身羽毛上。作为古老的一个纯种贵妃鸡,不分父母代或商品代,成年体重 1 800 克左右。在良好的科学饲养管理条件下,年产蛋量平均为 150 个,蛋壳白色,平均蛋重 40 克,蛋形呈长椭圆形。

(二)中国贵妃鸡

即珍禽贵妃鸡商用配套系的简称,是我国在引进的英国贵妃鸡基础上,经近 10 年的选育建立起的贵妃鸡商用配套系。其外貌特征仍然保留了英国贵妃鸡的特性,即"三冠五趾,黑白花羽,白皮粉胫,体小肉实",也是中国贵妃鸡的最典型外貌特征。贵妃鸡作为中国 116 个鸡种遗传资源之一,已被列入《中国畜禽遗传资源志——家禽志》。

该配套系由快羽系和慢羽系两个纯系组成,较之于英国贵妃鸡,属小体形特色肉鸡。父母代种鸡成年体重公母分别为 1 750克和 1 250 克,种鸡年产蛋量 167 个,蛋壳乳白色,平均蛋重 43 克,蛋形呈长椭圆形,蛋形指数 1.4。商品代肉鸡是由快慢羽两系配套的父母代生产的,商品雏可羽速自别公母,准确率 98% 以上。100 日龄公母体重分别为 1 200 克和 900 克左右,料肉比 3.2 ~ 3.5：1。120 日龄公母体重分别为 1 400 克和 1 000 克,料肉比 4.0~4.2：1。成活率 96% 以上。

第二节　贵妃鸡的繁殖

一、贵妃鸡的繁殖特点

贵妃鸡的开产日龄为 150 天,与其他家鸡一样,常年均可产蛋,已没有了就巢性。但产蛋周期比较明显,甚至会出现已经停产,15 ~ 20 天后又开始了新一个周期的产蛋现象,更像野禽。孵化期为 21 天。自然交配,公母比例为 1：6~8。立体笼养时,采用人工授精,公母比例 1：25~30。

二、贵妃鸡的人工孵化

1. **温度**　贵妃鸡种蛋孵化适宜的温度是 37.8℃,出雏时温度恒定在 37℃ 左右。温度过高或过低都会影响胚胎的发育,严重时会造成胚胎死亡。在华南地区,若是一个机器中只装同一批种蛋,适宜的孵化温度应该比常规的孵化温度高 0.2℃。

2. 湿度 在孵化的前 1 周内,空气相对湿度应保持在 60%~65%。在 8~18 天时为 60%。在 19~21 天时因雏鸡即将出壳,为防止雏鸡绒毛与蛋壳膜粘连,应给以较高的湿度,一般为 70%。

3. 通风 种蛋周围空气中的二氧化碳含量不得超过 0.5%。超过 1% 时胚胎发育慢、死亡率高、弱雏增加。因此,孵化时必须保持孵化器内空气新鲜。孵化中期通气孔不必打开,但孵化后期通气孔必须打开。

4. 翻蛋 人工孵化一般每 2 小时左右翻蛋 1 次。孵化满 19 天移蛋后即可停止翻蛋。翻蛋的角度一般为向前或向后(即倾斜角度)45°。

5. 照蛋 一般进行 2 次。第 1 次在入孵第 7 天时进行;第 2 次在 19 天落盘时进行,主要是将中途死胚蛋、臭蛋拣出。

关于贵妃鸡的人工孵化,具体细节可参照其他鸡种的孵化操作技术。

第三节 贵妃鸡舍与设施设备

一、鸡 舍

可分为开放式鸡舍和密闭式鸡舍。在我国的生产实际中,多采用开放式鸡舍。

(一)密闭式鸡舍

这种鸡舍顶盖与四壁隔温较好,一般无窗,呈完全密闭,舍内小气候通过各种设施人工控制与调节,采用人工通风与光照。

密闭式鸡舍的优点是可以消除自然外界因素对鸡群的影响；实行人工光照有利于控制性成熟和刺激产蛋；基本上可杜绝自然媒介传入疾病的途径。其缺点是建筑标准和设备条件高，鸡群饲养管理要求高，必须喂给全价饲料和采取极为严密的消毒防疫措施，如遇停电会对生产造成严重的影响。

(二)开放式鸡舍(普通式鸡舍)

这种鸡舍的特点是有窗户，全部或大部分靠自然的空气流动来通风换气。一般饲养密度较低，采光是靠窗户的自然光照，故昼夜光照时间随季节的转换而增减，舍温也基本上随季节的变化而升降。

开放式鸡舍的优点是设置条件简单，造价低，投资少，在设有运动场和饲喂青饲料的情况下，对饲料的要求不很严格，而且鸡能经常活动，适应性好，体质较强健。其缺点是鸡的生理状况与生产性能均受外界条件变化的影响，属开放性管理，感染疾病的可能性大；占地较大，用工较多。

二、设施与设备

(一)孵化设备

孵化设备是指孵化过程中所需物品的总称，是现代化养鸡设备中的主要设备之一，包括孵化机、出雏机、孵化机配件、孵化房专用物品及加温、加湿设备等。

(二)育雏设施

1. **地面平养**　该法是传统的饲养方式，在育雏舍地面铺垫5～10厘米厚的垫料，将雏鸡养在垫料上面。

2. **火炕平养或地上水平烟道平养** 该法的形式与地面平养相同,只是利用火炕或烟道作为供暖的热源(在炕面上也要铺设垫料)。雏鸡在暖和的炕上活动。

3. **棚架或网上平养** 利用网板代替地面,网的材料可以是铁网,也可以是木板条、竹排等,或在其上铺垫小网孔的塑料垫网。一般网板离地 50~80 厘米。

4. **笼养设施** 采用多层育雏笼或育雏器,层次为重叠式,每层底下有承粪盘,笼的周围有料槽、水槽,笼内放真空饮水器供水,有些在笼组的一端设有可调温的供热装置,其余部分是运动场,供雏鸡自由活动用。

(三)育成(肉鸡)设施

1. **地面垫料平养** 这是我国传统的肉鸡养殖最主要的饲养方式。其是将鸡舍地面清扫干净,彻底消毒,待干燥后在鸡舍地面铺设一层 6 厘米左右的厚垫料,肉鸡从入舍至出售一直生活在垫料上,包括喂料、饮水、活动、休息都在垫料上进行。

2. **网上平养** 在鸡舍内离地面 60 厘米高处搭设网架,架上再铺设金属或竹木制成的网架,在网架上铺塑料网,鸡群在网片上生活。

(四)产蛋种鸡设施

1. **平养设施**

(1)**饮水和喂料设备** 有吊塔式平养供水系统,包括水箱、PVC 输水管、三通吸管、吊塔饮水器、提绳、调节板。

(2)**产蛋箱** 制作可就地取材,用砖砌产蛋箱是一个既省钱又方便管理的好方法,产蛋箱的设计要求避风、避光、有安全感,产蛋箱可设计为两层,底层落地,上层用砖盖成平顶。

(3)**垫料** 常用的垫料有刨花、稻草、稻壳、木屑、碎麦秸、破碎的玉米芯、树叶、干杂草等,国外也有用废弃轮胎碎粒或废旧报纸球做垫料的。

(4)栖架　包括支架和支承在支架上且水平设置的栖杆,栖杆可采用直径在 3.5~5.5 厘米的木制材料等,一般都是圆形的但不光滑,避免棱角,有利于鸡爪抓牢。

2. 笼养设施

(1)全阶梯式笼具　这是目前种鸡生产中采用人工授精方式时的主要饲养笼具之一,包括料槽和乳头式饮水器。这种笼具各层之间全部错开,粪便直接掉入粪坑或地面,不需安装承粪板。多采用两层或三层结构。

3. 通风降温设施　夏季降温系统包括环境控制器、湿帘、风机等重要组成部分。

第四节　贵妃鸡的营养需要

贵妃鸡种鸡、商品肉鸡的营养需要与饲料配方见表 7-1、表 7-2。

表 7-1　贵妃鸡种鸡不同阶段饲料配方与营养水平

	成　分	0~6 周龄	7~19 周龄	20~43 周龄	44~72 周龄
饲料配方	玉米(%)	65.06	66.77	61.32	63.95
	豆粕(%)	21.69	11.20	17.00	15.73
	麸皮(%)	1.50	10.86	3.32	4.39
	花生粕(%)	7.00	7.00	7.00	5.00
	贝壳粉(石粉)(%)	1.61	1.05	8.30	7.94
	磷酸氢钙(%)	1.52	1.58	1.36	1.38
	食盐(%)	0.35	0.35	0.30	0.30
	蛋氨酸(%)	0.05	0.03	0.10	0.10

续表7-1

	成　分	0~6周龄	7~19周龄	20~43周龄	44~72周龄
饲料配方	赖氨酸(%)	0.21	0.16	0.30	0.20
	添加剂(%)	1.00	1.00	1.00	1.00
	合计(%)	100	100	100	100
营养水平	代谢能(兆焦/千克)	11.80	11.50	11.00	11.00
	粗蛋白(%)	17.97	15.00	16.00	15.00
	钙(%)	0.98	0.80	3.15	3.03
	有效磷(%)	0.45	0.45	0.40	0.40
	蛋氨酸(%)	0.33	0.33	0.25	0.33
	赖氨酸(%)	0.99	0.25	0.97	0.83

表7-2　贵妃鸡商品肉鸡不同阶段营养水平与饲料配方

	成　分	0~6周龄	7~10周龄	11~17周龄
饲料配方	玉米(%)	61.13	66.84	69.89
	豆粕(%)	28.32	22.92	15.9
	花生粕(%)	6.00	6.0	10.0
	贝壳粉(石粉)(%)	1.91	1.77	1.69
	磷酸氢钙(%)	1.03	0.86	0.90
	食盐(%)	0.37	0.37	0.37
	蛋氨酸(%)	0.06	0.04	0.04
	赖氨酸(%)	0.18	0.20	0.21
	添加剂(%)	1.00	1.00	1.00
	合计(%)	100	100	100

续表 7-2

成　分		0~6 周龄	7~10 周龄	11~17 周龄
营养水平	代谢能(兆焦/千克)	11.66	11.98	12.11
	粗蛋白(%)	19.90	18.0	16.98
	钙(%)	1.0	0.9	0.86
	有效磷(%)	0.37	0.33	0.33
	蛋氨酸(%)	0.36	0.32	0.30
	赖氨酸(%)	1.08	1.0	0.89

第五节　贵妃鸡的饲养管理

一、贵妃鸡饲养阶段的划分

　　种鸡饲养期的划分:0~6 周龄,为育雏期;7~19 周龄,为育成期;20~43 周龄,为产蛋前期;44~72 周龄,为产蛋后期。

　　商品肉鸡饲养期划分为三个阶段:0~6 周龄,7~10 周龄,11~17 周龄。

二、贵妃鸡育雏期的饲养管理

(一)育雏舍及用具的消毒

　　1. 清洗　要求至少在进雏前 7 天将鸡舍及设备等一切育雏用具彻底清洗干净,要求无灰尘、蛛网、粪便。彻底清扫与冲洗是良好消毒的前提。

2. 消　毒

（1）喷雾消毒　可选用氢氧化钠、次氯酸钠、菌毒敌等药物对鸡舍内外及用具进行喷雾消毒。

（2）熏蒸消毒　将鸡舍密闭好,按 40 毫升/米³ 福尔马林用量,对舍内及用具进行熏蒸消毒,进雏前 2 天打开门窗通风换气。

（二）饲养管理要点

1. **饮水与开食**　雏鸡接到育雏舍后,先让其在运输箱中休息 30 分钟,再放出自由饮水 2~3 小时,然后放上料桶,让雏鸡自由采食。饮水中可加如下防病药物:第 1~7 天用甲砜霉素,或恩诺沙星,同时添加电解多维。每天保持饮水不断。饮水器每天刷洗 1 次,每 3 天消毒 1 次。

2. **保温与脱温**　育雏舍在进雏前 2~6 小时开始加热升温,1 日龄为 34~35℃,以后每周降 2~3℃,直至 20~22℃时即可脱温。

温度是否适宜,主要看雏鸡的表现:温度适宜时,雏鸡精神活泼,采食积极,均匀分布在热源的四周,睡眠时舒展四肢,头颈伸直,贴伏于地面,无奇异状态和不安的叫声,鸡舍极其安静。温度过低时,雏鸡打堆,靠近热源,不愿出来采食,发出"叽叽"的叫声。温度过高时,雏鸡远离热源,张口呼吸,大量饮水,采食量减少,尖叫。

3. **光照时间**　1~14 日龄光照 23 小时,15~28 日龄光照 14~16 小时,29 日龄后逐渐过渡到自然光照。

4. **育雏密度**　见表 7-3。

表 7-3 适宜的育雏密度 （只/米²）

地面平养		立体笼养	
日　龄	密　度	日　龄	密　度
1～14	50～25	1～7	60～50
15～21	25～19	8～21	35～30
22～35	19～15	22～35	27～22

5. **雏鸡日常观察**　注意以下几点：

（1）嗉囊饱满程度、水分是否适中。嗉囊结实或空虚、水分过多或过少都是不正常，一定要找出原因。

（2）休息状态是否正常。正常的雏鸡在晚上睡觉时，头颈伸直贴在地面。若发现有鸡只单足站立或离群独处，这是病态，要及时处理。

（3）粪便是否正常。正常的鸡粪软硬适中，如鸡群有病，往往在鸡粪上反映出来，如新城疫、禽出败排青绿色稀粪，球虫病的血粪，传染性法氏囊病的腹泻等。

（4）鸡群的呼吸声是否正常。传染性支气管炎引起鸡群咳嗽，传染性喉气管炎还会使病鸡咳出血来。在鸡群晚上休息时听到有呼吸啰音可能是慢性呼吸道病等。

6. **其他**　做好对鸡的强弱分群工作，并对弱小的鸡进行特殊的管理。

这里谈一下贵妃鸡的断喙问题。按常规，鸡在 6～9 日龄时一般应断喙，但根据笔者多年来的实践，贵妃鸡不必断喙。这符合其习性特点，在日益重视养殖动物福利问题的今天，更是可取的。

三、贵妃鸡育成期的饲养管理

育雏期 0～6 周龄结束，转入育成期或后备期，即 7～19 周龄，此期是实现种鸡高产的关键,而保持标准体重则是育成期的关键。

(一)限制饲喂

由于后备鸡生长快,让其全日自由采食,会超重超肥,提早母鸡性成熟,产小蛋的比例变大,且过迟达到标准蛋重,还会使产蛋量、受精率降低。所以,正确的限制饲养既能提高产蛋量,又能降低饲料成本。限制饲养的标准是使母鸡开产前体重只有充分饲养的 75%~80%。

(二)鸡群均匀度的测定与控制

鸡群均匀度是种鸡培育中一个十分重要的指标,只有均匀度良好的种鸡群才能在产蛋期中取得较佳的生产成绩。一般要求体重均匀度达到 80% 的种鸡在平均体重±10% 的范围。测定均匀度通常是在每周末抽测 10% 的个体体重,计算其平均重,然后算出体重在平均体重±10% 范围内的个体数,再除以检测体重个体总数,即得到均匀度的值。

如果鸡群的均匀度差,应将鸡群按体重分成若干栏,分别施以包括调整饲养密度、采食与饮水位置、喂料量等方法,使鸡群的均匀度恢复到正常水平。

四、贵妃鸡种鸡的饲养管理

(一)饲喂量

20~34 周龄,是种鸡逐步走上产蛋高峰时期,营养供给应超前进行,即超前 1 周加大营养和采食量,饲料营养要充足平衡,不可忽高忽低。同时,应根据蛋的品质,适量补给蛋白质饲料和钙添加剂,促进 32~36 周龄进入产蛋高峰期,达到最高产蛋率。

35～39周龄,是鸡群保持产蛋高峰或开始有下降的阶段。可用试探性给料法,确定供给量。即当少量增料时,产蛋也增加时,可按增加后的量喂给,并继续缓慢增加;若少量增料后,产蛋量不再升高或有下降的趋势,则立即减去所增加的饲料量,保持原来的饲喂量。

40～45周龄,种鸡的生长发育完全成熟,体重以缓慢的速度增加,蛋重基本恒定,喂料量依产蛋的递减而逐步减少。45周龄后产蛋量继续下降,喂料量也相应减少,此时应根据体况和蛋量每周相应调整一次喂料量。

(二)光照管理

1. 光照管理方式

(1)光照强度 2周龄之前为3瓦/米^2,3～5周龄为1瓦/米^2,5～19周龄为自然光照,20周龄后(产蛋期)为3瓦/米^2(离地高度为2米)。

(2)光照时间 产蛋期每天光照(自然光加人工照明)时间不少于16小时。

2. 光照管理注意事项 光照管理制度从雏鸡开始,最迟不超过7周龄,补充光照的电源应稳定,应有备用应急措施,每周定时擦净灯泡及灯罩,更换坏灯泡,保持光照强度恒定。

(三)日常管理

1. 观察鸡群 每天都必须随时注意观察鸡群的表现、精神状况、粪便特征,发现问题,及时处理。

2. 日常记录 记录产蛋量、体重、饲料消耗量、发病、死鸡、剖检、用药、免疫、消毒等情况,计算产蛋率。

五、贵妃鸡商品肉鸡的饲养管理

（一）商品雏鸡的饲养管理

育雏阶段为 0~6 周龄，与前述的雏鸡饲养相同。

（二）商品肉鸡的饲养管理

此期是指 7~17 周龄左右上市阶段。由于贵妃鸡商品肉鸡既适于集约化饲养，也适于散养和放养。

1. **地面垫料平养**　鸡群从入舍至上市一直生活在垫料上，包括采食、饮水、活动、休息，垫料以刨花、稻壳、花生壳、稻草、锯末等为原料。

2. **网上平养**　鸡群生活在离地面 60 厘米左右高的网架上，塑料网或板条、竹板地面组成的网上平养系统，网眼直径以 1.6~1.8 厘米为宜。

3. **放养**　即散养。这是贵妃鸡肉鸡的主要饲养方式。

（1）放养场地的要求：距离村镇、畜禽场、屠宰场、畜禽产品加工厂、交通要道 500 米以上；地势高燥，略倾斜，排水排污良好（鸡舍不要建在低洼积水的地方）；沙壤质土，透水性强；水源充足卫生，电源充足；树木覆盖率 50%~80%，青草覆盖率 50% 以上。

（2）放养鸡舍面积：1 000 只鸡需 50~60 米² 鸡舍面积。这段时间贵妃鸡采食量多、生长快，不能缺水和缺料，缺水比缺料的危害更大，并且要注意采食和饮水的位置是否充足，保证每只鸡获得充足的饲料和饮水。一般每 100 只鸡 1 个 5 千克料桶和 1 个 4.5 升饮水器。

（3）保证饮水不断，实行放牧饲养，让贵妃鸡采食自然界中的虫、草、籽、果等。

（4）每天早上清扫鸡粪，空气流通，保持鸡舍清洁卫生。每天清洁料槽、刷洗水槽，每周消毒水槽 1 次并带鸡消毒 1 次。

（5）饮水中定期添加电解多维，以增强鸡群抗病力。根据疫情、鸡龄和气候等因素定期投服抗菌、抗病毒等药物预防疾病。每 3 天对鸡群及鸡舍内外喷雾消毒 1 次。

（6）遇到刮风下雨、天气寒冷或夜间降温应放下塑料薄膜遮风挡雨保温。根据气候情况，一般在 35 日龄后的贵妃鸡白天可放牧饲养，但要防止风雨袭击鸡群，引起感冒、气管炎和大肠杆菌病等疫病。

（7）注意防治球虫病、大肠杆菌病等常见病。

（8）注意预防鸡群的啄癖。贵妃鸡的商品鸡羽毛齐全很重要，从遗传角度来看，贵妃鸡是没有啄癖的，但有个别饲养户在饲养过程中，偶尔也有啄羽现象发生。导致啄羽的原因有很多，但主要是营养、天气及环境上的原因，如果不是采用全价饲料，就容易出现由下列原因引起的啄癖：含硫氨基酸、食盐、维生素等不足；天气不良，如忽晴忽雨、闷热；环境差，如鸡群密度过大、通风不良、光照过强等，都容易产生啄羽。对此要及时找出原因，对症处理，还要挑出啄羽的和被啄羽的鸡单独圈养。一旦啄羽形成习惯，就很难杜绝。经常出现啄癖的鸡场最好在 10 日龄时适度断喙。

第六节　贵妃鸡主要疾病的防治

一、新城疫

【病　原】　新城疫又称为亚洲鸡瘟，是由副黏病毒科新城疫病毒引起的一种家禽传染病，鸡对本病最易感，鸽子、鹌鹑也会感染本病。

【症　状】　病鸡常表现体温升高(一般可达43~44℃),突然减食甚至不食,精神委顿,羽毛松乱,翅膀下垂,眼半闭或全闭,嗜睡,头下垂或埋于翅内,鸡冠及肉髯呈暗红或紫红色,口及鼻腔中有大量黏液,流涎,常做吞咽动作,伸颈摇头,张口呼吸,常发出"咯咯"声,排黄白色或黄绿色稀粪,有的病鸡会出现神经症状,如头向后歪曲、步态不稳等。

【病　变】　病鸡腺胃乳头出血,肌胃黏膜(剥去角质膜)皱襞的嵴部出血;盲肠扁桃体出血,在十二指肠末端有大溃疡灶,刮去溃疡表面的脓样物,可见下面出血性坏死灶,这是新城疫的一个特征性病理变化;喉头与气管黏膜充血、出血,气管内分泌物增多;肺充血、深红色;母鸡卵泡出血,形成疤痕。

【防　治】　本病主要靠接种疫苗预防,商品鸡一般在4~7日龄接种新城疫和传染性支气管炎二联苗,即新支二联苗,接种方式可采用点眼、滴鼻或饮水免疫等,20天再用同样的疫苗接种1次,60天时接种1次新城疫Ⅰ系。一旦确诊,立即采用4~8倍量的新城疫克隆30弱毒苗进行紧急接种,同时在饮水中加入多种维生素及抗生素,可大大降低死亡率。

二、禽　流　感

【病　原】　禽流感是禽流行性感冒的简称。是由A型禽流行性感冒病毒引起的一种禽类(家禽和野禽)传染病。

【症　状】　禽流感病毒感染后可以表现为轻度的呼吸道症状、消化道症状,死亡率较低;或表现为较严重的全身性、出血性、败血性症状,死亡率较高。

高致病性禽流感(主要由H5N1亚型引起)潜伏期短,发病初期无明显临床症状,表现为禽群突然暴发,常无明显症状而突然死亡。病程稍长时,病禽体温升高(达43℃以上),精神高度沉郁,食欲废绝,羽毛松乱;有咳嗽、啰音和呼吸困难,甚至可闻尖叫声;鸡冠、肉髯、眼睑水肿,鸡冠、肉髯发绀,或呈紫黑色,或见有坏死;眼结膜发炎,眼、鼻腔有较多浆液性或黏液性或黏脓性分泌物;腿部鳞片有红色或紫黑色出血;下痢,排出黄绿色稀便;产蛋鸡产蛋量明显下降,产蛋率可由 80%～90% 下降到 20% 或以下,甚至停产。

【病　变】　剖检病死禽,常见的病变有头部和颜面水肿,鸡冠、肉髯肿大达 3 倍以上;皮下有黄色胶样浸润、出血,胸、腹部脂肪有紫红色出血斑;心包积水,心外膜有点状或条纹状坏死,心肌软化。消化道变化表现为腺胃乳头水肿、出血,肌胃角质层下出血,肌胃与腺胃交界处呈带状或环状出血;十二指肠、盲肠扁桃体、泄殖腔充血、出血;肝、脾、肾脏淤血肿大,有白色点状坏死;胰腺有白色坏死点。呼吸道有大量炎性分泌物或黄白色干酪样物;胸腺萎缩,有程度不同的斑点状出血。母鸡卵泡充血、出血,卵黄液变稀薄;严重者卵泡破裂,卵黄散落到腹腔中,形成卵黄性腹膜炎,腹腔中充满稀薄的卵黄;输卵管水肿、充血,内有浆液性、黏液性或干酪样物质。公鸡睾丸变性坏死。

【防　治】　本病危害巨大,无有效治疗方法。应做好预防。禽流感疫苗一般在 25 天、60 天接种 2 次,产蛋母鸡可在产蛋前的 130～140 日龄接种 1 次。

三、传染性支气管炎

【病　原】　鸡传染性支气管炎是由冠状病毒引起的鸡的一种急性、高度接触性传染性疾病。

【症　状】　呼吸型传染性支气管炎雏鸡易感,发病后以呼吸困难为特征,鼻腔有分泌物,常常甩头。病鸡精神萎靡,食欲减退。病后 1～2 天鸡群开始出现死亡,并且死亡呈直线上升。成年鸡发病时呼吸症状不是十分明显,只是可听见打喷嚏、咳嗽、气管啰音等,但是产蛋明显下降,蛋壳粗糙,多为畸形蛋,蛋壳颜色变浅,蛋黄与蛋清分离,蛋清稀薄如水。

肾型传染性支气管炎(简称肾传支)以 20~40 日龄的雏鸡多发。发病鸡精神萎靡,食欲减退,呼吸道症状不明显,排水样白色或黄绿色稀便,打喷嚏、咳嗽、有气管啰音,有的呼吸困难,抬头伸颈,张口呼吸,口鼻流出带泡沫的黄色黏液,病鸡甩头,叫声嘶哑。

【病 变】 以呼吸型传染性支气管炎为主的病死雏鸡,剖检可见呼吸道内有大量浆液性及干酪样性渗出物;气囊浑浊,表面有黄色干酪样渗出物;产蛋母鸡可见卵黄性腹膜炎,卵巢有时充血、出血、变形、输卵管萎缩,其长度变短,重量变轻,有时发生囊肿。

肾型传染性支气管炎的病理变化主要集中在肾脏,表现为双肾肿大、苍白,肾小管因聚集尿酸盐而使肾脏呈槟榔样花斑状。两侧输尿管因沉积尿酸盐而变得明显扩张,增粗发白。慢性病例,肾脏褪色,肾实质中布满粟粒大小的黄白色尿酸盐结节,有时可至黄豆到蚕豆大小(肾结石)。

【防 治】 预防本病的疫苗主要有弱毒疫苗和油乳剂苗两种,在有肾型传支发生的鸡场,可以用含预防肾型传支毒株的疫苗。

四、大肠杆菌病

【病 原】 本病是由大肠杆菌埃氏菌的某些致病性血清型菌株引起的疾病总称。

【症 状】

气囊病:主要发生于 3~12 周龄幼雏。经常伴有心包炎、肝周炎。偶尔可见败血症、眼球炎和滑膜炎等。病鸡表现精神沉郁,呼吸困难,有啰音和喷嚏等症状。气囊壁增厚、浑浊,有的有纤维样渗出物,并伴有纤维素性心包炎和腹膜炎等。

眼球炎:是大肠杆菌感染的一种常见表现形式,多为一侧性,少数为双侧性。病初畏光、流泪、红眼,随后眼睑肿胀突起,切开眼睑可见前房有黏液性脓性或干酪样分泌物,最后角膜穿孔,失明。

【病　变】　卵黄性腹膜炎及输卵管炎:常通过交配或人工授精时感染。多呈慢性经过,并伴发卵巢炎、子宫炎。母鸡减产或停产,呈直立企鹅姿势,腹下垂、最终消瘦死亡。其病变与鸡白痢相似,输卵管扩张,内有干酪样团块及恶臭的渗出物为特征。

【防　治】　预防本病应注重综合性措施。菌苗免疫,可采用自家(或优势菌株)多价灭活佐剂苗。药物防治,应选择敏感药物在发病日龄前 1~2 天进行预防性投药,或发病后做紧急治疗。

五、鸡白痢

【病　原】　鸡白痢是由鸡白痢沙门氏菌引起的传染病。各品种的鸡对本病均有易感性,以 2~3 周龄以内雏鸡的发病率与病死率为最高。随着日龄的增加,鸡的抵抗力也增强。成年鸡感染常呈慢性或隐性经过。本病主要通过种蛋垂直传播,也可水平传播。

【症　状】　本病特征为幼雏感染后常呈急性败血症,发病率和死亡率都高。成年鸡感染后,多呈慢性或隐性带菌,可随粪便排出,因卵巢带菌,严重影响孵化率和雏鸡成活率。本病在雏鸡和成年鸡中所表现的症状和经过有显著的差异。

雏鸡潜伏期 3~5 天,故出壳后感染的雏鸡,多在孵出后几天才出现明显症状。7~10 天后雏鸡群内病雏逐渐增多,在 2~3 周龄达高峰。发病雏鸡最急性者,无症状迅速死亡,稍缓者表现精神委顿,绒毛松乱,两翼下垂,缩头颈,闭眼昏睡,不愿走动,拥挤在一起。病初食欲减少,而后停食,多数出现软嗉症状。同时腹泻,排白色稀薄如糨糊状粪便,肛门周围绒毛被粪便污染,有的因粪便干结封住肛门,影响排粪。由于肛门周围炎症引起疼痛,故病鸡常发出尖锐的叫声,最后因呼吸困难及心力衰竭而死。

【病　变】　以肝的病变最为常见,其次为肺、心、肌胃及盲肠的病变。雏鸡肝肿大,充血或有条纹状出血;其他脏器充血。死于几日龄的病雏见出血性肺炎,稍大的病雏,肺可见有灰黄色结节和灰色肝变。

慢性带菌的母鸡,最常见的病变为卵泡变形、变色、质地改变及卵泡呈囊状,腹膜炎,有些卵则自输卵管逆行而坠入腹腔,有些则阻塞在输卵管内,引起广泛的腹膜炎及腹腔脏器粘连。

【防　治】　雏鸡白痢的防治通常在雏鸡开食之日起,在饲料或饮水中添加抗菌药物,一般情况下可取得较为满意的结果。应该考虑到有效药物可以在一定时间内交替、轮换使用,药物剂量要合理,防治要有一定的疗程。近些年来微生态制剂开始在畜牧业中应用,这类制剂具有安全、无毒、不产生副作用,细菌不产生耐药性,价廉等特点。

防治本病最彻底的办法是对种鸡进行鸡白痢的净化。

第八章

火鸡养殖

第一节 概 述

一、火鸡的生产现状

火鸡学名为吐绶鸡,头颈如鸡,肉瓣似缨,因其皮瘤和肉髯为火红色而得名,并常因情绪变化而出现不同颜色,故又称七面鸡。原产美洲,起源于墨西哥北部的野生火鸡,是当时印第安人的主要食品之一。火鸡在 15 世纪末由墨西哥的印第安人驯养成功后,逐渐发展到美洲其他地区,于 1530 年引入西斑牙等欧洲国家,现已遍及全世界。

美国是世界上最大的火鸡生产国、出口国和消费国家,年生产火鸡 2.7 亿只左右,年出口火鸡肉 22 万吨,价值 2.5 亿美元。在欧美国家,火鸡早已形成产业化规模养殖。目前世界家禽饲养量中,鸡占 85.1%,鸭占 4.2%,鹅占 3.4%,火鸡占 7.3%。全世界火鸡年饲养量已达 3 亿只以上,欧美国家是世界上火鸡肉的主要产销区,北美的火鸡肉产量占世界总产量的 60% 以上,年产量最多的国家是美国、意大利、德国,分别是240万吨、36万吨和28.5万吨。

　　我国饲养火鸡的历史较短。大约19世纪中后叶,国外不少传教士和一些旅居国外的华侨陆续将火鸡传入我国的沿海城市,其后的近百年中,饲养量一直较小,大多数地区放在动物园作观赏动物,仅少数地区作食用。近30多年来,北京、广州、江苏、武汉等地也先后从加拿大、美国、法国等引进新的火鸡品种和商用品系。火鸡饲养虽然在我国已初步得到发展,但目前每年全国各地的火鸡养殖总量徘徊在30万只左右。

　　火鸡肉是欧美国家的传统食品,是西方节日感恩节和圣诞节的必备食品。随着经济全球化的加快,东西方文化交流的深入,感恩节、圣诞节等西方节日已逐渐被东方人认可,如在日本、韩国,我国香港、台湾地区,上海、广州等沿海发达城市西方的感恩节、圣诞节受到一些人的追捧。火鸡肉作为感恩节、圣诞节的象征性食品,消费量在我国正在逐年迅速上升。

二、火鸡的体貌特征

　　虽然火鸡雏看似鸡,但成年火鸡的外貌特征和鸡差别较大,初见火鸡,留给人们的印象是一只硕大的鸡,仔细观察又不太像鸡。其在外貌和体形结构,甚至生理特性上都有许多与鸡相似之处。但又与蛋鸡、肉鸡或蛋肉兼用的鸡都存在很大的差别,具有明显的火鸡特征。

　　从动物分类学上,火鸡是属鸟纲、鹑鸡目、火鸡科,与鸡有着远亲关系。火鸡形似家鸡,胸宽大,嘴稍弯曲。头和颈上部光秃没有羽毛,而有珊瑚状皮瘤。皮瘤颜色时常变化,安静时为红色,激动时可变浅蓝色、粉红色、紫红色等颜色,故又名"七面鸟"。

　　火鸡体躯高大,呈纺锤形,体表被覆羽毛。颈部长直,头颈部裸露,无羽毛,皮肤松弛。背部长而宽,稍隆起。体格壮实,肌肉丰满。胸骨长而直,胸部宽而凸出,胸与腿部肌肉均很发达。

成年公火鸡体形比母火鸡大,头上长着很发达的一个呈珊瑚状的皮瘤,皮瘤的颜色会随情绪的变化而变化,在情绪安定时呈赤红色,激动时则变成浅蓝色或紫色。前额有肉髯,为加厚的真皮构成。胸前有须毛束,硬如猪鬃。尾羽能分披,公火鸡时常竖尾展翅成扇形,似孔雀开屏,并发出"咕噜咕噜"的叫声,但火鸡的开屏远不如孔雀漂亮。胫上有距,足长大,趾挺直。

成年母火鸡体形比公火鸡小,体重约等于公火鸡的二分之一,在头的前颊长有一个明显的小肉锥,有皮瘤,但很不发达,足上无距,尾羽不展开,会发出与公火鸡叫声不同的"咯咯"声。母火鸡的胸前须毛束不太发达,许多难以找到。

火鸡羽毛颜色因品种而异,青铜色火鸡的羽毛在黑底上有红、绿、古铜的光泽,并且背羽有黑色边,尾羽末端有整齐的白边,翅膀末端有狭窄的黑斑。白羽火鸡羽毛纯白色。有的品种羽毛呈浅黄色、深褐色、银灰色、暗灰色等。

三、火鸡的生物学特性

1. 性野好斗。平时觅食、配种时常发生争斗。雄火鸡好斗,但并不做拼死搏斗,一方屈服即停止。易发生啄癖。

2. 警觉性高。喜安静,胆小,怕高声和人畜的走动干扰,对周围环境的警惕性很高。当有人或其他动物接近时,火鸡即会竖起羽毛,皮瘤由红变蓝、粉红或紫红等各种颜色,当听到陌生音响时,会发出"咯咯"的叫声,表示自卫。

3. 喜温暖又耐寒,喜干燥,怕潮湿,在一般正常条件下不易生病。从热带到寒带均有分布,可在风雨下过夜,雪地上觅食,非常适宜放牧饲养。抗病力和生活力很强。

4. 耐粗饲。消化粗纤维能力强,盲肠发达,是家禽中除鹅以外的另一种草食禽类。

5. 有就巢性。母火鸡一般产 10~15 个蛋就要出现 1 次抱窝行为,所以很多地区利用这种特性进行自然孵化。

6. 食性杂,动植物饲料都喜欢吃。在野生条件下,火鸡采食青草、杂草种子和各种小动物。在人工饲养条件下,能采食麦、玉米、粟、米糠、蔬菜、瓜果等五谷类精料和新鲜青饲料,也喜欢吃动物加工下脚料。其采食青草、野菜能力远远大于其他禽类,能在各种青草野菜中获取营养物质。火鸡不能缺少青饲料,一天的青饲料可高达日粮的 30%~50%,所以被人们称为食草鸡。同时特别喜食其他动物所厌恶的具有浓郁辛辣味的葱蒜类,如大葱、韭菜、大蒜等。

四、火鸡的经济价值

1. 节粮食草,耐粗饲。火鸡以植物秸秆、籽实、昆虫为食,一切农作物秸秆粉碎成粉拌匀,均可作为火鸡饲料,食草节粮、舍饲放牧均能适应,可节省饲料 30%,既节约饲料粮、降低成本,提高经济效益,又符合人们对绿色食品的要求;还可为在饲料粮紧缺的情况下生产出足够的优质禽肉开辟一条新路。

2. 生长快,体重大,饲料转化率高。大型火鸡,成年平均体重可达 20 千克以上,母火鸡可达 10 千克左右。12 周龄仔火鸡公母平均体重可达 5 千克左右,料肉比为 2.2~2.3∶1。20 周龄重型火鸡公鸡可达 16~20 千克,母鸡可达 9~10 千克;中型火鸡公鸡可达 13~15 千克,母鸡可达 8~10 千克;轻型火鸡公鸡可达 10~12 千克,母鸡可达 5~8 千克。

3. 瘦肉率高,肉质好,被誉为造肉机器。屠宰率、瘦肉宰高,肉质好,火鸡的屠宰率为 85%~90%,可食用部分占 77%以上,火鸡有发达的胸肉和腿肉,胸腿肌占活重的 52%左右。

4. 营养丰富。火鸡肉嫩味美、口感好。火鸡肉的蛋白质含量比其他禽类高 20%,而脂肪含量则低 21%,胆固醇的含量较其他禽类肉低,并含有丰富的 B 族维生素,脂肪中富含有不饱和脂肪酸,为人体所必需,长期食用也不会增加血液中胆固醇含量。火鸡肉蛋白质含量平均达 30.4%,腿部肌肉的蛋白质含量达 34.2%,比牛肉、羊肉、猪肉都高。火鸡以食草为主,肉质鲜嫩,无膻无臭,无药物残留,味道醇厚可口。

5. 国际市场走俏。火鸡肉嫩味美、老少皆宜,既能适应高档餐馆,亦可满足一般家庭需要。在西方发达国家,火鸡每年销量占肉类总销量 20%以上,仅次于牛肉,居第二位。据国际粮农组织统计,德国每年消耗火鸡产品 60 万吨,市场售价 9 欧元/千克;法国每年消耗火鸡产品 70 万吨,市场售价雄性为 16.76 欧元/千克,美国每年消耗火鸡产品 95 万吨,市场售价雄性 19 美元/千克。而我国目前每年消耗火鸡产品不足 1 万吨,平均价格只有 3 美元/千克,市场潜力巨大。

第二节　火鸡的品种

火鸡属大型食草性珍禽,生长快,出肉率高,肉味鲜美。因高蛋白、低脂肪、低胆固醇在西方社会很受欢迎。随着我国人民生活水平的不断提高,我国的火鸡养殖正悄然兴起。但要饲养好火鸡,首先应注意品种选择。世界上当前用于火鸡生产的有 10 多个品种。根据育成程度可分为标准品种,如青铜火鸡、荷兰白色火鸡、波旁红火鸡、那拉根塞火鸡、黑火鸡、石板青火鸡、贝滋维尔小型白色火鸡等;非标准品种,如克里姆逊当火鸡、伯夫火鸡、里塔尼火鸡、野火鸡、罗友泡姆火鸡等;商用品种,如贝蒂纳火鸡、青铜宽胸火鸡、海布里德火鸡、尼古拉斯火鸡等。这里仅择主要的 4 种介绍如下：

一、青铜火鸡

青铜火鸡原产于美洲，是世界上最著名、分布最广的品种，也是我国饲养最早、饲养量最大的一个品种。个体较大，成年火鸡体重 16 千克，母火鸡 9 千克。胸部较宽，羽毛黑色，带红、绿、古铜等色光泽。颈部羽毛深青铜色，翅膀末端有狭窄的黑斑，背羽有黑色边，尾羽末端有白边。雏火鸡腿为黑色，刚孵出的雏火鸡头顶上有 3 条互相平行的黑色条纹，成年火鸡为粉红色。青铜火鸡体质强健，性情活泼，生长迅速，肉质肥美。

公火鸡胸前有黑色的须毛 1 束，头上的皮瘤有红色到紫白色，颈部、喉部、胸部、翅膀基部、腹下部羽毛红绿色并发青铜光泽。翅膀及翼绒下部及副翼羽有白边。母火鸡两侧、翼、尾及腹上部有明显的白条纹。喙端部为深黄色，基部为灰色。母火鸡有就巢性，年产蛋 50~60 枚，蛋重 75~80 克，蛋壳浅褐色带深褐色斑点。

二、尼古拉火鸡

尼古拉火鸡是美国尼古拉火鸡育种公司培育出的商业品种，亦称白羽宽胸火鸡，全身羽毛白色，属重型品种。该品种是从大型青铜火鸡的白羽突变型中选育，并吸收其他火鸡品系特点，经 40 余年培育而成，只有重型一种类型。成年公火鸡体重 22 千克，母火鸡 10 千克左右。29~31 周龄开产，22 周产蛋量 79~92 枚，蛋重 85~90 克，受精率 90% 以上，孵化率 70%~80%，商品代火鸡 24 周龄上市，体重公火鸡为 14 千克，母火鸡为 8 千克。而商品肉用仔火鸡最佳屠宰时间是 12~14 周龄，体重 5~7 千克。

三、白钻石火鸡

该品种由加拿大海布里德火鸡育种公司培育而成。有重型、重中型、中型和小型 4 种类型。中型和重中型是主要类型。32 周龄开产,产蛋期 24 周,不同类型产蛋量有差别,由 84~96 枚不等。平均每羽母火鸡可提供商品代雏火鸡 50~55 只。商品代火鸡的生产性能:小型火鸡 12~14 周龄屠宰体重 4~4.9 千克;中型公火鸡 16~18 周龄体重 7.4~8.5 千克,母火鸡 12~13 周龄体重 3.9~4.4 千克;重型公母火鸡 16~24 周龄体重分别为 10.1~13.5 千克和 8.3~10.1 千克;重中型公母火鸡 16~20 周龄体重分别为 6.7~8.3 千克和 4.4~5.2 千克。

四、贝蒂娜火鸡

贝蒂纳火鸡是由法国贝蒂纳火鸡育种公司培育成的。有小型和重中型 2 种,以肉质佳而著称。小型品种适合于粗放饲养,重中型品种适合于工厂化饲养。

贝蒂纳小型火鸡有白羽和黑羽 2 种,成年公火鸡体重 9 千克,母火鸡 5 千克左右。可自然交配,受精率高,25 周平均产蛋 93.69 枚。商品代火鸡 20 周龄上市,公火鸡体重可达 6.5 千克,母火鸡体重 4.5 千克。该品种肉质优良,味道好。重中型成年体重公母火鸡分别为 21 千克和 7.5 千克。24 周龄平均产蛋 97.3 枚,每只母火鸡可提供 56 只雏火鸡。商品代 14~16 周龄上市。

第三节 火鸡的繁殖

一、火鸡的繁殖特点与配种

1. **性成熟晚** 人工饲养条件下的母火鸡一般在 28~34 周龄时性成熟,公火鸡 30~36 周龄性成熟。一般在性成熟后 3~4 周配种繁殖为宜。

2. **产蛋规律** 每年有 4~6 个产蛋周期,每个周期产蛋 10~20 枚,最多 30 枚;年产蛋 50~100 枚;第二年比第一年少 20%~25%,利用年限 2~5 年,也有利用 4~5 年,但后期产蛋率低,不太经济。

3. **公母比例** 人工饲养条件下,自然配比,公母配比例为 1:8~10;人工授精可扩大到 1:18~20。

4. **孵化期** 火鸡的孵化期为 28 天。

二、火鸡的人工授精

公母火鸡体重差别大,目前火鸡生产中采用人工授精的配种方法较多。火鸡的人工授精技术跟鸡的基本相同,但火鸡个体大,保定困难,精子易衰亡;母火鸡的阴道呈"S"形等。因此,在操作时须特别注意。

(一)公火鸡的准备与训练

公火鸡经 16~18 周龄和 29~30 周龄两次选留之后,在其繁殖季节开始前 1 周对选留的公火鸡进行训练。其方法是:先剪去泄殖腔周围羽毛,以防污染精液。采精者用两手把火鸡捉住,然后用左手从公火鸡的背部前方向尾羽方向按摩数次,以减轻公火鸡的

惊慌,激起其性欲。用此法每天训练 2~3 次,大约 1 周。

(二)采 精

采精时需 2~3 人合作,采精者坐在采精凳上,两腿跨骑在木凳两侧,凳面用软物包裹,以防擦伤火鸡胸部皮肤。保定者将火鸡提起,将其胸部放到采精凳上,两腿垂在凳下,将火鸡双翅和双腿固定好。采精者左手沿着火鸡背部向尾羽方向按摩数次,然后右手拇指与其余四指分跨于泄殖腔两侧按摩,按摩时手势要略重,待引起性冲动,交尾器勃起并从泄殖腔翻出排精时,另一人迅速用集精管吸取精液,或采精杯接取精液,同时继续用左手在泄殖腔两侧挤压,促其射精,再次吸取精液。每次可采精 0.22~0.3 毫升。一只公火鸡一般每周采精 2 次。

(三)输 精

一个人固定母火鸡,双手按住母火鸡翅膀,使其蹲卧在地上,然后两手按摩泄殖腔周围,压迫泄殖腔,促使翻肛。当泄殖腔外翻时,另一人将输精管插入母火鸡体左侧开口内 3 厘米左右处,将精液徐徐注入,保定者即可松手,阴道口即可慢慢缩回泄殖腔内。输精量每次原精液为 0.025 毫升。输精前要进行精液检查,一般要求每毫升精液精子数达 50 亿以上。一只母火鸡一般每周输精 1 次。

(四)人工授精注意事项

1. **输精要及时** 火鸡的精子活力虽强,但衰竭快。所以要现采现输。时间最长不能超过 20~30 分钟,否则会严重影响受精率。

2. **保持精液pH 值和渗透压的正常值** 正常的火鸡精液 pH 值为 7.1,渗透压为 4.02。水、酒精和消毒剂对精子都有损害,所以在操作过程中,所有与精液接触的器械都应该用生理盐水或蒸馏水清洗。

3. **准确掌握输精时机**　火鸡输精后能获得理想受精率的持续时间为 20 天左右。繁殖后期,受精率下降。在生产上,为保持较高受精率,开始输精时,应在 1 周内连续输精 2 次,繁殖前期为每 7~10 天输精 1 次,后期每 5~7 天 1 次。具体输精时间,一般安排在下午大部分母火鸡产蛋后输精,傍晚输精效果较好。

4. **输精动作要小心细致**　母火鸡的阴道呈"S"形,如人工授精时动作粗鲁,会损伤阴道壁。输精完毕应缓缓地放开母火鸡,以免精液流失。

三、火鸡的人工孵化

火鸡的孵化期为 28 天。用孵化机进行人工孵化,包括种蛋的选择、保存、运输、消毒等环节,可参考其他禽类的孵化,这里不再赘述。

(一)孵化条件

1. **温度**　与其他家禽一样,温度是火鸡孵化条件中最重要的条件,由于火鸡蛋中脂肪含量和产热量均高于鸡蛋,所以从全程来看,应该类似于鸭蛋的孵化,其孵化温度应略低于鸡蛋,同时温度应随胚胎日龄的增长而降低。机器里一般放有多批种蛋,所以常采用恒温孵化,即在孵化器中的温度为 37.6~37.8℃,出雏器内的温度是 37.0~37.3℃。

2. **湿度**　孵化器内的适宜空气相对湿度为 60%~65%,出雏器内的空气相对湿度为 65%~75%。孵化室内的空气相对湿度要求为 75%。

3. **通风换气**　胚胎在发育过程中,除最初几天都必须不断地与外界进行气体交换,而且随着胎龄增加而加强。尤其是后期,胚胎以尿囊呼吸转变为肺呼吸,对氧气的需要量就更大了,胚胎发育更加旺盛,产热更多,如果热量散不出来,将严重阻碍胚胎的正常发育,甚至导致死亡。

4. **翻蛋**　主要目的在于改变胚胎方位,防止胚胎粘连,促进羊膜运动。孵化机自动翻蛋每 2 小时 1 次。

5. **凉蛋或喷水**　孵化后期,由于自身温度急剧增加,当发育速度加快时应注意凉蛋,在夏季更应注意凉蛋。凉蛋可刺激胚胎,调整发育速度。方法是:打开孵化器,推出蛋车 2/3,待种蛋表面温度降至 33℃时,可推入继续孵化。凉蛋并非必需的孵化程序,应根据胚胎发育情况。孵化天数、气温及孵化器性能等具体情况灵活掌握。水禽孵化器都有喷水的自动装置,火鸡种蛋多采用此机器。

(二)孵化操作技术

1. **照蛋**　火蛋在孵化过程中需进行 2 次照蛋,头照蛋在第 8~10 天,二照在第 23~24 天。头照是为了剔除无精蛋和死精蛋,二照是剔除死胎蛋。

2. **落盘与出雏**　在孵化到第 24 天时二照,同时就可以直接将蛋盘转移至出雏机,等待出雏。孵化到 26 天后开始啄壳,到第 28 天基本上出雏完毕。要及时将出壳的雏鸡从出雏盘中取出,放在雏鸡盘中。

3. **淋蛋**　落盘 12 小时后,每隔 6 小时淋 1 次,水温 40℃左右,开启自动喷雾装置即可。

4. **带雏消毒**　当出雏机内的雏鸡在出壳超过半数以上时,可用过氧乙酸消毒溶液对正在出的雏火鸡进行熏蒸消毒,按说明把A、B 液配好置于孵化器底部,使其自然挥发。这次消毒有助于预防白痢病。其他特禽在孵化出雏时也可以采取此法消毒。

5. **清洗消毒**　出雏完毕,对出雏器、出雏室彻底冲洗消毒。

第四节　火鸡舍与设备

　　火鸡是一个较为特别的特禽品种,对养殖环境的要求有与普通家鸡不同之处。应根据当地的具体环境气候条件,从实际出发,结合火鸡的特点选择。

一、火鸡舍

(一)基本条件

　　火鸡场应选择地势高燥,排水良好,水电条件具备,远离其他养禽场的地方建造,充分利用地形地势、绿化等行之有效的措施改善鸡舍环境。在一些条件较差的农村,必须将火鸡场建在其他养禽场的上风头,尽量避免空气和粪便的污染。

　　火鸡属神经质动物,对突然的声、像、动作变化而受惊扰,往往会炸群;幼小时的火鸡因惊吓会向一处拥挤,造成压死;较大的火鸡会因惊吓发狂或造成内伤出血而死亡;种火鸡则影响产蛋。为此,在场址选择和环境规划时要注意避免上述的应激因素。合理建造火鸡舍和添置各种设备,创造良好的饲养条件是养好火鸡的先决条件。

(二)火鸡舍类型

　　1. **半密闭式鸡舍**　在建火鸡舍时要认真考虑到火鸡体温高、代谢旺盛和对光线敏感、对光照的控制要求严格等特点。饲养肉用商品火鸡可建造半密闭式火鸡舍。其前侧除门以外应采用半截墙,墙上是通栏窗户,并用铁丝格网封住。这样既可以保持良好的通风和光照,又可防野兽和鸟类进入。在窗外安装塑料卷帘,可以起到保温、通风、控光、防雨等作用。饲养量较大的火鸡舍要安装通风装置,调节舍内温度和空气。

2. 简易棚舍 如用石棉瓦做顶,夏季由于暴晒,棚内温度过高,冬季又不能保温。所以,应根据季节做好防暑和保温工作。

3. 全密闭式 在冬季较寒冷的地区,应建造全密闭式火鸡舍,这种舍的房顶不宜过高,舍内必须安抽风机和湿帘降温系统,以确保冬季防寒保温,夏季通风换气降温。

二、设施用具

火鸡养殖场的设备与其他家禽一样,也需要基本的饲养设施。主要包括供暖设备、给料设备、通风设备以及不同阶段所需的特殊设备。

(一)育雏设备

1. 地面育雏 在事先消毒好的育雏舍地面上铺 10 厘米厚的垫料,用木材或角铁把地面围成 15 米^2 左右的小围栏。

2. 网上平养育雏 需要在离地面 0.6~0.8 米的地方安装架子,铺上金属网,网上加盖一层塑料方格网,同地面平养一样把网上分隔成 15 米^2 左右的小围栏。小围栏的上方悬挂有保温设施如红外线灯或保温伞,保温伞呈圆锥形,直径 1.5 米左右,高约 0.5 米。伞的中心装有电热丝和调节器,具有供温均匀,稳定等优点。

3. 育雏笼育雏 可以充分利用舍内空间,便于管理,提高工作效率。育雏笼由笼架、笼体、料槽、水槽、底网、承粪板组成。一般的育雏笼由 4 层组成,每层分为机头部分和运动场部分,机头部分有照明光源和热源。

4. 饮水器和料桶 1 周龄以内的雏火鸡采食量少,用蛋托或其他简单的饲料盘喂料即可。注意料盘摆放平稳,并保持4~5厘米高的槽边高度。饮水器和料桶应使用雏鸡专用的真空饮水器和自动喂料桶。

(二)育成设备

育成期,不论采用地面平养、网上平养或立体笼养方式,所需设施种类基本与雏火鸡阶段类似,除了保温设施可免去外,所使用的料槽、水槽及空间要比雏火鸡大些。随着火鸡的不断长大,槽的高度也要相应的调整。育成火鸡的体重增加较快,活动量增加,要特别注意各种设备的牢固程度。

(三)种火鸡设备

种火鸡阶段的设备主要包括饮水和给料设备、产蛋箱、挡网、栖架等。

1. **饮水设备** 包括圆形饮水器或水槽。饮水器的尺寸比较大。饮水器放置中要注意避免被火鸡碰翻,并采取围栏等办法防止火鸡进入饮水器内弄脏饮水。

2. **给料设备** 可采用长形料槽或料桶。料槽用铁皮或木材制成。槽口两边向内弯入1~2厘米,料槽上方加一根木棍,防止火鸡足踏入料内弄脏饲料,也可减少饲料的浪费。料桶多用于平养中,由1个圆锥形筒和1个直径比圆锥形桶稍大的浅盘组成,浅盘中部凸起成小圆锥体,圆锥形筒套在凸起的小圆锥体上并且圆锥筒下沿与圆锥体之间有一定的距离,饲料从圆锥筒上方加入,从下沿与圆锥体之间漏出到浅盘中。饲料在浅盘中达到一定的量时,饲料停留在圆锥筒中,火鸡吃掉浅盘中的饲料,圆锥筒内的料就会自动下降,达到一定量时,又自动停止。在大规模舍饲火鸡场,为节省人力,还有链带输送的自动喂料槽。

3. **产蛋箱** 因品种不同而略有差异。一般每组产蛋箱长1.8

米,深约 0.5 米,高 0.5~0.55 米。根据火鸡体形大小,在产蛋箱中间用木板隔成 4~5 个小间。产蛋箱前门下缘设 5 厘米高的门槛,并装设半自动门。母火鸡进入后门自动关闭,不受其他火鸡的干扰。当母火鸡产完蛋,踏出产蛋箱时,前门会随火鸡背部拱抬而重新打开。半自动门的制作可用铁丝加弹簧做成。产蛋箱内要垫干草、木屑或粗糠等垫料,但不能铺得太厚,以免把蛋埋在里边。产蛋箱安置在离地面 8~10 厘米处,背面相连,成排地放在鸡舍中央。一般每 4~5 只火鸡共用 1 个产蛋箱。为防止火鸡夜间进入产蛋箱,用尼龙绳编织成网目约 10 厘米见方的挡网挂在产蛋箱前,网宽为 0.8~1.4 米,长度以产蛋箱通长为宜,悬挂高度以能将母火鸡和产蛋箱隔开为原则。

4. **防止就巢的措施** 为防止母火鸡在产蛋期间停产就巢,促使继续产蛋,应在母火鸡舍一侧设置几个单独的小圈,每个小圈可容纳全群母火鸡的 1%~1.5%。圈内要求光照强度大,光照时间长,周围用遮挡物包围,避免圈内母火鸡看见其他产蛋火鸡和产蛋箱。每个小圈只设料盘、水盘,地面可铺上碎石、木条或其他障碍物。创造条件较差的环境以阻止母火鸡就巢。

第五节　火鸡的营养需要

火鸡是一种生长很快的特禽,饲料营养一定要赶上。其营养主要包括也包括能量、蛋白质、维生素、矿物质等。但不同品种、生长阶段及生产目的(种用或肉用)的火鸡对各种营养物质要求也不同。如育雏期,粗蛋白的要求在 26%~28%;种蛋生产期,对维生素的要求要高,肉用育肥期则要高能高蛋白;种用育成期,则要增加粗纤维的含量,以防生长过快过肥。表 8-1 列出了种用火鸡和商品肉火鸡不同阶段的主要营养需要,即饲养标准。实践中可根据不同阶段的营养标准,结合当地饲料资源配制相应的全价日粮,以满足其生长、生产的需要。

表8-1　火鸡的营养需要

周　龄	粗蛋白质（%）	代谢能（兆焦/千克）	钙（%）	有效磷（%）	蛋氨酸+胱氨酸（%）	赖氨酸（%）	粗纤维（%）
种用火鸡							
0~4	26	11.72	1.2	0.6	1.1	1.6	3~4
5~8	22.0	11.92	1.0	0.50	1.0	1.5	4~5
9~16	20.0	12.13	0.85	0.32	0.75	1.3	6~8
17~27	18.0	12.55	0.65	0.32	0.55	0.7	8~10
28~43	16.0	11.0	2.25	0.35	0.50	0.7	4~6
44~72	14.0	12.13	2.25	0.35	0.50	0.7	4~6
肉用火鸡							
0~4	26	11.72	1.2	0.6	1.1	1.6	3~4
5~8	24	11.92	1.0	0.5	1.0	1.5	4~5
9~12	22	12.54	0.85	0.45	0.8	1.3	5~6
13~16	19	12.96	0.75	0.40	0.7	1.0	5~6
17~20	16	13.39	0.65	0.35	0.6	0.8	5~6

第六节　火鸡的饲养管理

一、火鸡饲养阶段的划分

火鸡的饲养管理主要分不同阶段,种用火鸡分育雏期(0~8

周龄)、育成期(9~27 周龄)、产蛋期(28~72 周龄),商品肉用火鸡分育雏期(0~8 周龄)、生长期(9~16 周龄)、育肥期(17~20 周龄)。

二、雏火鸡的饲养管理

雏火鸡一般是指 0~8 周龄生长期的火鸡,是火鸡饲养中比较难的一个阶段。

(一)育雏方式

有平面育雏、网上育雏或立体育雏等方式。可结合实际情况而选择适宜的育雏方式。

(二)饲养管理要求

1. **温度** 雏火鸡对体温的调节功能不强,消化吸收能力弱,必须用人工控温。1 周龄育雏,温度要求保持在 35~38℃,以后每周降低 2℃左右。最终室温要求保持在 20~23℃。控温时切忌温压太大。温度适宜时,雏火鸡行为活泼,饮水适度,均匀地分散在热源周围,若饮水频繁,远离热源,则说明温度偏高;若密集成堆,靠拢热源,说明温度偏低。

2. **光照** 适宜的光照会促进雏火鸡的生长发育。育雏阶段的光照时间、照度应逐渐缩短、减弱,6~8 周龄时,每日光照由 24 小时减至不超过 14 小时。照度以 5~25 勒为宜,光源高度 1.5~2 米,光源间隔为高度的 1.5 倍。光照过强,容易惊群,活动量增大,易发生啄羽、啄肛等恶癖。

3. **通风** 雏火鸡代谢旺盛,呼吸快,生长发育迅速,排泄量也大。若通风不良,舍内有害气体急剧上升,影响雏火鸡的生长发育。因此,舍内必须保证空气流通。

4. **密度**　合理饲养密度是保证雏火鸡健康生长、良好发育的基本条件。密度过大影响采食,导致相互践踏,影响生长发育,增加死亡;密度过小,房舍、设备使用率低,造成浪费。大致密度为:1~2 周龄 20~30 只/米^2;3~6 周龄 10 只/米^2;7~9 周龄 4~8 只/米^2。但具体饲养密度,还应根据饲养品种及饲养方法而定。

5. **湿度**　一般来说,育雏室的空气相对湿度以 60%为佳。湿度过高,则雏火鸡体内水分蒸发及散热困难,过低则易脱水。湿度适宜时,食欲旺盛。在正常情况下湿度较易控制,当种群患病时,少数情况下伴有下痢。此时,一方面要勤换垫料,同时也因为换垫料时对地面的冲洗,导致湿度增加。因此,在冲洗地面后,用生石灰对地面进行干燥,同时还可起到消毒作用,但多余的生石灰应及时清扫掉。

（三）注意事项

除了及时对雏火鸡进行开食、饮水训练外,断喙是一项重要工作。断喙的主要目的是为了有效地防止啄癖,一般在 10~14 日龄进行。即用断喙器或剪刀断去 1/2 上喙和 1/3 下喙,使上喙短、下喙长。断喙前要喂一些维生素 K,以促进凝血,每千克饲料中加 5毫克,断喙后须加满饲料,以便采食。

三、育成火鸡的饲养管理

火鸡的育成期一般指 9~27 周龄。这一时期剩下的火鸡都是自然选择的结果．在自然或人力帮助下经历过了多种疾病的洗礼,故适应性强,对饲养管理要求也粗放一些,成活率也较高,但饲养管理水平直接关系到其经济性状的表达。同时由于增重快,体重大,网上或笼上饲养已不适合,容易产生胸部囊肿及腿病,所以一般采用地面平养方式。根据其生长发育规律和生产需要,可分为两个阶段:9~16 周龄为幼火鸡阶段;17~27 周龄为青年火鸡阶段。

1. **饲养方式**　一般采用舍饲。也可采用舍牧结合或放牧饲养。不同的饲养方式各有利弊,应根据具体情况选择。

2. **光照控制**　幼火鸡阶段,公母火鸡都可采用 14 小时连续光照,光照强度为 15~20 勒。

3. **饲养密度**　舍饲幼火鸡饲养密度不能过大,一般大型火鸡每平方米饲养 2~5 只。

4. **幼火鸡放牧饲养**　8 周龄以后的幼火鸡体质较强,活动性和觅食能力也较强,可开始放牧。刚开始时间可以短一些,每天上、下午各放牧 1 次,每次 1.5 小时。1~2 周后可以增到每天放牧 5~6 小时,上、下午各放牧 1 次,中午休息。夏季要选择背阴的放牧地,避开直射日光。冬季宜迟放早收,找向阳的牧地和坡地。春、秋季应先放到田间觅食收获剩落的谷物,吃饱后再放青草地。

5. **青年火鸡饲养**　火鸡在这一阶段生长速度逐渐减慢,体内开始沉积脂肪,并逐渐达到性成熟,羽毛也逐渐丰满,对外界环境的适应性很强。饲养管理应根据生产需要进行调整。调整的方向有种用和肉用两种,对肉用火鸡集中饲养可达到在短期内催肥并上市销售的目的。对种用火鸡应进行限喂,防止过肥,推迟性成熟,使开产期趋向一致,使种蛋合格率提高,既可提高火鸡的种用价值,又利于生产管理。

青年母火鸡对光照特别敏感。如对其不断增加光照时间,会使母火鸡早熟、早产、蛋小、早衰。而青年公火鸡对光照刺激并不敏感,对其光照控制并不十分重要。所以,这一阶段母火鸡的光照原则是逐渐缩短。通常光照时间以 8 小时、光照强度以 10 勒左右为宜。

四、产蛋期火鸡的饲养管理

产蛋期一般指 28 周龄到产蛋结束。火鸡 28~30 周龄开始产蛋,55~72 周龄产蛋结束。产蛋期饲养管理的好坏,是关系能否充分发挥遗传潜力、获得理想生产性状、达到较高经济效益的关键。

对舍饲火鸡,一般将温度控制在 10~24℃,空气相对湿度保持在 55%~60%即可。在高温高湿季节,要注童调节通风。正常的光照程序能保持母火鸡产蛋持续性,减少抱窝。28~43 周龄要求光照时间 14 小时;44~55 周龄增至 16 小时。光照强度最低不少于 50 勒。对公火鸡一般采用 12 小时连续光照,光照强度在 10 勒以下。这样可使公火鸡保持安静,减少火鸡之间的争斗,提高精液品质和授精率,延长公火鸡使用时间。饲养密度一般为:公火鸡 1.2~1.5 只/米²,母火鸡 1.5~2 只/米²。产蛋期火鸡一定要按其营养需要喂给配合饲料。但由于体形与产蛋水平有很大差异,所以还要根据实际情况喂给。另外,对产蛋母火鸡必须保证供应清洁充足的饮水。刚开产的母火鸡窝外蛋比较多,要及时收集。收窝内蛋要勤,可防止蛋被压碎及母火鸡就巢。防止就巢也是产蛋期火鸡饲养管理的重要措施之一。

五、商品肉用火鸡的饲养管理

肉用火鸡又称商品火鸡,具有生长快、耗料少、产肉多、上市早、效益高等特点。其饲养方式、育雏、生长及育肥阶段的环境要求、饲养密度与种火鸡类似,主要区别是营养标准的区别。在此不再赘述。

第七节 火鸡主要疾病的防治

一、新城疫

新城疫是一种高度接触性传染病,除鸭和鹅外,大多数禽类都会受到感染而发生新城疫。主要特征是呼吸困难,下痢,神经素乱,黏膜和浆膜出血。各种年龄的火鸡都会发病,引起的损失较大。

【病　原】 病原为新城疫病毒。

【症　状】 根据临床症状可分为最急性、急性、亚急性和慢性型。

1. **最急性型** 突然发病,病程较短,往往看不到任何症状就突然死亡。

2. **急性型** 病火鸡咳嗽,流黏液样鼻涕,呼吸困难,昏睡,翅膀下垂,转圈,神经紊乱,口腔内有暗灰色酸臭液体。

3. **亚急性型** 病火鸡出现神经症状,腿、翅麻痹,死亡率较低。

4. **慢性型** 往往表现为散发,个别死亡。

【病　变】 病变部位主要是消化系统和呼吸系统。消化道可见出血、坏死等病变。鼻腔、喉头、气管都可见炎症表现。

【防　治】 采取综合的兽医卫生防疫措施,对杜绝该病的传播非常重要。用鸡新城疫支气管炎二联疫苗免疫火鸡,可有效地预防本病的发生。有条件时应测定火鸡血清抗体水平情况,根据抗体高低确定免疫时机。无条件检测抗体时,可于雏火鸡 7~10 天第一次免疫,5 周龄第二次免疫,9 周龄第三次免疫,以后每 3 个月免疫 1 次。

二、支原体病

本病是一种广泛存在于世界各地、各种日龄火鸡均可发生的传染性疾病。既可经种蛋垂直传播,也可通过交配、空气、人员、设备等一些直接和间接接触水平传播。

【病 原】 本病由火鸡支原体引起。不同株支原体抗原性稍有差异,其致病力也各不相同。

【症 状】 成年火鸡往往是带菌火鸡群,感染而不表现明显症状,但其生长速度、产蛋率、受精率、孵化率和健雏率都比支原体阳性率较低或无支原体的火鸡群低。当饲养管理不善,环境条件变劣以及有其他应激因素存在时,会出现生产性能的进一步下降和精神委顿、采食量下降等一般症状。大多数疾病症状出现在6周龄以下的雏火鸡,主要表现为生长发育不良,身体矮小,增重速度降低;出现气囊炎的一些症状;颈椎变形,歪脖;腿部出现症状,跗跖骨弯曲、扭转、变短,跗关节肿大。

【病 变】 支原体阳性率较高的火鸡群其所产种蛋多在孵化后期出现死亡,死胚及出壳火鸡胸气囊可见浑浊和纤维索性斑点。6周龄以下的发病雏火鸡胸、腹气囊均严重浑浊,有炎症表现,气囊壁增厚,并有黄色纤维样或干酪样物。成年火鸡往往见不到干酪样病变。

【防 治】

1. **抗生素治疗** 可选用泰乐菌素、庆大霉素、林可霉素、壮观霉素、金霉素及链霉素等。

2. **鸡群净化** 对来自无病原种火鸡群的新培养的青年种火鸡,4月龄检查1次(数量为总火鸡数的10%),间隔90天内再检查1次,使用血清平板法,随时淘汰阳性火鸡,以建立净化火鸡群。对种蛋可考虑用浸蛋法和种蛋孵化前的热处理杀死蛋内的支原体,但会影响孵化率。

3. **疫苗免疫** 目前已有灭活苗和弱毒苗用于生产,预防本病有一定的效果。种火鸡注射灭活苗可减少经蛋传递。

有条件的最好分离菌株通过药敏试验,选择效果最佳的药物。应当注意,使用任何药物,都不可能消除火鸡的带菌现象。

三、黑头病(盲肠肝炎)

【病　原】　盲肠肝炎是由一种组织滴虫引起的急性传染病。

【症　状】　病鸡精神沉郁,食欲废绝,羽毛粗乱,两翅下垂,常常把头伸在翼下,行走呈踩高跷步态,排黄色水样便,病情严重时粪便带血或全血便,盲肠肿大、溃疡,肝脏肿大,表面有淡黄或浅白色斑点。

【防　治】　火鸡场不得同时养鸡,这是根本的控制预防措施。火鸡不能在同一场地上饲养 2 年以上,不同年龄的火鸡应分开饲养。自然光照是杀灭虫卵的好办法,还可增强鸡体的抵抗力。避免发生局部湿度过大或粪便堆积的现象。

四、禽 霍 乱

【病　原】　本病由巴氏杆菌引起。

【症　状】　暴发初期,常有最急性型,几乎看不到任何症状即突然死亡,此种病例常出现在早上开料时,尤以肥胖的火鸡发生较多。一般的症状为精神萎靡不振,排绿色或灰黄色粪便,离群不爱活动,冠和肉髯、皮瘤呈青紫色并肿胀,慢性过程表现为肉髯皮瘤肿大,关节发炎,跛行,病程可拖延 1~2 个月。

【防　治】　可对火鸡群注射疫苗预防。在 8~10 周龄时,用霍乱疫苗肌注,在 12~15 周龄时,再接种 1 次。发生本病后,立即对病鸡进行隔离治疗以及采取消毒等综合性措施,对鸡舍、用具等可用3%来苏儿或5%漂白粉等药液进行消毒。病禽尸体一律销毁或深埋。

治疗可选用下列药物:土霉素,按0.05%~0.1%混饲,连喂5~7天。磺胺二甲基嘧啶,按0.5%~1%混饲,连喂5~7天。金霉索,按每千克体重40微克,连喂3天。红霉素,对本病也有治疗效果。

五、出血性肠炎

本病是火鸡的常见病,世界各地都有发生,所有火鸡群在饲养过程中的一定阶段都要受到感染。主要发生在6~14周龄的火鸡,以7~9周龄晨为常见。本病的特点是突然发病,迅速死亡,死亡率高,还可以引起免疫抑制。

【病 原】 火鸡出血性肠炎病毒属于禽腺病毒Ⅱ群。该病毒无囊膜,其毒株有很多种,毒力各不相同,某种毒株导致死亡的能力也相对稳定,但各毒株的抗原性是一致的。

【症 状】 火鸡出血性肠炎常因病毒毒株的不同而在临床表现上有较大差别,死亡率也从1%~60%不等。一般毒力的毒株感染,可能在较短时间内造成少数火鸡突然死亡,而大群火鸡基本无症状表现。中等毒力或强毒株感染,引起火鸡急性发病,出现血便。发病的雏火鸡往往在几小时内突然死亡或完全康复。肛门周围常附着黑红色到深褐色血便。在腹部稍用力挤压,可从肛门挤出带血液粪便。

【病 变】 肠道广泛性出血和脾脏肿大是本病的特征性病变。肠道扩张,肠壁中度充血,呈黑红色,肠道内充满红色到褐色血液。脾脏肿大,颜色发暗,质脆易碎,呈大理石状或斑驳样。也可看到内脏器官苍白,肺充血,肝脏肿大和各种组织的出血斑。

【防　治】　病毒经粪便排出,粪便被吞食或通过垫料、饲料、饮水及其他途径传染给另外的火鸡,是造成本病的迅速蔓延和扩散的主要原因。因此,加强兽医卫生防疫工作,做好隔离和消毒,是控制本病的重要手段。对发病火鸡可皮下注射康复火鸡群的阳性抗血清,每只火鸡 0.5~1 毫升。

六、副 伤 寒

【病　原】　包括多种类型的沙门氏菌,其中以鼠伤寒沙门氏菌最为常见。

【症　状】　雏火鸡常以急性败血型为主,在孵出后不久或几日内即可死亡,无明显症状。此病多系带菌卵或在孵化器内感染所致。出壳 10 天以上的病火鸡主要表现呆立,垂头闭眼,两翅下垂,羽毛蓬松,怕冷而互相拥挤或靠近热源处,食欲显著减少或废绝。口渴,排水样稀粪,肛门周围常被稀粪沾污。病程 1~4 天。死亡率 10%~80% 不等,大量死亡常发生在夜间。1 月龄以上火鸡有较强抵抗力,死亡率较低。成年火鸡一般无明显症状,成为慢性带菌者。

【防　治】　药物治疗可降低病死率,控制本病的发展和扩散,但治愈后的火鸡可成为长期带菌者。大群治疗可选用以下药物:在粉料中添加 0.5% 磺胺嘧啶或磺胺二甲基嘧啶,连喂 3 天后剂量减半再喂 3 天。火鸡对磺胺类药物较敏感,易引起中毒,不能长期连续服用。金霉素、土霉衰、链霉素、庆大霉素对本病均有效。平时要加强环境卫生和消毒工作,防止污染饲料和饮水,应经常对动物性蛋白质补充料进行检验和无害化处理。加强种蛋和孵化育雏用具的清洁、消毒。孵化室、育雏室要做好灭鼠灭蝇工作。不要将不同火鸡群的雏鸡和种蛋混在一起,也不要将不同日龄、品种的火鸡混养。

第九章
野鸭养殖

第一节 概　述

一、野鸭的生产现状

　　野鸭又称大绿头、大麻鸭,大红腿鸭、野鹜、水鸭,是一种候鸟,是家鸭的祖先,善于游泳和飞行,常栖息于河流、湖泊、苇塘等处,以鱼、虾、螺、蚌、水草、种子等为食。野鸭是各种野生鸭的通称,亦称绿头鸭或绿头野鸭,在分类学上属鸟纲、雁形目、鸭科、河鸭属,目前人工饲养的野鸭基本上都是由野生绿头鸭经人工驯化、杂交或导入一些家鸭血统而育成的。绿头鸭分布很广,亚洲、非洲、欧洲、美洲均有饲养。

　　我国是世界上野鸭最早驯化地,在距今 2 500～3 000 年,我国南北很多地方已将野鸭驯化为家养。古籍《尔雅》中记载有"凫"和"鹜"。凫,指的是野鸭;鹜,说的是家鸭。春秋战国古籍《吴地志》记有"吴王筑城养鸭,周围数十里",说明我国当时已驯化野鸭为家养。野鸭在欧洲驯化的时间稍晚于我国。在古罗马时代,人们常猎取野鸭供食用和取乐。

目前，世界上很多国家都驯养培育出自己国家的家养野鸭，如德国野鸭、美国野鸭。野鸭肉的瘦肉率高且有特殊的香味，但是，随着野鸭家养代次的增加，这种野香味会逐渐淡化。20 世纪 80 年代开始，我国先后以德国和美国引进数批绿头野鸭，进行繁殖、饲养、推广，成为我国各地开发特禽养殖的新项目。近年来，在广州、南昌、上海、南京、北京、成都等地都已形成了绿头野鸭的繁殖生产基地。以广东、江苏、浙江、安徽和江西等省饲养较多，全国年消费量达 2 亿只。随着市场的扩展和人们进一步对绿头野鸭的接受，绿头野鸭不仅在国内市场包括港澳地区大有销路，而且是日本、西欧等国际市场消费的一个新热点。

二、野鸭的体貌特征

野鸭外貌与野生绿头鸭相似，无论公或母野鸭两翅膀上均有蓝色闪光的翼斑，其前后均有白色镶边。这也是品种特征之一。野鸭体形比家鸭轻盈得多，翅膀较家鸭长，善飞翔，其腹线与地面平行。

1. **雏野鸭**　出壳雏鸭背部绒毛黑褐色，杂一些淡黄色斑点，腹部绒毛稍带黄色，嘴与足呈黑黄色，出壳绒毛干后活泼灵活。

2. **公野鸭**　成年公野鸭头颈绿色，因此而得名绿头鸭。最典型特征是有一狭窄的白色颈环，与深棕色胸部分隔开，体形较大，体长 55~60 厘米，体重 1.2~1.4 千克；喙褐色或青褐色，少数黄色。头和颈暗绿色带金属光泽，颈下有白色环纹与栗色的胸部相分隔。体羽棕灰色带灰色斑纹，胁腹灰白色，有灰褐色小斑。翼羽暗蓝或紫色，前后镶以黑边，其中又有一白色带。臀部与尾部黑色，尾羽外周缀有白边，尾羽中央 3~4 根黑色并向上卷曲如钩状的羽毛，是公野鸭特有的羽毛，可据此鉴别公母。足蹼为褐色或黄色。夏季公野鸭的羽毛有短时间的褪色,变成近似母鸭的羽毛,但经过一个多月后,又会复原。

3. **母野鸭**　成年母鸭体长 50～56 厘米,体重 1 000 克左右。一致的棕色羽毛,头与腹部色较淡,身体杂有黑色斑点,尾部羽毛亦缀有白色。尾羽与家鸭相似,尾羽淡褐,羽缘淡黄,但羽毛亮而紧凑。有大小不等的圆形白麻花纹。足蹼橙黄色,爪黑色。

三、野鸭的生物学特性

1. **候鸟习性**　在自然条件下,野鸭秋天南迁越冬,在我国则常在长江流域及其以南地区越冬;春末从我国华北迁至我国东北,到达内蒙古、新疆以及俄罗斯等地。

2. **合群性**　人工驯养的野鸭与野生的祖先一样,喜欢结群活动和群栖,经过训练的野鸭群可以招之即来,挥之即去。野生的野鸭夏季常以小群栖息于水生植物茂盛的淡水河流、湖泊和沼泽。秋季脱换羽毛及迁移时,常集结成数百以至千余只的大群,越冬时集结成百余只的鸭群栖息。

3. **喜水性**　野鸭喜欢生活在河流、湖泊、水中游泳和戏水,游泳时尾露出水面,并在水中觅食嬉戏和求偶交配,平时也喜欢在水中活动,因此,在人工饲养的情况下要注意有合适的水面以满足野鸭的生活习性。

4. **飞翔能力强**　绿头野鸭翅膀强健,善于长途飞行,飞翔能力强,秋季南迁越冬,春末北迁。人工驯养的野鸭,仍保持其飞翔特性,野鸭 70 日龄后,翅膀飞羽长齐,不仅能从陆地起飞,还能从水面直接起飞,飞翔较远。人工集约化养殖时,要注意防止野鸭的飞翔外逃,可在出雏后断翅,也可剪翼羽。10 周龄左右也是野鸭野性发作的时期,表现烦躁不安,飞跃、跳跃,所以家养野鸭要配有天网,防止逃逸。

5. 敏感性　野鸭富神经质,性急胆小,易受突然的刺激而惊群。野鸭在自然状态下由于胆小、自卫能力差,始终保持着高度的警觉性,对异常的声响和动静有高度的敏感性。驯养的野鸭尚存在这种敏感性,在饲养过程中如果经常出现异常的响动,会影响野鸭的健康和生长。

6. 杂食性　野鸭食性广而杂,常采食的野生动物性饲料有小鱼、小虾、甲壳类动物、昆虫等,植物饲料包括各种植物的种子、鲜嫩的茎叶、藻类和谷物等。

7. 鸣叫　野鸭声音响亮,与家鸭极为相似。过去猎人常用绿头野鸭和家鸭的自然杂交后代作"媒鸭",利用其与野鸭相同的鸣叫声音诱捕飞来的野鸭群。

8. 就巢性　野鸭在越冬结群期间就已开始配对繁殖,一年有两季产蛋,春季 3~5 月为主产蛋期,秋季 10~11 月再产一批蛋。野鸭多筑巢产蛋和孵蛋,也有的利用水边树上的弃巢产蛋和孵蛋。野鸭的营巢条件多样化,常筑巢于湖泊、河流沿岸的杂草垛或蒲苇滩的旱地上,或堤岸附近的穴洞里,或大树的树木权间以及倒木的凹陷处,巢由本身的绒羽、干草、蒲苇的茎叶等搭成。一般每窝产蛋 10 枚左右。公野鸭不参与抱卵,而是去结群换羽,交配繁殖期后与母野鸭分离,越冬期另选配偶。

9. 适应性强　野鸭不怕炎热和寒冷,在−25~40℃范围都能生存,适应性广,在 10℃ 左右的气温时仍可保持高的产蛋率。野鸭抗病力强,疾病发生少,成活率高,有利于集约化饲养。

四、野鸭的经济价值

野鸭是重要的特种经济水禽,肉味鲜美,无腥味,营养丰富,脂肪少,蛋白质含量高,因而在国内外市场上非常畅销。仅上海市场每年消费掉的绿头鸭就达 400 多万只。北京、广东、福建、浙江、江西、江苏、安徽等省、直辖市的需求量极大。

1. **食用价值高，肉的风味好** 绿头野鸭肉质鲜嫩，富含营养，胸腿肌肉丰富，肌纤维细，清香滑嫩，野香味浓，特别是没有家鸭的腥味，有一种特殊香味，野味浓厚，被视为野味中之上品。

2. **瘦肉率高，营养独特** 野鸭的胸部和腿部肌肉占体重的28%左右，皮下脂肪的含量明显比家鸭少。12周龄的美国绿头野鸭屠宰率为90%，全净膛率达80%，每100克可食部分中含蛋白质21克，脂肪4.3克。据《本草纲目》记载，野鸭肉性甘、凉无毒，补中益气，平胃消食，是男女老少春夏秋冬皆宜进补的传统滋补佳品。据检测，野鸭富含人体所必需的氨基酸及微量元素，其中赖氨酸、亮氨酸、天门冬氨酸，其含量比一般家禽高30%。野鸭肌体中丰富的谷氨酸决定了野鸭肉的鲜美无比。

3. **生长速度快，饲料报酬高** 野鸭是一种适应性强、食性广、耐粗饲、易饲养的特禽。在良好的营养与饲养管理下，生长速度快，饲料报酬高，60~70日龄体重可达到1500克，料肉比为1：2.5~2.8。

4. **繁殖力强** 种用绿头野鸭性成熟早，145日龄即可开始产蛋，全年产蛋期长达9个月。在我国南方地区，春孵的绿头野鸭，在当年10月产蛋，冬季不休产，可连续产蛋到第2年6月末才结束，年产蛋可达120~150枚，种蛋受精率在90%以上。

5. **羽毛质量好** 野鸭羽毛轻而柔软，富有弹性，保暖性强，可供填充羽绒。羽毛鲜艳，有多种作为商品用的彩色羽毛，尤其是春季羽色更是鲜艳夺目，适用于制作帽饰和其他装饰工艺品。

6. **经济效益高** 野鸭是一种适应性强、食性广、耐粗饲、疾病少、容易饲养的特禽，发展野鸭养殖具有投资省、见效快、收益高的特点，是农户养殖致富的捷径。目前，商品肉用绿头野鸭养殖成本每只25元左右，而市场售价在30~35元，每只可盈利10元左右，经济效益十分显著。

五、野鸭的品种

我国野鸭资源很丰富,有 10 多个亚种。除绿头野鸭外还有斑嘴鸭、琵嘴鸭、赤颈鸭、绿翅鸭、赤翅鸭、白眉鸭、针尾鸭等多个品种。目前,在生产中饲养的主要有如下 5 种。

(一)绿头野鸭

绿头野鸭与家鸭亲缘关系最近,产于我国东北地区,体形肥大,公野鸭体重 1 120 ~ 1 150 克,母野鸭体重 1 130 ~ 1 160 克,每窝产蛋 10 个左右,蛋壳白色略带肉色,蛋重 48.5 ~ 55 克。经过人工驯养后,它基本失去飞翔、筑巢、就巢、带雏的本能,但肉质、风味并未下降。

(二)美国野鸭

美国野鸭形态特征与绿头野鸭相似,以肉质鲜美、生长速度快而著称。成年体重公野鸭 1 600 克,母野鸭 1 400 克。公野鸭性成熟期约 150 日龄,母野鸭平均 150 ~ 160 日龄开产,年产蛋量 100 ~ 150 个,高产个体可达 200 个以上。美国野鸭繁殖季节性很强,一年分两个产蛋期,第一个产蛋期为 2 ~ 6 月份,产蛋量占全年产蛋量的 70% ~ 80%;第二个产蛋期在 8 ~ 10 月份,产蛋量约占全年产蛋量的 30%。蛋重 55 ~ 60 克,蛋壳呈青色。

(三)德国野鸭

德国野鸭是由德国奥斯特公司培育而成的著名品种,其体形、外貌、羽色和绿头野鸭很相似,有一定的飞翔能力和窜逃特性,能潜水 3 ~ 5 米深。雏野鸭全身为黑色绒羽,眼、肩、背,腹部相间有淡黄色绒羽,喙、足灰色,爪黄色。我国于 1980 年引进该品种野鸭种蛋,进行孵化、饲养、推广,经系统选育后,生产性能有所提高,开产日龄由原来的 210 日龄缩短至 165 日龄,年产蛋量由 60 枚提高到 104 枚。肉仔鸭 70 日龄平均体重由 1 100 克增至 1 400 克,但伴随的是肉质有所下降。

(四)鄱阳湖野鸭

鄱阳湖野鸭是江西鄱阳湖周边的居民将在湖周围栖息的绿头野鸭捕获后驯养成的。公野鸭体重约 1 400 克、母野鸭约 1 250 克,135 日龄开产,年产蛋量约 100 枚,蛋壳青色,仔野鸭 10 周龄体重约 1 250 克。

(五)媒　鸭

媒鸭是我国江苏、浙江等沿江湖一带的特定水域条件下形成的鸭种。是鹜鸭与当地小型蛋鸭自然杂交而成的,因其外形和叫声酷似野鸭,并常用来诱捕狩猎外来的野鸭,因此而得名。该品种易驯养,产蛋量可高达 200 枚以上,其肉兼具家鸭和野鸭的特点,很受当地市场欢迎。

第二节　野鸭的繁殖

一、野鸭的繁殖特点

1. **就巢行为**　野鸭在野生状态下具有抱窝的习性,孵化靠母鸭自孵。而在家养条件下,环境变化,种野鸭没有明显的就巢性,故不能抱窝,需采用人工孵化,孵化期为 27～28 天。

2. **性成熟期**　绿头野鸭性成熟较早,公鸭 110～120 日龄便出现青头,开始性成熟,母野鸭在 150～160 日龄。由于各地家养野鸭的种源不同,饲养管理方式和水平不尽相同,因而性成熟的时间也有差异。年产蛋量100~150个,高产者可达200个以上。蛋重55~65克,蛋壳为青色。

3. **交配行为**　自然交配,没有专一性,交配随兴而做,可在陆地上,也可在水面上,但多数在水面上交配。公野鸭每只每日可与8~30只母野鸭交配,但一般种野鸭的公母配比以1∶8~10为宜。

4. **繁殖季节**　野鸭产蛋集中在3~6月份,产蛋量占全年产蛋量的70%~80%,种蛋受精率可达90%以上,第二个产蛋高峰9~11月份,产蛋量只占全年蛋量的30%,种蛋的受精率为85%左右。

5. **产蛋行为**　产蛋时间与家鸭类似,多在凌晨1~4时,且喜产在干爽、松软、凹陷的草窝或沙窝内,亦有随地产蛋的。野鸭产蛋具有间歇性,除换羽外,一年四季均可产蛋。一般春天孵出的绿头野鸭,在当年10月开产,冬季不休产,可连续产蛋到第2年6月末才结束。秋天孵出的绿头野鸭,则到第2年的3月产蛋,到夏季日平均气温达到30℃时开始休产,随后在9~11月又第二次产蛋。

二、野鸭的人工孵化

野鸭需要人工孵化,如果没有条件购置孵化设备,就要采取炕坊或摊床孵化的传统孵化方式。

1. **种蛋的选择和保存**　种蛋来源于健康、高产、公母配偶比例适当的野鸭群。种蛋要求新鲜,保存时间最好不超过7天,蛋壳要结构致密、厚薄适度、蛋壳清洁,蛋重50~57克,保存温度在18~20℃。

2. **种蛋的消毒**　野鸭种蛋的消毒一般不少于2次,即收集回到蛋库时第一次消毒,入孵到孵化器时第二次消毒。消毒方法采用福尔马林和高锰酸钾熏蒸消毒,按每立方米体积7.5克高锰酸钾,15毫升福尔马林,熏蒸25~30分钟。

3. **孵化温度和湿度**　野鸭的孵化温度应比相同胚龄的家鸭约低 0.5℃，并要求看胎施温，使用变温孵化，以满足胚胎发育的需要。野鸭孵化的具体温度为：1~15 天为 38~37.5℃，16~25 天为 37.5~37.2℃，26~28 天为 37.2~37℃。空气相对湿度孵化 1~15 天为 65%~70%，16~25 天可降至 60%~65%，26~28 天应提高到 65%~70%。

4. **通风和翻蛋**　在不影响孵化温度和湿度的情况下，应注意通风换气。在孵化过程中蛋周围空气中的二氧化碳含量不能超过 0.5%。要求每 3 小时翻蛋 1 次，孵化至 26 天转入出雏器内停止翻蛋。

5. **凉蛋**　野鸭蛋脂肪含量高，孵化至 14 天由于脂肪代谢增强，蛋温急剧增高，对空气的需要量增加，必须向外排出多余的热量和保持足够的新鲜空气。每天应凉蛋 1~2 次，孵化后期如不注意凉蛋，蛋温就会过高，不仅影响胚胎发育，而且可能"烧死"胚蛋。夏季室温高，孵化后期的胚蛋，蛋面温度达 39℃ 以上，仅靠通风凉蛋不能解决问题，应喷水降温，将 25~30℃ 的温水喷雾在蛋面上，使蛋表面见有露珠即可，以便提高孵化率和出雏率。

第三节　野鸭的营养需要

一、野鸭的营养需要特点

野鸭耐粗饲，可减少谷类饲料和动物性饲料，适当增加糠麸类、水草和青绿饲料，以保持野生状态时的习性。但不能缺少矿物质和维生素，这样可使野鸭长成大骨架。对培育作种用的野鸭应限制其饲喂量，不能使其体重过大、过肥，以免体内脂肪迅速积累。对于肉用商品野鸭在育成期应隔离饲养，增加蛋白质饲料，增加饲喂次数。

二、野鸭的饲养标准

野鸭各阶段的营养需要,目前尚无统一的标准。都是根据各地的情况,参照家鸭的饲养标准拟订。表9-1列出了野鸭不同阶段的营养需要,供参考。

表9-1　野鸭的营养需要

周　龄	粗蛋白质 (%)	代谢能 (兆焦/千克)	钙 (%)	有效磷 (%)	粗纤维 (%)
种用野鸭					
0~2	21.0	12.54	0.9	0.5	3.0
3~5	19.0	12.12	1.0	0.5	4.0
6~10	16.0	11.50	1.0	0.6	6.0
11~16	14.0	10.45	1.0	0.6	11.0
17~20	15.0	11.29	1.0	0.6	11.0
21~43	18.0	11.50	3.0	0.7	5.0
44~72	17.0	11.29	3.2	0.7	5.0
肉用野鸭					
0~2	22.0	12.54	0.9	0.5	3.0
3~5	20.0	11.70	1.0	0.5	4.0
6~10	15.0	11.29	1.0	0.5	8.0
11~13	16.0	11.70	1.0	0.5	4.0

第四节 野鸭的饲养管理

一、野鸭饲养场地要求及建设

(一)场地要求

1. **具备开阔的水域和茂盛的水草** 野鸭是会飞翔的水禽,虽然商品生产无水面也可养殖,但其品质肯定比有水养殖的差。为了使绿头野鸭在人工集约化饲养条件下仍保持野生习性、防止退化,养殖场地最好选择在有开阔的水域、水草茂盛的地方。无天然水源的地方可采用运动场和人工水池的办法开辟水域,陆地上适当种植乔木或灌木,以利遮阴。或结合养鱼开展野鸭的饲养。临近水源处建舍,多为半敞开式鸭舍,舍外有运动场和水面。每间鸭舍长 6 米,宽 4 米,高 2.5 米,鸭舍、运动场、水面三者的面积比为 1∶2∶3。

2. **防疫条件好** 饲养场地要远离居民区,周围环境安全,交通方便,防疫卫生条件好。所修建的鸭舍应背风向阳,土壤排水良好,以沙壤地为宜,使房舍及环境都能保持干燥卫生,减少病原污染。

(二)场舍建设

1. **防飞网** 野鸭 50 日龄时翼羽基本长齐,开始学飞,必须在运动场和水面周围、顶部架设金属或尼龙网罩,网目以 2 厘米×2 厘米为宜,以防飞蹿。拦水竹竿或金属网要深及河底,以防潜逃。

2. **鸭舍** 可分为种鸭舍和育成鸭舍,如育雏量大则要求配置育雏室。鸭舍的地面和墙面要便于冲洗,最好是水泥地面,并设有小水池。地面要有一定的倾斜,并有顺倾斜方向的小集水沟,便于水冲后干燥。运动场要尽量大。70日龄前绿头鸭不具备飞翔能力,而且商品鸭70日龄前都已上市,故可不修建天网。

成年野鸭羽毛已长齐,抗低温、雨淋能力很强,故对棚舍的要求不高。开产前应将产卵箱放入舍内。特别是在80日龄以后到整个产卵期的野鸭都有良好的飞翔能力,因此成年野鸭舍的各个面都必须用尼龙网封闭固定,防止飞逃。网高2米,用毛竹做架。

二、野鸭生长发育规律

刚出壳的雏野鸭,全身为黑色绒毛,肩、背、腹部有淡黄色绒毛相间,喙和足黑黄色,趾、爪黄色。随着日龄增加,羽毛发生一系列规律性的变化。

15日龄,腹羽开始生长,毛色全部变成灰白色。

25日龄,翼羽生长,背腰两侧下羽毛长齐。

30日龄,翼尖已见硬管毛,腹羽长齐。

40~50日龄,翼尖羽毛长约8厘米,背部羽毛长齐。

60日龄,翼羽长至12厘米,副翼羽上的镜羽开始生长,是采食、生长高峰期。

70日龄,主翼羽长达16厘米,镜羽长齐,此时期鸭群主要表现为骚动不安,日采食量减少60%~70%。60~70日龄,为敏感期,又称为野性暴发期,容易激发飞翔野性,致使体重下降。

80日龄,羽毛长齐,主翼羽达19厘米,公野鸭体重为1.3千克,母野鸭为1.1千克。

不同时期应针对性地加强野鸭的饲养管理,提高生产性能。

三、雏野鸭的饲养管理

(一)保　温

0~5 周龄即 1~35 日龄的野鸭属雏鸭期,保温是野鸭育雏成败的关键。刚出壳的雏野鸭对温度比较敏感,应防止温度忽高忽低或温度偏低现象发生,否则造成生长发育受阻,影响雏野鸭的成活率和抗病力。育雏初期的温度为 34℃,1 周龄内 32~28℃,1~2 周龄为 27~25℃,2~3 周龄为 24~20℃,3~4 周龄为 20~18℃,以后逐渐降至常温。

(二)适时开食和饮水

出壳 24 小时应及时给雏鸭饮水。长途运输的雏鸭可在饮水中加 5%~8% 葡萄糖和适量复合维生素,以补充体液,饮水中加恩诺沙星可预防雏鸭白痢。雏鸭饮水后即可开食,开食饲料可用大米煮成半生半熟的米饭,然后用冷水浸一下去掉黏性,再拌入鱼粉、豆饼和切碎的嫩绿饲料,每 200 只雏野鸭用 500 克,也可用配合饲料开食。雏野鸭胃小,消化力弱,饲喂时要做到少喂勤添,7 日龄前 8 次/天,8~14 日龄 6 次/天,15~30 日龄 5 次/天。

(三)分群饲养

育雏时将强弱、大小不同的雏鸭分开饲养,既可防止强欺弱,大欺小,确保鸭群的正常生长发育,又便于对弱小雏鸭给以特殊照顾。育雏时以 50~100 只雏鸭为一群为宜,随着日龄增长,再将鸭群逐渐合并,进行大群饲养,利用野鸭喜群栖的特性,减少饲养和管理的工作量。饲养密度 0~2 周龄为 20~25 只/米^2,3~4 周龄为 15~20 只/米^2。

(四)放　水

刚出壳的雏野鸭不能放水,待其羽毛干后,可向雏鸭的身体喷细雾水,以便雏鸭自己整理羽毛。1 周后便可放水,一般在食后进行,将雏野鸭放在浅水池内戏水,每次下水时间为 3～5 分钟,雏野鸭初次放水一定要注意看护,以防堆集死亡。10 日龄后在晴朗天气,可放入运动场或天然的浅水池中,放水时间为每天上午 9 时、下午 3 时,每天 2 次,每次 30 分钟。以后则根据气温、日龄逐渐增加放水次数和时间,30 日龄后则让野鸭在鸭坪和水中自由活动,以满足其野性喜水的需要。每次放水后,要让雏野鸭理干羽毛后再回棚舍内,以免沾湿垫料。

四、育成野鸭的饲养管理

育成鸭是指 36～70 日龄的鸭,也叫后备鸭、青年鸭。野鸭的育成阶段主要生长羽毛、肌肉和骨骼,是生长发育最快的时期,这一阶段野鸭觅食能力、消化能力和对外界温度的适应能力均较强,可在常温下生活,如遇气温突变时要采取保温措施。

(一)选择分群

野鸭由育雏期转入育成期之前,应按体质强弱和体形大小选择分群,留种用的公母鸭要分开饲养。70 日龄时按 1∶6 选留公母,并淘汰体弱、病残鸭。进行强弱、大小分群饲养,可促使同一群体内个体间的均衡生长,便于饲养管理,节省生产成本。育成鸭饲养密度 5 周龄为 15～18 只/米^2,以后每隔 1 周减少 2～3 只/米^2,直至 5～10 只/米^{2}为止。

(二)合理饲喂,适时限料

野鸭在育成期生长发育快,耗料多,食欲和消化能力显著增强,耐粗饲,每天饲喂 3 次,精饲料、青饲料、粗饲料等合理搭配,让野鸭吃饱吃好。逐渐增加米糠、麦麸类饲料和青绿饲料,以满足其野生状态下的食性。

60~80 日龄是野鸭体重增长的高峰期,由于体重增加或生理变化,使野鸭野性发作,激发飞翔。野性发作的野鸭表现为敏感,骚动不安,采食锐减,导致体重下降。预防办法是对野鸭进行适当限饲,增加 15%~20% 的粗纤维饲料,这样做可以推迟或减轻野性发作,节约饲料,还可促进羽毛生长。

(三)肉用育肥鸭催肥

作肉用野鸭上市,要求毛全膘好,约需饲养到 80 日龄。因此,野鸭在育雏前期重点是让羽毛快长、长好,在育成后期则喂好、吃好,让体重增加,达到上市时 1 200 克以上。从 65 日龄开始人工填喂高能量饲料,增加每天喂料量,自由采食,自由下水,延长采食时间。有条件的育肥野鸭每天可投放青饲料 20~30 克/只,使其在短期内能迅速长肉和蓄积脂肪。经过 15 天的填饲,体重达 1 200 克左右即可上市销售。

五、产蛋期野鸭的饲养管理

野鸭 13~20 周龄为青年期,这期间应选出符合品种标准,体格健壮,体重适中的青年野鸭作为后备种鸭饲养。母野鸭 150 日龄开始产蛋,进入产蛋期管理。

(一)公母比例

野鸭在 70 日龄前后应进行选择分群,公母鸭按 1∶6~8 的比例留种,其余的野鸭进行短期育肥后,作为肉用野鸭出售。

(二)调整饲料

进入产蛋期的野鸭,按产蛋前期、产蛋初期、产蛋高峰期和产蛋后期 4 个时期供给不同蛋白质含量的产蛋料。并根据体重和产蛋量的变化调整日喂量。每天每只种野鸭约耗料 100~120 克。根据成鸭采食高峰在日出日落之时的特点,可在早晨 6 时、下午 4 时、晚上 10 时喂料。在陆场设地面料槽,不要与水源离得过远。产蛋期的饲料要注意增加动物性饲料,补充钙质,增加 20% 青绿饲料等,以满足产蛋期的营养需要,达到高产、稳产。

(三)设置产蛋区

要提前在鸭舍内近墙壁处设产蛋区,或设置足够的产蛋箱。产蛋区垫上洁净稻草,训练种鸭在产蛋区内产蛋,避免到处产蛋,造成种蛋污染,保证种蛋清洁卫生,提高种蛋的孵化率。

(四)光照程序

种用野鸭只有正确实施人工光照才能延长产蛋时间,增加产蛋量和提高种蛋受精率。野鸭从 20 周龄开始每天光照时间 13 小时。21 周龄后,每周增加 0.5 小时光照,直至达到 16 小时,并维持到 43 周龄。43 周龄后每周增加 0.5 小时,到产蛋期结束,保持光照每天 17 小时。最好是在每天早晨 4 时开灯光照为好。这样可以使野鸭产蛋集中在上午,产蛋整齐,窝外蛋少。人工光照采用白炽灯照明,鸭舍内、运动场均应安装照明灯。鸭舍内每 20 米² 安装 1 个 40 瓦灯泡,高度离地 2 米,这样既可增加光照,又能防止惊群。

(五)保持环境安静

在产蛋期间,要避免外人进入惊扰鸭群。因为野鸭遇惊扰,可能引发"吵棚",造成体重和产蛋量下降。鸭舍内要保持干燥,勤换垫料。

六、野鸭的杂交利用

我国古代劳动人民最早将绿头野鸭驯养为家鸭,演变成今天多品种的鸭。实践证明:野鸭与家鸭杂交能够产生后代,并使得野鸭的瘦肉特征能够在子代中体现出来。

(一)亲本选择

通常采取的是以野鸭为父本,家鸭为母本。父本要求保持原有的形态和野性,体质健壮,头大,活泼,头颈翠绿明显,交配能力强。母本的选择兼顾产蛋和产肉性能两个方面,常用北京鸭、高邮鸭作为杂交母本。

(二)杂交效果

张敬虎等研究表明,在用野鸭为父本与北京鸭作为母本的杂交后代中,无论是雏鸭还是青年鸭,羽色表现为野鸭型,即野鸭的羽色在杂交一代中表现为显性,可称之为杂交野鸭,在生长发育和产肉性能方面,介于野鸭和北京鸭之间,杂交鸭10周龄体重为1 912克,野鸭瘦肉率高的特点在杂交一代中得以表现,皮脂率一般在16%左右,低于绿头鸭(17.6%)和北京鸭(29.7%)。但早期的生长发育偏慢,屠宰率偏低。杂交鸭在体形上介于两亲本之间,但与野鸭更为相似。在行为上失去了飞翔能力,这更有利于杂交野鸭的规模化商品生产。

第五节 野鸭主要疾病的防治

虽然野鸭抗病力强于家鸭,疾病较少,但易发疾病有鸭瘟、鸭病毒性肝炎、禽流感、禽霍乱、棘头虫病等。

一、鸭 瘟

【病　原】 鸭瘟又称病毒性肠炎,是由鸭瘟病毒引起的游禽类候鸟的急性败血性传染病,绿头野鸭易感染发病。本病可全年发生,但夏秋季多发。幼鸭、成鸭均可感染,种鸭发病死亡率高。病原存在于病鸭及带毒鸭的分泌、排泄物中,可通过消化道、呼吸道、交配、伤口及吸血昆虫等多种途径传播。

【症　状】 潜伏期2~5天。病鸭精神沉郁,厌食或绝食,腿麻痹无力,严重腹泻,排绿色稀粪。鼻流黏液,呼吸困难。眼流浆液性或黏液浓性液体,结膜出血,有小溃疡。部分病鸭头颈肿胀。病程2~10天。

【病　变】 头颈皮下水肿,皮肤出血,体内黏膜浆膜及多处器官出血。肝、脾脏肿大出血及有灰黄小坏死灶。口腔、食道及泄殖腔黏膜坏死,形成灰白色或黄褐色痂。肠黏膜出血及有小坏死灶,小肠环状带出血,肿胀及表面坏死。

【防　治】 肌内注射鸭瘟鸡胚化弱毒疫苗,4~5日龄每只0.25毫升,2月龄以上每只1毫升。发病后全群紧急接种鸭瘟鸡胚化弱毒苗也可控制疫情。病鸭肌注鸭瘟抗血清0.5毫升/只,有一定疗效。

二、病毒性肝炎

【病　原】　本病是由鸭肝炎病毒引起的一种传染病。主要发生于 5~10 日龄雏鸭。

【症　状】　潜伏期 1~4 天,发病突然,病程短促。病初病鸭精神委顿,不能随群走动,不食,眼半闭呈昏睡状态,有的腹泻。随后出现神经症状,不安,运动失调,身体倒向一侧,两足发生痉挛,数小时后死亡。死前头向后弯,呈角弓反张姿态。

【病　变】　肝脏肿大柔软,表面有出血点或出血斑,外观呈淡红色或花斑状。胆囊肿大,充满胆汁。脾脏有时肿大,外观有花斑。多数肾脏充血,肿胀。

【防　治】　1 日龄接种鸭病毒性肝炎弱毒疫苗。发现病野鸭时,全群注射高免血清,每只雏野鸭注射 0.5 毫升。母野鸭在产蛋前 2 周注射鸭病毒性肝炎弱毒疫苗,间隔 6 周时间重免 1 次,可使雏野鸭获得母源抗体。

三、禽　霍　乱

【病　原】　本病也叫禽出血性败血病、禽巴氏杆菌病。是由禽型巴氏杆菌引起的对鸭危害极大的传染病。成年野鸭较易感染发病,死亡率很高。

【症　状】　急性型鸭群突然死亡。亚急性型病鸭精神不振,体温升高,不食,爱饮水,不喜欢活动,呼吸加快,下痢,排绿色或白色稀粪,发病快,死亡率高。

【病　变】　最急性病例尸体剖检常未见特殊病变。急性病例,可在皮下组织、心冠脂肪、肺、气管、腹腔浆膜发现大小不等的出血点;肠黏膜有程度不同的充血,出血,尤其十二指肠最为严重;

肝脏肿大,呈土黄色,表面密布针头大灰黄色坏死点。

【防治】 加强饲养管理,搞好清洁卫生,发现病情立即封锁、隔离和消毒。发病鸭群皮下或肌内注射禽霍乱抗血清。未发病鸭接种禽霍乱氢氧化铝疫苗,1月龄以上鸭肌注2毫升。饮水中添加诺氟沙星40~50毫克/千克,或红霉素100毫克/千克,或泰乐菌素500毫克/千克;饲料中添加土霉素0.04%~0.05%,或卡那霉素0.004%~0.006%,或维吉尼霉素0.002%~0.005%,或磺胺噻唑0.5%~1.0%,连续喂几天,同时加喂B族复合维生素,可减少产蛋下降等副作用;成鸭每只肌注链霉素10万单位或青霉素2万单位,每天2次,可治疗本病。

四、鸭棘头虫病

【病原】 本病是由多形棘头虫寄生于鸭科禽类肠道而引起的寄生虫病。野鸭易感染,幼鸭危害严重,死亡率高于成鸭。棘头虫常以几种淡水虾类为中间宿主,鸭吞食含有感染性幼虫的虾类而发病。感染季节多为7~8月份。

【症状】 幼鸭严重时表现为贫血、衰竭与死亡,成鸭多无明显症状。

【病变】 小肠内寄生的虫体呈橘红色,长几毫米至14毫米。肠黏膜出血与溃疡,浆膜增生小结节。

【防治】 可用硝硫氰醚,投服,每千克体重每次100~125毫克或用四氯化碳,嗉囊投入,每千克体重每次0.5~2毫克。平时应每年干塘,消灭中间宿主,定期驱虫及加强鸭粪处理。

五、高致病性禽流感

【病原】 本病是由A型流感病毒引起的以禽类为主的烈

性传染病。禽流感病毒一般具有宿主品种适应性,仅在同品种个体间传播,在极少数情况下可以发生跨物种传播给人。目前 H5 为主要高致病性禽流感流行血清型。

【症 状】 急性发病死亡或不明原因死亡,潜伏期从几小时到数天,最长可达 21 天。足鳞出血,头部和面部水肿。鸭、鹅等水禽可见神经和腹泻症状,有时可见角膜炎症,甚至失明,产蛋突然下降。

【病 变】 消化道、呼吸道黏膜广泛充血、出血;腺胃黏液增多,可见腺胃乳头出血,腺胃和肌胃之间交界处黏膜可见带状出血;心冠及腹部脂肪出血;输卵管的中部可见乳白色分泌物或凝块;卵泡充血、出血、萎缩、破裂,有的可见卵黄性腹膜炎等。

【防 治】 本病目前尚无有效治疗方法,应以预防为主,强制免疫,免疫密度 100%。

第十章
蓝孔雀养殖

第一节 概 述

一、蓝孔雀的生产现状

　　孔雀,俗称凤凰、越鸟、南客等,分类上属鸟纲、鸡形目、雉科、孔雀属。是世界上集观赏、食用、药用价值的珍禽之一,孔雀有蓝孔雀和绿孔雀之分。绿孔雀亦称爪哇孔雀,主要分布在我国云南及中缅边界热带雨林地区,被列为国家一级保护动物,严禁捕杀。蓝孔雀,亦称印度孔雀,主要分布在印度、巴基斯坦、斯里兰卡及东南亚沿海地区,属于珍稀草食性非保护动物,蓝孔雀还有两个突变形态,即白孔雀和黑孔雀。人工养殖主要指蓝孔雀。蓝孔雀除了具有其特殊的观赏价值外,还是一种肉质鲜美、味道独特、营养丰富、经济价值很高的肉食禽类。

　　孔雀在我国饲养,是大约 100 年前的 20 世纪初开始,主要养在动物园和公园供人观赏。蓝孔雀是驯养比较晚的特禽,在东南亚各国较多,我国部分省区有驯养。目前国内大中型孔雀养殖场约 100 个,存栏约 10 万只。近年来我国的孔雀养殖业初露锋芒,已遍及全国各地,除了观赏之外,也常以珍禽野味供人食用。孔雀寿命一般在 20 年以上,产蛋期在 10~15 年。蓝孔雀是继山鸡、珍珠鸡之后发展潜力很大的又一特禽新品种。

二、蓝孔雀的体貌特征

蓝孔雀的公母在外观上有明显的区别。

孔雀的头部较小,头顶上长有一簇高高耸立着的蓝绿色羽冠,长约 10 厘米,别具风度。颈部、胸部和腹部呈灿烂的蓝色,身披翠绿色,羽光彩熠熠,背侧部闪耀紫铜色光泽,公孔雀尾部覆羽特别发达,延长成尾屏,有各种彩色的花纹,平时收拢在身后,展开时非常艳丽,像扇子,即人们常说的孔雀开屏。这些羽毛绚丽多彩,羽支细长,犹如金绿色丝绒,其末端还缀有众多由紫、蓝、黄、红等色构成的大型眼状斑,开屏时反射着光彩,犹如一个个明亮的大眼睛,也像无数面小镜子,鲜艳夺目,光彩照人。母孔雀的体羽以灰色为主,没有延长的覆尾羽,背部浓褐色,并泛着绿光,不过没有公孔雀美丽。

公蓝孔雀的总长度可达 1.8~2 米,体重 5~6 千克,母孔雀比较容易受"眼睛"多的公孔雀的吸引。雌性相对于雄鸟体形比较小,很不显眼,其身长仅 1 米,体重 3~4 千克,羽色主要为灰褐,无尾屏,无距。幼孔雀的冠羽簇为棕色,颈部背面为深蓝绿色,羽毛松软,有时出现棕黄色。

三、蓝孔雀的生物学特性

1. 蓝孔雀双翼不发达,不善飞行,而两足强壮有力,善疾走,在逃窜时多为大步飞奔。

2. 野外蓝孔雀栖于海拔 2 000 米以下的开阔草原或灌木地带,即平原、草原、高山地带的森林、灌丛中,晚上则栖息在高枝上。喜欢在靠近溪流处生活,尤喜在靠近溪河沿岸和林中空旷的地方活动,单独活动少,多见一只雄鸟伴随以三五只雌鸟(有时有幼龄鸟)组成小群。同时雏鸟有隐蔽于雌鸟尾下的习性。

3. 孔雀鸣声洪亮,常响彻山谷;声粗而单调,带有颤音,动听悦耳;当搏斗或逃避敌害时,发出急促洪亮的尖声鸣叫。

4. 孔雀是杂食性鸟类。嗜食棠梨、黄泡等果实。也采食稻草谷和芽苗、草籽等,动物性食物中主要为白蚁,尤其在白蚁繁殖的季节内采食较多。此外,还摄食蟋蟀、小蛾等昆虫,以及蛙类和蜥蜴等。人工饲养主要吃青草、青菜。

5. 孔雀开屏是对外界刺激的兴奋现象,也是雄性向雌性示爱的一种表现。在繁殖期和非繁殖期均可看到。

四、蓝孔雀的经济价值

(一)营养价值

在古代,孔雀因是罕有的滋补奇品,只有地位显赫的王侯将相才有机会享用。其肉质细嫩、野味浓郁、味美可口。孔雀全净膛屠宰率达 80% 以上,其肉质细嫩,为高蛋白、低脂肪的健康食品,蛋白质含量高达到 23.2%,脂肪含量仅 0.8%,人体所需的 18 种氨基酸齐全,是一种低脂肪、低热量、低胆固醇、高蛋白的极瘦型营养肉食。在不远的将来,蓝孔雀有望成为百姓餐桌上不可缺少的美味佳肴。

(二)药用价值

早在宋代以前,民间偏方或药方已陆续有孔雀入药的记载。

宋代的《新修本草》，是当时世界上第一部由政府编著的药典。其中将孔雀作为药物正式入药。我国明代药圣李时珍在《本草纲目》中盛赞"孔雀辟恶，能解大毒、中毒、药毒。服食孔雀后，服药必不效，为其解毒也"。孔雀全身都可入药，包括毛和粪便。《中国药用动物志》和一些傣族医书也记载了孔雀的解毒功效。现代中医学验证孔雀肉有滋阴清热、平肝熄风、软坚散结之功效。

（三）养殖前景

孔雀养殖以植物性饲料为主，饲料来源广泛，养殖成本较低，孔雀生长速度快，易养易管，食性较杂，抗病力较强，养殖效益明显，而且省时、省力、污染小，城市、农村均可养殖。市场需求量大，是一项很具发展潜力的特种养殖品种。成熟的孔雀体重为 4~5 千克，寿命一般在 20 年以上，一般年产蛋 30~50 枚，产蛋期在 10 年以上。目前蓝孔雀市场零售价为 100~200 元/千克。

第二节 蓝孔雀的繁殖

一、蓝孔雀的繁殖特点

1. **繁殖期** 蓝孔雀为一公多母活动，性成熟期一般为 22 个月。母孔雀的产蛋期一般是每年的 3~9 月份。孵化期 27~28 天。孔雀繁殖做种的时间为 10~15 年。这在特禽中是极为少见的。

2. **求偶现象** 在繁殖季节，公孔雀会频频开屏，相互争艳，抖动羽屏，发出响声，不断向母孔雀求爱，表示亲热。

3. **交配行为** 母孔雀处于发情期时，就向下蹲去，交配时，公孔雀扑在母孔雀的背上，用喙咬住母孔雀的头顶部，两足不断交替地蹬踩母孔雀的背部，身体后部有较大幅度的抖动，母孔雀的尾部羽毛散开,主动接受公孔雀的交配动作。整个交配时间约为十几秒钟。然后各自离去。

4. **产蛋特性** 母孔雀一般产蛋时间为下午 5~7 小时,产蛋前 2 小时很不安静,沿栏舍边来回走动。每年可产蛋 30~50 枚,蛋重 90~110 克,蛋呈钝卵圆形,壳厚而坚实,并微有光泽,蛋壳浅乳白色、浅棕色或乳黄色。

5. **公母比例** 野生状态下,孔雀一般是以 1 只公孔雀为中心组成一个小群体,包括 3~5 只母孔雀,有时还带着仔孔雀。人工饲养的条件下,采用增加光照的方法可使孔雀的性成熟提高到 15 月龄,开产时体重接近或等于成年体重,约为 6 千克,人工饲养时群体中公母比以 1∶4~5 为宜。

二、蓝孔雀的孵化

(一)自然孵化

小群饲养的,母孔雀产蛋后可进行自然孵化;大群饲养的,母孔雀的就巢性不强,可以用抱窝家鸡代孵,每只可孵 2~3 枚孔雀蛋,母鸡有可能翻不动孔雀蛋,可采用人工翻蛋 2 次。产蛋量大的,应使用机器孵化的方法。

(二)人工孵化

1. **选蛋** 应选择大小适中,蛋形正常,表面光滑清洁,无皱纹、裂痕、污点的种蛋。种蛋的保存温度应为 18~20℃,空气相对湿度 70%~80%,通风良好,保存时间不应超过 7 天,孵化时应对种蛋进行熏蒸消毒,方法与其他禽蛋相同。

2. **孵化条件** 孵化期间温度应保持在 37~37.5℃,出雏温度为 37℃;空气相对湿度为 60%~70%,出雏时应提高到 70%~

75%,并且做到通风良好。

3. 孵化器管理 每 2 小时翻蛋 1 次,角度 90°,或 ±45°,每天定时凉蛋 1 次,每次 15 分钟,温度不应低于 25℃。入孵第 9 天第 1 次照蛋检出无精蛋和死精蛋;21 天进行第 2 次照蛋,检出死胎蛋,同时转入出雏机,27 天开始出雏,28 天出雏完毕。然后清洗和消毒孵化机和出雏器,准备下次孵化用。照蛋方法可参照鸡胚的识别标准。

第三节 蓝孔雀的营养需要和饲料配制

一、蓝孔雀的营养需要特点

孔雀产蛋的季节性较强,数量少,盲肠结构较发达。孔雀的羽毛色彩艳丽,生长最快的是尾长,然后依次为体重、翼长、体长、胫长。因此,孔雀日粮中的营养成分要求较高含量的蛋白质和粗纤维。此外,孔雀的产蛋、换羽时间早晚不一,产蛋多在 4～8 月,换羽则多在 8～12 月。根据孔雀产蛋、换羽的时间特点,一般认为成年孔雀的饲料配比可以终生不变。

孔雀的饲料来源广泛,但食量较少,因而要求饲料全价,一般成年孔雀日粮量为 100～150 克,即可满足各种机体需要。营养需要包括能量、蛋白质、矿物质、氨基酸、维生素等(表 10-1)。

表 10-1　蓝孔雀的营养需要

阶　　段	各营养成分含量(%)						
	代谢能 (兆焦/千克)	粗蛋白质	钙	磷	蛋氨酸	赖氨酸	粗纤维
雏孔雀(1~90天)	11.71	22	1.1	0.5	0.5	1.2	4~5
青年孔雀(91~300天)	11.50	18	1.0	0.45	0.37	0.90	8~12
产蛋孔雀	11.50	18	3.2	0.4	0.45	0.95	6~8
休产孔雀	11.08	14	0.7	0.35	0.29	0.7	8~12

二、蓝孔雀的饲料配方举例

　　一般而言,蓝孔雀的饲料由50%~60%玉米、10%~20%小麦、10%~20%稻谷、6%~8%动物性饲料、磷酸氢钙1%~2%、贝壳粉2%~7%、微量元素、维生素等组成,以及另外添加青绿饲料如青菜、野菜、牧草等,可占饲料总量的20%~30%。蓝孔雀喜食昆虫,可常加喂一些黄粉虫、蝗虫、蚱蜢等。各期饲料配方参考如下:

　　雏孔雀(1~90天):玉米50%,小麦10%,豆饼25%,麦麸5%,鱼粉5%,酵母2%,磷酸氢钙2%,食盐0.3%,蛋氨酸0.1%,赖氨酸0.2%,微量元素0.5%,维生素等。

　　青年孔雀(91~300天):玉米50%,小麦10%,麦麸10%,豆粕20%,鱼粉3%、酵母3%、磷酸氢钙1.5%,贝壳粉1.4%,食盐0.3%,蛋氨酸0.1%,赖氨酸0.2%,微量元素0.5%,维生素等。

　　产蛋期孔雀:玉米50%,小麦10%,麦麸5%,豆粕20%,鱼粉4%、酵母3%、磷酸氢钙1.4%,贝壳粉(石粉)6.3%,食盐0.3%,

蛋氨酸 0.1%，赖氨酸 0.2%，微量元素 0.5%，维生素等。

休产孔雀：玉米 50%，小麦 10%，麦麸 10%，豆粕 20%，鱼粉 2%、酵母 3%、磷酸氢钙 2%，贝壳粉 2%，食盐 0.3%，蛋氨酸 0.1%，赖氨酸 0.2%，微量元素 0.5%，维生素等。

第四节 蓝孔雀的饲养管理

一、场地和栏舍

1. **场地** 孔雀饲养场的场地要求基本同于家鸡，有条件的饲养场最好选择在树多荫大、地势稍倾斜、半沙半土的半山坡上，环境僻静，尽量模拟野生环境，种灌木，植牧草，使活动之地绿草成片，以利孔雀的驯化及饲养。孔雀可成对或 1 公配 2～3 母同圈饲养，也可大范围内放养，但需要固定喂食地点。

2. **栏舍** 应坐北朝南，地势高，向阳，冬季保温，夏季凉爽，地面为硬底，上铺细沙，栏舍底面要比地面高出 40 厘米。由于孔雀体躯较长，夜间有在高处过夜的习惯，需要较宽敞的笼舍，一般一公多母同栏饲养。栏舍一般 5 米×5 米×5 米，栏舍内 2～2.5 米高处要装结实的树干或竹竿做栖木，供孔雀栖息。运动场宜稍大，周围及上方围起铁丝网，网高 5 米，孔径不应超过 2 厘米。有树木遮阴。舍内约占全部面积的 1/3，每 100 米²可养孔雀 20 只。种孔雀栏每栏饲养公孔雀 1 只，母孔雀 2～5 只，栏舍大小为 5 米×10 米，舍内外各半。

3. **用具** 成年孔雀的饮食用具均可参照鸡用的料桶和饮水器。捉孔雀网用钢筋做架再连接胶网。

目前养殖蓝孔雀的房舍一般有开放式孔雀舍和封闭式孔雀舍，但多用开放式孔雀舍。规模化养殖时，开放式蓝孔雀舍跨度 6

米、9 米或 10 米,密闭式蓝孔雀舍跨度 12 米。

二、蓝孔雀育雏期的饲养管理

育雏期为 1~90 日龄。孔雀属早成鸟,出壳后便能啄食。

1. **育雏温度和湿度** 1~3 日龄育雏温度为 34℃,以后每天降低 0.3℃,直至 20~30 日龄时脱温。保温可用红外线灯或电热育雏器,具体脱温时间可视天气和幼孔雀的状态而定。空气相对湿度可控制在 60%~70%。

2. **育雏密度** 30 日龄前采用网上育雏或笼养,1~14 日龄 10~15 只/米^2,15~28 日龄 8~12 只/米^2,随着日龄的增加,逐渐降低密度,到 60~90 日龄时饲养密度为 0.5 只/米^2。每群饲养规模以 40~50 只为宜,日龄增加时密度逐步降低。可自由采食全价饲料,并每天饲喂一些青绿嫩草、蔬菜或新鲜牧草等。

3. **光照** 光照既可刺激和促进孔雀的采食、饮水和运动,还可起到杀菌消毒作用。1~3 日龄光照 23 小时,即连续光照,4~30 日龄,每天 16 小时,其后可以采用自然光照。应注意的是不宜用强光,以能采食饮水即可,避免光线过强诱发啄癖。

4. **日常管理** 雏孔雀刚进入育雏室即可开食开水,投喂按孔雀的营养标准配制的全价配合饲料。日常管理注意供足清洁饮水,每天打扫环境卫生,做好定期消毒、驱虫及防兽、防鼠工作。20 日龄后可逐步让孔雀到室外活动。幼孔雀的生长发育从 7 日龄开始进入快速生长阶段,应保证供给营养全价的日粮。

三、蓝孔雀育成期的饲养管理

育成期为 91~720 日龄,即 3 月龄至开始产蛋前的 24 月龄。此阶段是生长发育的主要阶段,着重注意以下几点:

1. **饲料**　定时定量饲喂同一种饲料,不随意变更,以全价饲料为主,配以青绿饲料。在育成后期即大约 18 个月龄时,适当降低饲料能量,逐渐加大青绿饲料的供给量,以免体重过肥而影响产蛋。但若作为商品孔雀,饲养至 8 月龄时,体重达 3~4 千克,即可上市。

2. **运动和光照**　育成期要加大运动量,锻炼其体质,栏舍内配有栖木或树木供孔雀栖息。光照采用自然光照,或控制在每天 12 小时之内。

3. **免疫接种**　除了日常的消毒卫生和预防性投药以外,要严格按照免疫程序在蓝孔雀育成阶段完成各种疫苗的免疫接种工作,确保每只孔雀都能健康地进入产蛋阶段。因为一旦进入产蛋期,一般不主张进行免疫,否则会影响正常生产和产蛋潜力的发挥。

4. **选种**　20 月龄时,蓝孔雀接近性成熟,此时可以进行选种留种,将发育正常、身体健康、双腿健壮、运动活泼、无任何缺陷的个体留作种用。

四、蓝孔雀繁殖期的饲养管理

繁殖期即蓝孔雀的产蛋期,2 岁龄开始,蓝孔雀进入产蛋繁殖期。

1. **准备工作**　全面检修孔雀舍,平整场地,将网室地面普遍垫上 5~10 厘米厚的细沙,供蓝孔雀沙浴和防止打蛋。靠墙边避光处设置产蛋箱,箱内铺少量木屑或干草,让蓝孔雀将蛋产在箱内。产蛋箱可设计为三层阶梯形,每层底部呈 5° 倾斜角,使蛋产出后自然流入集蛋槽内。

2. **环境要求**　产蛋期应注意环境安静,减少各种应激,以免影响母孔雀产蛋和公孔雀交配,种群公母比例以 1∶3~4 为宜。

为避免强烈阳光对孔雀活动的影响,可在运动场内外种植遮阴植物和树木。当气温达到 35℃ 以上时,必须做好降温工作,在活动场地安置遮阳网;在中午时分,喷水降温;同时,在饮水中可适当添加小苏打,消暑降温。5~6 月份,开产的孔雀陆续进入产蛋高峰期,而如何保证孔雀在这期间最大限度地多产蛋、产好蛋,环境问题不容忽略。冬季做好防寒保暖工作。

3. 饲料　孔雀在产蛋期间需要消耗较多养分,因此蛋白质、多维、钙磷及微量元素的数量在饲料中必须有足够的保证,但蛋白质含量也不可过高,适宜含量为 18%。青饲料的投喂量也要适中,占饲料的 10%左右,这样有利于补充维生素及其他营养成分,但如果青饲料过多,会引起钙的流失而造成对钙质的吸收不足,导致产薄壳蛋与软壳蛋,增加破损蛋的比例。

4. 消毒卫生　由于孔雀在产蛋过程中体能消耗较大,体质会有不同程度的下降,发病的概率会相应增加,因此,必须注意环境卫生,定期用刺激性小、高效的消毒剂进行灭菌消毒,减少病原感染的概率,同时,适当添加一些安全低毒的药物进行防治(如土霉素),对个别已患病的孔雀必须隔离对症治疗,以防交叉感染。

第五节　蓝孔雀主要疾病的防治

一、非典型新城疫

非典型新城疫在孔雀中的发生非常普遍,根据临床症状和病理变化不同,可分为速发嗜内脏型,建发嗜肺脏型、中囊型和缓发型。非典型新城疫的发病率和死亡率没有新城疫高,但非典型新城疫的发生往往并发或继发其他细菌性疫病。

【症　状】　病孔雀出现严重下痢,排灰白色水样稀粪,个别粪便呈青绿色。孔雀群精神委顿,活动量减少,食欲降低,饮水增加,有的闭目呆立,双翅下垂,后期个别病孔雀出现转圈、歪颈、扭头等神经症状。

【病　变】 对病死孔雀进行剖检可见,尸体消瘦,肛门羽毛被白色粪便污染,口腔、喉头内有浆液性或黏性液体,肺脏充血,心内膜有出血条纹,偶见腺胃、肌胃、脑有轻度出血点;幽门和十二指肠严重出血,肠道胀气,黏膜脱落,部分充血、出血,盲肠扁桃体肿大、充血;气囊浑浊,有豆腐渣样干酪物;体腔积液,腹膜增厚,肝脏肿大,上面覆盖一层纤维素性渗出物;胰脏肿大、出血,有坏死病灶。

【防　治】 严格消毒,种孔雀、中孔雀注射新城疫油乳剂苗0.15毫升/只,小孔雀注射新城疫高免卵黄液3~4毫升/只。使用抗生素控制细菌继发感染,每天每千克体重肌注丁胺卡那霉素20毫克,连用5天。

二、支原体病

支原体病又称慢性呼吸道病,是由禽败血性支原体引起的一种慢性接触性呼吸道传染病。孔雀如受到通风不良,过热、过冷、过分拥挤,维生素 A 缺乏等饲养管理不善及其他因素的影响,则症状更为明显。幼孔雀比成年孔雀易感,可以经种蛋传播,也可通过空气、饲料、饮水、产蛋箱和器具等传播。

【症　状】 病程进程缓慢,长达数周或数月。患病孔雀的主要症状是咳嗽,喷嚏,张口呼吸,气管啰音,黏性鼻液等,易继发大肠杆菌病,病情加重死亡。

【病　变】 剖检可见胸、腹气囊膜增厚、浑浊,黏附着干酪样渗出物,鼻道、气管、支气管发炎,有黏液性或干酪样渗出物,眶下窦肿胀,内含黏液或干酪样渗出物。继发大肠杆菌感染时,可见纤维素性心包炎和肝周炎。

【防　治】

1. 预防　目前尚无有效的疫苗,主要是严格防止病原侵入,引进种孔雀、雏孔雀要从无病的孔雀场购买,必要时进行血清学检疫,引进后需隔离观察2个月,检查证实无病后才能进场饲养。在管理上应防寒、防热、防湿、防拥挤、防应激,保持孔雀舍通风良好。在发病孔雀群进行疫苗接种时,最好于接种前后隔2~3天再给予抗本病的药物。

2. 治疗　很多抗生素都可用于治疗本病,可选药物有:链霉素每千克体重100~150毫克,或壮观霉素每千克体重30~60毫克,或庆大霉素每千克体重10~15毫克,肌注,连用3~5天。北里霉素0.05%,或泰乐菌素0.04%~0.06%,或强力霉素0.01%,混饮,连续5天。金霉素0.03%~0.06%,或土霉素0.08%~0.1%,混饲,连服5~7天。在含有金霉素或土霉素的饲料中添加1.2%硫酸钠及0.4%对苯二甲酸,可以提高药效2~4倍。为了防止耐药性的产生,用药量要足,一般要连续用药5~7天,最好选2~3种抗生素联合使用或者交叉使用,避免长期使用单一抗生素。在用药的同时,要注意保温,去除诱因,改善条件。

三、组织滴虫病

蓝孔雀在进入育成期后,最易感组织滴虫病,患病孔雀头部呈暗黑色,所以又称黑头病,本病以肝脏的坏死和盲肠溃疡为特征,所以也称传染性肝炎。本病已成为孔雀的主要疾病。

【病　原】　病原组织滴虫是一种很小的原虫。随患病孔雀粪便排出的虫体在外界环境中能生存很久,孔雀食入这些虫体便可感染。但主要的传染方式是通过寄生在盲肠内的异棘线虫的卵而传播的。组织滴虫在线虫卵壳的保护下,随粪便排出体外,在外界环境中能生存2~3年。当外界环境条件适宜时,则发育为感染性虫卵。孔雀吞食了这样的虫卵后,卵壳被消化,线虫的幼虫和组织滴虫一起被施放出来,共同移行至盲肠部位繁殖,进入血液。线虫幼虫对盲肠黏膜的机械性刺激,促进盲肠肝炎的发生。组织滴虫钻入肠壁繁殖,进入血液,寄生于肝脏。

【症　状】　本病最易发生于2周龄至3~4月龄的雏孔雀,3月龄蓝孔雀的发病率达40%,死亡率为20%。发病初期症状表现为精神萎靡,食欲不振,排黄色或褐色稀便或带血稀粪,头部呈暗红色,肛门周围羽毛被粪便污染,最后排黑色血便死亡,病程6~14天。

【病　变】　特征性病变见于盲肠和肝脏。盲肠肿大,腔内大量充血。肝脏肿大,表面可见散在或密布圆形或不规则形态的黄白色或黄绿色坏死灶。

【防　治】

1. 预防　由于组织滴虫的主要传播方式是通过盲肠内的异棘线虫虫卵为媒介,所以有效的预防措施是清除或减少虫卵的数量,以减少传播感染。因此,在进孔雀前,必须清除禽舍杂物并用水冲洗干净,严格消毒。

2. 治疗　磺胺嘧啶按0.1%混饲。也可采用中药治疗:取青蒿、苦参、常山各500克,柴胡75克,何首乌80克,白术、茯神各600克,加水5千克煎汁,供500~1 000只病孔雀饮用,集中饮水,每天2~3次,直到康复为止。

四、巴氏杆菌病

本病是由多杀性巴氏杆菌引起的一种急性败血型传染病。多见于雏孔雀发病,成年孔雀偶有发生,发病急、死亡率高,在春末夏初多见。

【病　原】　多杀性巴氏杆菌是巴氏杆菌属中的一种,对外界抵抗力弱,容易死亡。巴氏杆菌病的传染源是以患病孔雀为主,其分泌物和排泄物含有病原菌,可通过呼吸道、消化道侵入机体内;被污染饲料、水源、用具、垫料等,经消化道和伤口、脐带传染给健康孔雀。跳蚤、吸血昆虫亦可为传播媒介。一年四季都可发病,但常发于气温低、气候多变、潮湿的季节。

【症　状】　潜伏期一般 1~5 天,最长可达 10 天。临床症状分最急性型、急性型和慢性型 3 种病型。

1. **最急性型**　常见于流行初期,病孔雀突然发病死亡,没有任何症状。

2. **急性型**　最为常见。病孔雀体温升高,精神委顿,呆立不动,羽毛松乱,呼吸困难,肉髯呈蓝紫色,口鼻流出有泡沫的黏液,排灰黄色或绿色稀便,有时混有血液。无食欲,但有渴感,最后衰竭昏迷死亡。病程 1~3 天,病死率很高。

3. **慢性型**　一般发生于急性流行的后期,或由毒力较弱的毒株所致,多表现为局部感染。肉髯、翅或关节肿胀;如感染呼吸道,则鼻孔流出黏液性分泌物,鼻窦肿大,喉头积有分泌物,发病孔雀呼吸困难或有气管啰音;有的有腹泻现象。病程较长,死亡率不高。

【病　变】　气管充血、出血。心冠状脂肪出血,心内膜出血。肌胃黏膜下有出血点和出血斑。腺胃充满黏液。十二指肠、直肠和泄殖腔出血严重,空肠、回肠也有不同程度的出血。盲肠扁桃体肿胀、出血。成年孔雀肝脏肿大,布满针尖或针头大的出血点。并有针尖大小、边缘整齐的灰白色坏死灶。

【防　治】

1. **预防**　主要是加强饲养管理,可在饲料中添加土霉素预防。对新引进孔雀加强检疫和护理,目前有灭活苗和弱毒苗两类。灭活苗主要为氢氧化铝菌苗,按疫苗说明书预防接种,菌苗接种后

14 天产生免疫力,免疫期 6 个月,在各地流行季节前接种,必要时可每年预防接种 2 次。

2. 治疗　可用链霉素肌肉注射 2 万~3 万单位/千克体重,每天 1~2 次。除应用抗生素、高免血清及磺胺类药物外,根据症状,可结合支持疗法和纠正酸碱、离子平衡及脱水等综合治疗措施。

第十一章
黑天鹅养殖

第一节　概　述

一、黑天鹅的生产现状

　　黑天鹅原产于大洋洲,是天鹅家族中的重要一员,为世界著名观赏珍禽。分类学上鸟纲、今鸟亚纲、雁形目、鸭科、天鹅属。主要分布于澳大利亚和新西兰。澳大利亚珀斯又有黑天鹅的故乡之称。其体貌特征为全身除初级飞羽小部分为白色外,其余通体羽色光亮漆黑,故称黑天鹅。

　　在动物界里,白天鹅是爱情忠贞的象征,这是众所周知的,只要其一择好偶,就会对爱情忠贞不贰,至死不渝。白天鹅属于国家一级保护动物,系迁移性候鸟,固定在一个地方养殖无法迁移会造成内分泌失调,而不能产蛋繁殖。而产于澳大利亚的黑天鹅属于留鸟,由于没有迁移的习性,在人工养殖状态下能产蛋繁殖,属于可以人工养殖繁育并供人们观赏和食用的珍禽。

　　在我国,天鹅历来被视为美丽吉祥和高贵的象征。黑天鹅羽毛纯黑发亮,形体优美,雍容华贵,与人亲善,文静端庄,一夫一妻,形影不离,十分讨人喜爱。

黑天鹅在我国虽然在 10 多年前就有养殖,但真正兴起大约在 2002 年以后,不仅在各地的动物园、公园都有用于观赏,尤其在各地特别是上海、北京、广州、深圳等大城市兴办起具有一定规模的黑天鹅养殖基地或集旅游、休闲、度假、美食为一体的天鹅生态农庄。现已经能够人工孵化,出雏率一般为 85%~90%。据不完全统计,我国目前黑天鹅人工养殖存栏在 5 万~6 万只。从发展势头看,正以每年 15%~20% 的速度递增。

二、黑天鹅的体貌特征

黑天鹅全身除初级飞羽小部分为白色外,其余通体羽毛黑色光亮,喙鲜红色,前端有一"V"形白带,虹膜赤红色,头颈较长,颈常呈"S"形弯曲,约占全身总长的一半,翅上长有如风帆一般卷曲的花絮状白色羽毛,称为婚羽,蹼黑色,体重 5~8 千克。气质雍容华贵,仪态端庄美丽,性情温驯可爱。

三、黑天鹅的生物学特性

黑天鹅栖息于海岸、海湾、湖泊等水域。用粗的芦苇茎筑巢,在沼泽地或河口筑巢,而巢通常建在一小块干燥的地上,或营巢于水边隐蔽处。

黑天鹅成对或结群活动,集体从一块觅食地迁移到另一块,在浅水中觅食,或采食岸上的草,以水生植物和水生小动物为食。

黑天鹅平时表现温驯文雅,与人亲善,甚至主动向人讨食吃。但是在产蛋、孵化、带小幼天鹅这段时间则表现凶猛,这有效保证了其种群的代代繁衍,生生不息。

黑天鹅实行一夫一妻制,进入青年期,开始自由恋爱,一旦相中便结为夫妻,就开始筑巢产蛋,一窝产 6~8 只,一年能下三窝。

四、天鹅的品种

目前现存世界上的天鹅有 5 个品种,即:黑天鹅、黑颈天鹅及白天鹅 3 种(大天鹅、小天鹅、疣鼻天鹅)。其中黑颈天鹅最为名贵,除了黑天鹅是非保护动物外,其他 4 种都是国家二级保护动物。大天鹅和小天鹅由于它的迁移习性,极少能人工繁殖产蛋,疣鼻天鹅近年人工已有繁殖,年产一窝 4~6 只蛋,黑颈天鹅每年产一窝 4~8 只蛋。

五、黑天鹅的经济价值

(一)观赏价值

天鹅是美丽漂亮的象征,黑天鹅红喙黑羽,外表靓丽夺目,观赏价值极高。加上像家鹅一样能与人零距离接触,成为人类亲密的朋友。如在碧波荡漾的人工湖、旅游观赏景区、休闲绿地、农村生态园林、度假村、疗养院、家庭庭园放上几对黑天鹅,其景观别具一格,令人赏心悦目,流连忘返。

(二)食用价值

黑天鹅是名贵珍禽,民间传言"癞哈蟆想吃天鹅肉",便可见人们对天鹅肉的向往,只是由于野生白天鹅属保护动物,才造成人们只能在动物园内观赏天鹅的现状。而黑天鹅的人工养殖兴起,已成为市场热销的高档珍禽。同时黑天鹅作为高档馈赠礼品,市场极具潜力。

黑天鹅以其肉质鲜美韧劲,野味浓郁芳香,属高蛋白、低脂肪的健康食品,受到消费者青睐。

(三)养殖前景

黑天鹅在我国南北各地均能生长繁殖,凡有家鹅养殖的地方都能养黑天鹅;既适应大群饲养,又适应小面积散放,只要有 5~10 米² 浅水地供其游泳、戏水、交配就能正常生长繁殖;对环境的条件要求不高,只需空闲草地及少量水面水塘,不需用网围养,不管春夏秋冬,还是风雨冰霜,均在室外生活,基本无需养殖设施方面的投入。黑天鹅为节粮型草食水禽,除在产蛋期少量补饲外,平时以青草蔬菜青绿植物为主食,养殖成本极低,符合国家提倡的优先发展草食性畜禽的发展方向。

第二节　黑天鹅的繁殖

一、黑天鹅的繁殖特点

1. 自由配对,一夫一妻　黑天鹅最大的繁殖特点是一夫一妻制。性成熟期为 20 月龄。青年黑天鹅在 18 月龄进入繁殖预备期开始配对,可让其在散养区内自由择偶。配对成功的天鹅形影不离,出入成双,即可认为配对成功,一般配对的形成比较稳定,偶有一夫双妻的现象。

2. 人工强制配对　对于自由选偶还没有配对成功的天鹅,可以用性刺激配对的方法来解决其配偶问题,方法是将未配对的黑天鹅一公一母放入相邻笼舍内圈养,让其相互熟悉,若频现两鹅隔网相聚、点头示爱时即可放入同笼饲养。出现配对现象后,即可放入散养繁殖区;若失败,可再换一次公鹅,一般一次即可成功。

3. **发情交配** 配对成功的黑天鹅形影不离,互相戏水、追逐,接头交颈,显得特别兴奋、亲热。交尾前公母天鹅并排在水面上洗浴,公天鹅游到母天鹅后边,用喙轻叼母天鹅颈部,母天鹅头向后仰,尾羽翘起,表示愿意接受交配。这时公天鹅则抓住时机,张开双翅,登上母天鹅背上,频频扇动双翅以保持身体平衡,尾部用力下压。浮在水面的母天鹅尾部翘起,下半身埋在水中。交尾后公天鹅首先扇动翅膀并高声鸣叫,呈兴奋状,母天鹅则头与颈时而埋在水中,时而双翅轻拍水面,并向尾部泼水,洗理羽毛。每次交尾时间持续约 3~5 秒钟。

4. **筑巢** 亲鹅一般选择安静、隐蔽、地势较高的位置营巢。母天鹅非常小心谨慎,警惕性极高,营巢过程中一旦发现不安全因素或人为干扰,立即放弃巢穴,另选新址。

5. **自孵自繁** 黑天鹅一年春秋两季繁殖,进入产蛋期建成巢后即可产蛋,一般在初次交配后的 8~15 天产第 1 枚蛋,以后隔天 1 枚,每窝可产 6~7 枚,平均蛋重 150~165 克,每年可产 3 窝 20 只左右小天鹅。产一窝蛋后即由公母天鹅轮流自孵。孵化期为 35~37 天。

二、黑天鹅的孵化

1. **自然孵化** 黑天鹅在 20 月龄进入性成熟期,在此阶段要在其活动周围提供干草、稻草等营巢材料,供其自由采撷来建巢筑窝,准备自孵自繁。还需在巢顶搭建 1 个小棚用来遮阳避雨,切记孵化期间杜绝人为干扰。小规模养殖多采用自然孵化。

2. **人工孵化** 在产第 1 枚蛋后即可从窝中将蛋取出,以假蛋代之,以后取出新产的蛋,最后取出假蛋。人工取蛋时要注意采取防护措施,以防受到天鹅的袭击,造成伤害。一般隔 20 天即可进入第 2 个产蛋期,第 2 窝蛋可让其自然孵化。种蛋可存放 4~5

天,蛋量大时可用机器孵化,孵化操作与孵化家鹅蛋相同,只是孵化期比家鹅的孵化期长,即 35~37 天。

第三节　黑天鹅的饲养管理

一、环境条件和饲养方式

1. **大环境条件**　场址宜远离城镇、村庄及生活区,尽量避免外界的干扰。有自然水域,且水草丛生的地方较为适宜。

2. **自然散养**　黑天鹅在散养条件下,应有相对开阔的水域面积,每 100 米² 水域可放养 1 对天鹅。池周空地可种植牧草供其采食,并栽植一些乔木供夏季遮阳。散养区的周围设置 1.5 米高的网片或栅栏,以防其他动物进入干扰,影响其生长与繁殖。池水要定期消毒,一般每 667 米² 水面撒新鲜石灰粉 50 千克或漂白粉 20 千克。黑天鹅在散养情况下,要求人工剪羽 1 次,以防飞逃。剪羽方法简单,具体操作方法是在每年秋季换完羽后剪去一侧翅膀的 5~6 根飞羽即可。

3. **笼舍圈养**　舍面积为 30 米²,内含水池 10 米²,水深 60 厘米。每舍养 1 对种鹅,池水要定期更换。

二、饲料配制

由于在有关黑天鹅繁育、营养需要上的研究严重滞后,所以至今尚没有黑天鹅的饲养标准用于生产。目前实践中暂时用相应的鸡饲料代替。各期的饲料配方参考如下:

1. **种天鹅饲料**　以精饲料为主,可用产蛋鸡颗粒料代替,青饲料(包括牧草、青菜等)为辅,进入繁殖期时,需在精饲料中加

5%鱼粉与3%贝壳粉,以满足其繁殖需要。

2. 雏天鹅饲料　日粮中精饲料占70%,青饲料占30%,精饲料用蛋白质含量高的肉雏鸡颗粒料。

3. 青年天鹅饲料　雏天鹅长至4月龄时即进入青年天鹅阶段,精饲料可转用蛋雏鸡颗粒料,日粮中精饲料占65%,青饲料占35%。

三、黑天鹅育雏期的饲养管理

(一)自然孵化的天鹅雏生长发育

自然孵化刚出壳的幼雏羽毛呈浅灰色,胎绒羽湿润,不能站立,依偎在母天鹅翅下或腹下取暖。2~5小时绒羽干燥松软,即可站立。8小时后幼雏能从母天鹅翅下伸出头颈观察四周,若有动静,很快将头缩回。1~3天后可随亲鸟下水活动,在亲鸟带领下觅食。黑天鹅在育雏期间保护行为很强,无论在陆地或水面,多为公母一前一后,雏鸟在中间,人和其他动物不易接近。幼雏的食物有植物的嫩叶、果实、昆虫等。首先亲鸟叼起食物唤雏,雏走到跟前时,亲鸟把食物放在地上,雏食之,也有直接从亲鸟嘴中取食。幼雏随亲鸟在水中、岸边觅食,饱食后选择较干燥处休息。此阶段幼雏食量很大,发育极快。雏鸟绒毛换成羽毛的顺序为头—翅—全身。最初的绒毛呈浅灰色,以后换成灰黑色,颜色逐渐变黑,喙变红且尖端可见白斑,最后变成与成年黑天鹅一样的黑色。

(二)人工孵化的天鹅雏养育

1. 温度　出壳1~7天为35~32℃,以后每周降1~2℃,逐渐降至自然温度,温度合适与否视雏鹅精神状态而定。

2. 防疫　雏鹅出壳后24小时内在颈部皮下注射小鹅瘟血清

0.5 毫升。

3. 饲喂　雏鹅出壳后 30 小时可以饮用温开水,水中加抗生素饮用 3 天,开饮后 2 小时给食,每天投喂肉雏鸡全价料 6~7 次,自由饮水。

四、黑天鹅育成期的饲养管理

4 月龄以上至 18 月龄期间的黑天鹅即为育成期。

此期的管理重点是加强放牧和运动。加强放牧不仅可使黑天鹅得到充分的运动,以增强体质、提高抗病力。同时放牧可使黑天鹅采食大量的青绿饲料,既满足了其营养需要,又可节约精饲料,降低成本。

首先要掌握黑天鹅的"采食—游泳—采食—休息—采食"规律。黑天鹅在采食途中,待吃到半饱时,就感到疲怠。其表现为采食速度减慢,有的停止采食,扬头伸颈,东张西望,鸣叫,公天鹅表现尤其明显。此时,就须将天鹅群赶入池塘或溪河,让其饮水、游泳。鹅群在水里饮水梳毛,疲乏顿时消除,情绪十分活跃,相互追扑或潜入水底。经过一阵激烈运动之后,天鹅群就自由自在地游来游去。

游泳戏水后,应尽快地将天鹅群赶回草场,让其继续采食。待天鹅群吃饱后,让其在树荫下或荫棚里休息。天鹅群休息时,周围环境要安静,避免惊扰。当天鹅群骚动时,说明已休息好了,再次将其赶入草场采食,这样天鹅群就能吃饱、饮足、休息好。

五、成年黑天鹅的饲养管理

18 月龄以上的黑天鹅即进入成年,此时将进入产蛋繁殖期。此期间有产蛋期和休产期。要注意饲养密度要小,饲料营养要全,保证体质健康。饲养密度一般为 80~100 米² 饲喂 1 对天鹅,可以用产蛋鸡或鸭、鹅全价饲料,同时喂给青绿饲料占精饲料的 20%~30%,每天饲喂 4 次,保证饲料量。在每年的产蛋期要特别注意天鹅的营养。

(一)产蛋期

按黑天鹅的繁殖特性配之以相应的条件,如配对、筑巢、产蛋、自然孵化自育小雏等环节,虽这些环节都是天鹅自身胜任并全力完成的,但仍需人为地提供最佳条件,确保每一只种天鹅能健康、顺利、高效地完成自身繁衍后代的工作。

(二)休产期

此期间除了按育成阶段的方式实施运动、游泳、休息的程序外,同时注意增加青绿饲料,占精饲料的 35% 左右。达到增强体质、提高抗病力为下一阶段的繁殖期做好储备的目的。

六、黑天鹅的疾病防治

黑天鹅的适应性强,患病率低,但在一定规模的人工饲养环境条件下,仍不可轻视疾病控制工作,通常可能出现的疾病像其他水禽一样,如小鹅瘟、鹅副黏病毒病、大肠杆菌病、禽霍乱及寄生虫等,所以可参考普通家鹅的疾病防治程序。种用黑天鹅可每年 2~3 月份免疫接种小鹅瘟疫苗和鹅副黏病毒疫苗各 1 次。禽流感也应是不可忽略的疫病,建议对其也进行免疫预防。

第十二章
特禽养殖场的兽医生物安全

兽医生物安全是指采取必要的措施,最大限度地减少各种物理性、化学性和生物性致病因子对动物群造成危害的一种动物生产体系。其总体目标是防止病原微生物以任何方式侵袭动物,保持动物处于最佳的生产状态,以获得最大的经济效益。

第一节　特禽疫病的综合防治

做好特禽场疫病综合防治工作,首先要树立强烈的防疫意识,坚持预防为主、防重于治的原则。

坚持综合防控。建立安全的隔离条件,防止外界病原传入场内;防止各种传染媒介与禽体接触或造成危害;减少敏感禽,消灭可能存在于场内的病原;保持禽体的抗病能力和禽群的健康。

做到科学防疫,制定适合本地区或养殖场的疫病防治计划。

一、消　毒

消毒是指通过物理、化学或生物学方法杀灭或清除环境中病原体的方法。

(一)消毒的主要方法

1. **物理消毒法** 是指通过机械性清扫、冲洗、通风等方法对环境和物品中病原体的清除或杀灭。

(1)机械性清扫、洗刷 通过机械性清扫、冲洗等手段清除病原体是最常用的消毒方法,也是日常的卫生工作之一。采用清扫、洗刷等方法,可以除去圈舍地面、墙壁及家禽体表污染的粪便、垫草、饲料等污物。随着这些污物的消除,大量病原体也被清除。

(2)日光、紫外线和其他射线的辐射 日光暴晒是一种最经济、有效的消毒方法,在直射日光下经过几分钟至几小时可杀死病毒和非芽胞性病原菌,反复暴晒还可使带芽孢的菌体变弱或失活。

(3)高温灭菌 常用的是火焰烧灼灭菌法。可通过火焰喷射器对粪便、场地、墙壁、笼具、其他废弃物品进行烧灼灭菌,或将动物的尸体以及传染源污染的饲料、垫草、垃圾等进行焚烧处理;全进全出制动物圈舍中的地面、墙壁、金属制品也可用火焰烧灼灭菌。

2. **化学消毒法** 指利用各种化学消毒剂对病原微生物污染的场所、物品等进行清洗、浸泡、喷洒、熏蒸,以达到杀灭病原体的目的。消毒剂是杀灭病原体或使其失去活性的一种药剂或物质。常用的消毒方式如下:

(1)擦拭法 先清扫灰尘,用水冲洗污物,再用布块浸蘸洗涤剂和消毒剂擦拭被消毒的物体。

(2)喷雾法或泼洒法 将消毒剂配制成一定浓度的溶液,用喷雾器对需要消毒的地方进行喷雾消毒,如带禽消毒;或直接将消毒药泼洒到需要消毒的地方。

(3)浸泡法 将被消毒的物品浸泡于消毒药液内,如蛋盘、料槽、生产工具的消毒。

(4)熏蒸法 将消毒剂经过处理,使之产生杀菌气体以消灭病原体。其最大优点是熏蒸药物能均匀地分布到禽舍的各个角落,消毒全面彻底并省事省力,特别适用于禽舍内空气污染的消毒。如利用福尔马林与高锰酸钾反应,产生甲醛气体,杀死病原微生物,是禽舍常用的一种有效消毒方法。甲醛可以杀灭物体表面和空气中的细菌繁殖体、芽胞、真菌和病毒。

3. 生物热消毒法　是指通过堆积发酵、沉淀池发酵、沼气池发酵等产热或产酸,以杀灭粪便、污水、垃圾及垫草等内部病原体的方法。在发酵过程中,由于粪便、污物等内部微生物产生的热量可使温度上升达70℃以上,经过一段时间后便可杀死病原菌、病毒、寄生虫卵等病原体,从而达到消毒的目的;同时由于发酵过程还可改善粪便的肥效,所以生物热消毒在各地的应用非常广泛。

(二)消毒程序

1. 禽舍的消毒　是清除前一批特禽饲养期间累积污染最有效的措施。空栏消毒的程序通常为粪污清除、高压水枪冲洗、消毒剂喷洒、干燥后熏蒸消毒或火焰消毒、再次喷洒消毒剂、清水冲洗,晾干后转入禽群。

2. 设备用具的消毒

(1)料槽和饮水器　塑料制成的料槽与自流饮水器可先用水冲刷,洗净晒干后再用0.1%新洁尔灭刷洗消毒。在禽舍熏蒸前放入,再经熏蒸消毒。

(2)运禽笼　送到屠宰厂的运禽笼,最好在屠宰厂消毒后再运回,否则应在场外设消毒点,将运回的笼冲洗晒干再消毒。

3. 环境消毒

(1)消毒池　用2%氢氧化钠(火碱),池液每天换1次,车辆的消毒池宽2.5米,长4~5米,水深在5厘米以上。

(2)生产区的道路　每天用0.2%次氯酸钠溶液等喷洒1次,如当天运禽则在车辆通过后再消毒。

4. 带禽消毒 禽体是排出、附着、保存、传播病原的根源,因此,须经常消毒。带禽消毒多采用喷雾消毒。其作用是杀死和减少禽舍内空气中飘浮的病毒与细菌等,使禽体体表(羽毛、皮肤)清洁。沉降禽舍内飘浮的尘埃,抑制氨气的发生和吸附氨气。

通常用电动喷雾装置,每平方米地面 60~180 毫升,每隔 1~2 天喷 1 次,对雏禽喷雾,药物溶液的温度要比育雏器供温高 3~4℃。当禽群发生传染病时,每天消毒 1~2 次,连用 3~5 天。

(三)消毒药物

理想的消毒药物应具有以下特点:杀灭病原体的性能好,不受水质和有机物的影响,作用迅速,成本较低,易溶于水,对人和动物安全,对金属、木材、塑料制品等没有损坏作用;性质稳定,没有令人讨厌而持久的气味,无残毒。目前消毒剂的种类很多,现就常用的消毒剂简介如下:

1. 氧化剂

(1)过氧乙酸(过氧醋酸) 为高效消毒剂,具有杀菌作用快而强、抗菌谱广的特点,对细菌、病毒、真菌和芽胞均有效,但有腐蚀性和刺激性,容易腐蚀金属制品,可配成 2%~5% 溶液喷雾消毒棚圈、场地、墙壁、用具、车船及粪便等。对诊断室、无菌室、孵化室和贮蛋室用 5% 溶液按每立方米 2.5 毫升喷雾,密闭 1~2 小时;也可加热熏蒸,过氧稀释成 1%~3% 浓度,按每立方米过氧乙酸用量 1~3 克加热熏蒸 2~3 小时。

(2)高锰酸钾(过锰钾、灰锰氧) 为强氧化剂,遇有机物起氧化作用。0.1% 溶液能杀死多数细菌繁殖体,可用于饮水消毒。浸泡和喷洒消毒浓度为 0.02%~0.03%,但配制后存放时间不宜过长。2%~5% 溶液能在 24 小时内杀死芽胞,主要用于环境消毒。本品在酸性溶液中杀菌力增强,如含有 1% 盐酸的 1% 高锰酸钾溶液能在 30 秒钟内杀死芽胞。此外,常利用高锰酸钾的氧化性能来加速福尔马林蒸发而起到空气消毒作用。

（3）过氧化氢（臭氧）　为强氧化剂,具有广谱杀灭微生物的作用,是公认的广谱高效杀菌消毒剂,杀菌速度快,无二次污染。可对禽舍、用具、环境、饮水、饲料及粪便消毒,更宜于带禽消毒。在孵化场中可用0.5%过氧化氢喷雾杀灭空气中的细菌,对用具和墙壁消毒可用2.5%过氧化氢溶液。

2. 碱性消毒剂

（1）氢氧化钠（苛性钠、火碱、烧碱）　本品的杀灭作用很强,对部分病毒和细菌、芽胞均有效,对寄生虫卵也有杀灭作用,但对动物机体、设备等有强腐蚀性,并对金属制品、纺织品、漆面等有损坏作用。常用2%溶液用于环境、消毒池、空舍及运输工具的消毒;用1%~2%溶液消毒污染的禽舍、地面和用具。3%~5%溶液可消毒被炭疽芽胞污染的地面。消毒棚圈时,应在特禽离舍后进行,经半天时间,将消毒过的料槽、水槽、水泥或木板地用水冲洗后,再让特禽进舍。

（2）石灰（氧化钙）　本品为价廉易得的良好消毒剂,主要以氢氧根离子起杀菌作用。在特禽场,一般用于潮湿且照不到阳光的小片场地消毒,也用于消毒排水沟和粪尿,以及粉刷墙壁。生石灰有腐蚀作用,在完全干燥前应防止特禽接触。生石灰1份加水1份制成熟石灰（氢氧化钙）,再用水配成10%~20%的浓度即成石灰乳,现用现配。对繁殖细菌有杀菌作用,但对芽胞及结核菌无效,用于禽舍墙壁、地面、环境消毒。

3. 含氯消毒剂

（1）漂白粉、次氯酸钠　遇水产生次氯酸,起杀菌作用。能杀灭细菌、芽胞和病毒,还能漂白物品。主要用于禽舍带禽消毒,用具、运输器具和饮水消毒。其杀菌作用与环境中的酸碱度有关,在酸性环境中杀菌力最强,在碱性环境中杀菌力较弱。此外,还与温度和有机物的存在有关,温度升高时杀菌力也随之增强;环境中存在有机物时,会减弱其杀菌力。1%～3%混悬液可用于料槽、饮水槽及其他非金属用具的消毒,10%～20%乳剂可用于禽舍和排泄物的消毒,粪便消毒可将干粉剂与粪便以1:5比例均匀混合。

(2)二氯异氰尿酸钠(优氯净、强力消毒灵) 本品杀菌范围广,对细胞繁殖体、病毒、真菌孢子及细菌芽胞都有较强的杀灭作用。有效氯含量为20%,带禽喷雾消毒(3天1次)按500倍稀释,每立方米30毫升,密闭10分钟;饮水防治白痢、大肠杆菌病、球虫病,3 000～4 000倍稀释,每天饮水1次;控制新城疫、传染性法氏囊病、禽霍乱等烈性传染病,每天带禽喷雾消毒1次,同时饮水;种蛋用2 000倍稀释液浸泡消毒。

(3)二氧化氯(超氯、消毒王) 主要成分为二氧化氯及活化剂,有液体和粉状两种剂型,制剂有效氯含量多为5%。具有高效、低毒、除臭能力强、无残留等特点,可用于禽舍、场地、器具、种蛋、饮水消毒及带禽消毒。使用前,先将二氧化氯粉或溶液用适量的洁净水稀释,加入活化剂,搅匀后放置片刻,然后再稀释到使用浓度用于消毒。有效氯含量为5%时,环境消毒,1升水加药5～10毫升,泼洒或喷雾消毒;饮水消毒,100升水加药5～10毫升;用具、料槽消毒,1升水加药5毫升搅匀后,浸泡5～10分钟。稳定型二氧化氯使用时须用酸活化,现配现用,不得过期使用;为增强稳定性,二氧化氯溶液在保存时加入碳酸钠、硼酸钠等。

4.碘制剂 主要有碘酊、碘仿、碘伏,常用于皮肤消毒,也用于饮水消毒。能杀灭病毒、细菌、芽胞、真菌和原虫。其中碘伏是碘与表面活性剂络合的产物,表面活性剂作为载体增加了碘的溶解度。本品具有亲水、亲脂两重性,杀菌作用比较持久。含碘量为50毫克的溶液10分钟能杀灭各种细菌,适合于环境消毒。含碘量为150毫克的溶液可杀灭芽胞和病毒。

5.酚类消毒剂

(1)苯酚 杀菌作用弱,毒性大,对大多数繁殖性细菌有杀菌作用,但对芽胞和病毒没有作用,主要用于运输工具消毒。

(2)煤酚皂溶液(来苏尔)　杀菌作用强于苯酚,毒性和腐蚀性低于苯酚,对大多数繁殖性细菌有杀菌作用,但对芽胞和病毒无作用。主要用于禽舍、孵化场等入口处和车辆的消毒池,禽舍地面和剖检病禽体和污染面的喷洒消毒。常用浓度为1%~5%。

(3)复合酚(农福、消毒净、消毒灵)　本品由冰醋酸、混合酚、十二烷基苯磺酸、煤焦油酸按一定的比例混合而成,为棕色黏稠液体,有煤焦油臭味,对多种细菌和病毒均有杀灭作用,可用于环境、禽舍、笼具的消毒。以水稀释100~300倍后用于环境、禽舍、器具的喷雾消毒。稀释用水温度不宜低于8℃,禁止与碱性药物或其他消毒药液混用。

6. 醛类消毒剂

(1)福尔马林(甲醛)　为含37%~40%甲醛的水溶液,并含有甲醇8%~15%作为稳定剂,以防止甲醛聚合。对细菌、病毒、真菌、芽孢有强大的杀灭作用,可用于禽舍、器械、种蛋的消毒及室内空气的熏蒸消毒,也可用作标本、疫苗的防腐剂。10%福尔马林溶液(含甲醛4%)用于一般消毒和器械消毒。禽舍熏蒸消毒,每立方米的空间需福尔马林15~30毫升,加等量水,然后加热蒸发;或与高锰酸钾(按2∶1比例)氧化蒸发,密闭熏蒸4~10小时。消毒结束后打开门窗通风。熏蒸消毒应杜绝明火;熏蒸的环境湿度不低于70%,温度高于20℃;为了保证消毒效果,消毒前应先用清洁剂将所要消毒的物体表面进行彻底擦洗、除尘,去除污垢和有机物质。

(2)戊二醛　无色油状液体,有微弱的甲醛气味,挥发度较低。对细菌、病毒、真菌、芽胞均有杀灭作用,毒性比甲醛低,对皮肤和黏膜的刺激性较弱。酸性溶液稳定,弱碱性溶液(pH值7.5~8.5)杀菌作用最强。由于本品价钱相对较贵,主要用于诊断用品及器械的消毒。常用2%碱性溶液(加0.3%碳酸氢钠)。碱性溶液宜现配现用,不可长时间保存,放置2周后即失效。

二、强化特禽场的饲养管理

特禽疫病防治要坚持防重于治的原则,而更不能忽略的一点是养重于防,即要在饲养管理上下功夫。

影响疾病发生和流行的饲养管理因素,主要包括饲料营养、饮水质量、饲养密度、通风换气、防暑和保温、粪便和污物处理、环境卫生和消毒、圈舍管理、生产管理制度、技术操作规程及患病动物隔离等内容。

(一)控制人员和物品的流动

工作人员不能在生产区内各禽舍间随意走动。非生产区人员未经批准不得进入生产区。直接接触生产群的工作人员,应尽可能远离外界同种动物,家里不得饲养家禽,不得从场外购买活禽和鲜蛋等产品。

物品流动的控制包括对进出禽场物品及场内物品流动方式的控制。场内物品流动的方向应该是从最小日龄的禽流向较大日龄的禽,从养殖区转向粪污处理区。

(二)规范化饲养管理

规范化饲养管理是提高养殖业经济效益和兽医综合防疫水平的重要手段;在饲养管理制度健全的特禽场中,特禽生长发育良好、抗病能力强、人工免疫的应答能力高、外界病原体侵入的机会少,因而疫病的发病率及其造成的损失相对较小。

各种应激因素,如饲喂不按时、饮水不足、过冷或过热、拥挤、通风不良、免疫接种、噪声、疾病等因素长期持续作用或累积相加,达到或超过了动物能够承受的临界点时,就会导致机体的免疫应答能力和抵抗力下降而诱发或加重疾病。因此,特禽疫病的综合防治工作需要在饲养管理上进一步改善和加强。

对于因条件限制,无法实现全进全出,而是采用连续饲养的禽场,场内养有多批不同日龄的禽,使传入场内的传染病得以循环感染,不能进行彻底消毒,更应加强日常的防疫卫生和饲养管理,尽可能避免传染性疾病的发生,至少要做到整栋禽舍的全进全出。

(三)隔　离

所谓隔离,是指将患病动物和疑似感染动物控制在一个有利于防疫和生产管理的环境中进行单独饲养和防疫处理的方法。特禽场发生传染病后,兽医人员应深入现场,查明疫病在禽群中的分布状态,立即隔离发病及可疑禽,并对其污染的圈舍进行严格消毒,隔离处理。

第二节　特禽疫病的检疫与预防

一、建立严格的检疫制度

通过检疫可以及时发现疾病,并且采取相应的措施,防止疫病的发生和散播。具体应做好以下几方面的工作:

1. **定期检疫**　种禽要定期检疫,对垂直传播的疾病,如白痢、禽败血支原体病呈阳性的种禽应及时淘汰,不得留作种用。

2. **引种**　需从外地引进雏禽和种蛋时,必须了解产地的疫情和饲养管理状况,有垂直传播病史的种禽场的种蛋和雏禽不宜引入。若是刚出雏,要监督场方按规程接种马立克氏病疫苗。

3. **抗体检测**　养禽场要定期抽样采血进行抗体检测,依据抗体水平的高低,及时调整免疫程序。

4. 饲料和饮水检查 对禽场饮用水、饲料及原料定期进行细菌学检查,若发现含菌量超标或污染病原菌等有害物质时,应立即停用,采取处理措施,直至重新检查合格后才可以使用。

5. 检查消毒效果 定期对死胚、孵化器中的绒毛以及禽舍笼具,在消毒前后采样做细菌学检查,以确定死胚的原因,了解孵化器的污染程度及消毒效果,从而便于及时采取相应措施。

二、疫病的净化

种鸡场必须对既可水平传播病原,又可通过垂直传递的白痢、支原体病等传染病采取净化措施,清除群内带菌禽。

1. 白痢的净化 种禽群定期通过全血平板凝集反应进行全面检疫,淘汰阳性和可疑禽;有该病的种禽场或种禽群,应每隔4~5周检疫 1 次,将全部阳性带菌禽检出并淘汰,以建立健康种禽群。

2. 支原体的净化 支原体感染在养禽场普遍存在,在正常情况下一般不表现临床症状,但如遇环境条件突然改变或其他或激因素的影响时,可能暴发本病或引起死亡。应定期进行血清学检查,一旦出现阳性禽,立即淘汰。也可以采用抗生素处理或加热法来降低或消除种蛋内支原体。

三、疫苗免疫

(一)预防接种

为了防患于未然,在平时就要有计划地对健康禽群进行免疫接种。通过免疫接种,可以激发禽只产生特异性抵抗力,从易感动物转化为不易感动物,是预防和控制疫病必不可少的重要措施之一。因此必须结合本地区、本场的疫病流行情况制定适用的免疫程序。

常用的疫苗有病毒苗和细菌苗两大类,其中有的是弱毒疫苗,有的是灭活疫苗。根据疫苗的种类不同,常采用皮下注射、肌内注射、滴鼻、点眼及饮水免疫等方法。疫苗接种后 5~7 天可获得数月至 1 年的免疫力。

(二)紧急接种

在发生某种传染病时,为了迅速控制和扑灭疫病,应对疫区和受威胁区尚未发病的禽群进行应急性免疫接种。实践证明,紧急接种对控制新城疫、禽巴氏杆菌病等具有重要作用。紧急接种时,应对禽群进行仔细检查,正常无病的才能接种疫苗。病禽应在严格消毒的前提下隔离治疗或淘汰,不接种疫苗。紧急接种时应防止针头、器械的再污染,做到一禽一针头。

(三)免疫接种方法

不同种类的疫苗接种途径(方法)有所不同,要按照疫苗说明书进行而不能擅自改变。一种疫苗有多种接种方法时,应根据具体情况决定免疫方法,既要考虑操作简单,经济合算,更要考虑疫苗的特性和保证免疫效果。只有正确地、科学地使用和操作,才能获得预期的免疫预防效果。

1. **滴鼻与点眼法**　用滴管或滴注器,也可用带有 16~18 号针头的注射器吸取稀释好的疫苗,准确无误地滴入鼻孔或眼球上 1~2 滴。滴鼻时应以手指按压住另一侧鼻孔,疫苗才易被吸入。点眼时,要等待疫苗扩散后才能放开禽只。本法多用于雏禽。

为了确保效果,一般采用滴鼻、点眼同时进行。适用于新城疫Ⅱ系、Ⅳ系疫苗及传染性支气管炎疫苗等疫苗的接种。

2. **刺种法**　常用于鸡痘疫苗的接种。接种时,先按规定剂量将疫苗稀释好后,用接种针或大号缝纫机针头蘸取疫苗,在翅膀内侧无血管处的翼膜刺种,每只刺种1~2下。接种后1周左右,可见刺种部位的皮肤上产生绿豆大小的小疱,以后逐渐干燥结痂脱落。若接种部位不发生这种反应,表明接种不成功,可重新接种。

3. **注射法** 这是最常用的免疫接种方法。根据疫苗注入的组织部位不同,注射法又分皮下注射和肌内注射。本法多用于灭活疫苗(包括亚单位苗)和某些弱毒疫苗的接种。

(1)皮下注射 一般在颈背皮下注射接种,用左手拇指和食指将头顶后的皮肤捏起,针头近于水平刺入,按量注入即可。

(2)肌内注射 注射部位有胸肌、腿部肌肉和肩关节附近或尾部两侧。胸肌注射时,应沿胸肌与龙骨平行刺入,避免与胸部垂直刺入而误伤内脏。胸肌注射法适用于较大的禽。

4. **口腔免疫法** 即饮水免疫,常用于预防新城疫、传染性支气管炎以及传染性法氏囊病的弱毒苗的免疫接种。为使饮水免疫法达到应有的效果,必须注意以下几点:

(1)用于饮水免疫的疫苗必须是高效价的。

(2)在饮水免疫前后的24小时不得饮用任何消毒药液。

(3)稀释疫苗用的水最好是蒸馏水,也可用深井水或冷开水,不可使用有漂白粉等消毒剂的自来水。

(4)根据气温、饲料等的不同,免疫前停水2~4小时,夏季最好夜间停水,清晨饮水免疫。

(5)饮水器具必须洁净且数量充足,以保证每只禽都能在短时间内饮到足够的疫苗量。大群免疫要在第二天以同样方法补饮一次。

5. **气雾免疫法** 使用特制的专用气雾喷枪或安装在禽舍内的专用气雾免疫装置,将稀释好的疫苗气化喷洒在高度密集的鸡舍内,使鸡吸入气化疫苗而获得免疫。实施气雾免疫时,应将禽群相对集中,关闭门窗及通风系统。

四、药物预防

对于特禽病的预防,除加强饲养管理、定期消毒、免疫预防接种外,还应根据特禽场疾病发生规律合理使用药物预防疾病,这也是保证特禽健康的重要措施之一。在某些疫病流行季节之前或易发病年龄之前或流行初期应选用安全、价廉、高效的药物加入饲料、饮水或添加剂中进行群体预防和治疗,可以收到明显的效果。如2~7日龄的雏禽,饮水中加入恩诺沙星,可减少沙门氏菌及大肠杆菌病的发生;10日龄后,特禽易发生球虫病,可选用适当的抗球虫药物加以预防。表12-1列示了几种疾病的常用药物供参考。

表12-1　特禽常见疾病防治药物

疾病名称	参考药物
白　痢	恩诺沙星、甲砜霉素、氟苯尼考、硫酸新霉素、土霉素等
球虫病	磺速治、球必清、百球清、青霉素、球痢灵等
传染性法氏囊病	高免卵黄抗体、肾肿解毒药等
大肠杆菌病	泰乐菌素、强力霉素二者混合饮水使用,或者环丙沙星、黄连素、氟哌酸、土霉素、恩诺沙星、先锋霉素、庆大霉素、氨苄青霉素等
禽霍乱	土霉素、金霉素等
传染性鼻炎	链霉素、泰农、庆大霉素、红霉素、利高霉素、枝原净等
慢性呼吸道病	支原净、泰乐菌素、速百治、恩诺沙星、先锋霉素等
传染性支气管炎	可试用喉毒灵、肾肿解毒药等
传染性喉气管炎	可试用禽感康、通喉散、喉毒灵等

第十三章
特禽场的选址布局和废弃物处理

第一节　特禽场的选址布局

一、特禽场的选址

　　场址的选择是养殖业中极为关键的一个环节。首先应考虑当地土地利用发展规划和村镇建设发展规划，其次应符合兽医防疫和环境保护要求，并通过畜禽场建设环境影响评价，在水资源保护、旅游区、自然保护区等绝不能投资建场，以免建成后的拆迁造成各种资源浪费。这是由于特禽场既是一个不能受其他污染源影响的场所，但其本身所产生的粪便、污水、废气又是一个污染源，若不能正确处理，则对周围的环境有一定的影响，因此，在选择场址时必须兼顾这些方面。只有在满足规划和环保要求后，才能综合考虑拟建场地的自然条件(包括地势、地形、土质、水源、气候条件等)、社会条件(包括水、电、交通等)和卫生防疫条件，确定建场地址。

（一）自然条件

1. **地势、地形** 地势是指场地的高低起伏状况；地形是指场地的形状范围以及地物(山岭、河流、道路、树林、草地、居民点等)的相对平面位置状况。特禽场场地应选在地势较高、干燥平坦、排水良好、背风向阳的地方。在平原地区，场址一般应选在较周围稍高的地方，以利于排水、防潮。切忌在低洼潮湿的地方建场，因为潮湿的环境易助长病原微生物滋生繁殖，禽群易发生疫病。如果场址地势低洼，大雨后积水不易排除，容易造成舍外积水向舍内粪沟倒灌，或粪池的粪水向外四溢。同时，地下水位要低，以低于建筑物地基深度 1 米以下为宜；在靠近河流湖泊的地区，场地要选择在较高的地方，应比当地水文资料中最高水位高 1~2 米，以防涨水时被水淹没；山区或丘陵地带建场应选在稍平的缓坡上，坡面向阳，禽场总坡度不超过 25%，建筑区坡度应在 2.0% 以下，否则会因坡度大而加大施工土石方量，增加工程投资，建成投产后也会因雨水的不断冲刷使场区坎坷不平，并给场内运输和日常管理造成不便。山区建场还要注意地质构造情况，注意断层、易滑坡和塌方的地段，同时也要避开坡底和谷底以及风口，以免受山洪和暴风雪的袭击。此外，场址的地势要力求方整，以尽量减少线路与管道，做到不占或少占农田。

2. **土壤、地质** 所选场址的土壤应未曾受过污染、透气透水性强、毛细管作用弱、吸湿导热性弱、抗压性强、土质均匀，以沙质土或壤土为宜。这种土壤排水良好，导热性较小，微生物不宜繁殖，合乎卫生要求。混有沙砾和纯沙土的土质，夏季日照反射的热量多，会使禽舍的温度升高，不利于防暑降温；过黏的土质或地下水位过高的地方，下雨后排水能力差，易积水，道路泥泞难行，还极易导致地下管道腐蚀生锈，并常会发生水暖中断或粪水外溢等事故，使生产受到影响。对禽场施工地段的地质情况应充分了解，要收集当地地质的勘察资料,地层的构造状况,如断层、陷落、塌方及地下泥沼地层。对土层的了解也很重要,如裂断崩塌,有回填土的地方,由于土质松紧不均,可能会造成基础下沉房舍倾斜。遇到这样的土层,需要做好加固处理,不便处理的或投资过大的,则应放弃另选。此外,了解拟建附近土质情况,对施工用材也有意义,如沙层可以作为砂浆、垫层的骨料,以便就地取材节省投资。

3. 水源、水质 水源包括地面水、地下水和降水等。特禽场的用水量较多,除特禽饮用外,还有禽舍和用具的消毒洗刷,环境的绿化灌溉,夏季的防暑降温及人员的生活用水等。对水源水质的要求如下:

(1)水量充足 水源的供水量能够满足需要。夏季特禽的饮水量增加,每只成年特禽每昼夜的平均饮水量为 400 ~ 900 毫升,因此特禽场的用水量应以夏季最大耗水量计算。

(2)水质良好 水的外观清新透明,无异味,水中不能含有病原和毒物,符合《无公害食品畜禽饮用水水质标准》NY 5027—2008。水的 pH 值不能过酸或过碱,即 pH 值不能低于 4.6,不能高于 8.2,最适宜范围为 6.5 ~ 7.5 之间。硝酸盐不能超过 30 毫克/升,硫酸盐不能超过 250 毫克/升。尤其是水中最易存在的大肠杆菌含量不能超标。另外,水质与建筑工程施工用水也有关系,主要是与砂浆和钢筋混凝土搅拌用水的质量要求有关。水中的有机质在混凝土凝固过程中发生化学反应,会降低混凝土的强度,腐蚀钢筋,形成对钢混结构的破坏因素。水源水质关系着生产、生活用水和建筑用水,要给予充分的重视。

(3)便于防护 水源不受场内外条件的污染。

(4)饮用方便 水要不通过特殊处理即可使用,取水设备投资较小。

为了防止意外如停电、水泵故障等,场区内应建有贮水设施,其贮水量应能满足全场 1 ~ 2 天的用水量。靠近城镇郊区可考虑使用自来水。

4. **气候因素**　主要指与建筑设计和造成禽场小气候有关的气候气象资料,如气温、风力、风向及灾害性天气的情况。拟建特禽场地区的常年平均气温,绝对最高、最低气温,土壤冻结深度,降雨量与积雪深度,最大风力,常年主导风向,风频率,日照变化等。各地均有建筑热工舍外最高最低的设计规范标准,在特禽舍建筑的热工计算时可以参照使用。气温资料对房舍热工设施均有意义。风向、风力对特禽舍的方位朝向布置、特禽舍排列的距离、次序有意义,主要考虑如何排污、场内各功能区如何布局,对人畜环境卫生及防疫工作有利。

(二)社会经济条件

1. **交通**　特禽的饲料、产品以及其他生产物质等需要大量的运输能力,因此场址要求交通便利,路基坚固,路面平坦,排水性好,雨后不泥泞。但又不能设在交通繁忙的要道和河流旁以减少噪音干扰,也不能设在工厂尤其是重工业厂和化工厂附近以避免污染,最好距要道 2 千米左右,距一般道路 50~100 米。规模较大的饲养场最好单独修筑道路通往交通要道。

2. **电源**　饲料加工、孵化、育雏、照明等都需要电源,特别是停电对孵化的影响很大。因此,电源必须可靠有保证,为严防突然停电,最好有专用或多路电源,并能做到接用方便、经济等。如果供电无保证,特禽场应自备一套发电机,以保证场内供电的稳定性和可靠性。

3. **防疫**　为便于防疫,特禽场应避开村庄、集市、兽医站、屠宰场和其他禽场,其距离视特禽场规模、粪污处理方式和能力、居民区密度、常年主风向等因素而决定,以最大限度地减少干扰和降低污染危害为最终目的,能远离的尽量远离。禁止在规定的自然保护区、生活饮用水水源保护区、风景旅游区等地方建场。

二、特禽场的布局

不管饲养什么品种、什么类型、什么代次的特禽场,在考虑规划布局问题时,都要以有利于防疫、排污和生活为原则。尤其应考虑风向和地势,通过特禽场内各建筑物的合理布局来减少疫病的发生和有效控制疫病。同时还要考虑充分利用地形、原有道路、供水、供电线路及建筑物,各种建筑物须排列整齐、紧凑,在节约土地、满足当前生产需要的同时,做好长远规划,为日后发展留有余地。

(一)特禽场的分区规划

按照建筑物的功能,特禽场可分为管理区、生产区和隔离区三大部分。各区按主导风向、地势高低及水流方向依次排列。如果地势与风向不一致时则以风向为主,因地势而使水的地面径流造成污染的,可用地下沟改变流水方向,避免污染重点禽舍;或者利用侧风避开主风向,将要保护的特禽舍建在安全位置。特禽场分区规划的总体原则是人、禽、污三者以人为先、污为后,风与水以风为主的排列顺序。

1. **生活与管理区** 包括办公室、技术室、供销、财务、车库、门卫、宿舍等,应靠近大门,与生产区隔开,入场处设有消毒设施。外来人员只能在生活与管理区活动,不得进入生产区,这样既有利于防疫,又有利于居住环境卫生。

2. **生产区** 是特禽场布局中的主体,应慎重对待。孵化室应远离特禽舍,最好在特禽场之外单设。特禽场生产区内,从上风方(或高处)至下风向(或低处)按代次应依次安排种禽舍、商品代舍;按特禽的生长期应安排育雏舍、育成舍和成年舍,这样能使育雏舍内有新鲜空气,减少发病机会,避免成年舍排出的污浊空气侵入和病原的感染。按规模大小、饲养批次将特禽群分成若干个饲养小区,区与区之间应有一定的隔离距离,并有合适的隔离设施,如林带、池塘等。饲料加工的仓库应靠近特禽舍,但车间与特禽舍需要有一定的距离,要求在100米以上。

3. **隔离区** 主要包括兽医室、隔离舍以及粪污处理场等,是卫生防疫和环境保护工作的重点,设在生产区下风向地势低处,其隔离更严格,尽量远离特禽舍,与外界接触要有专门的道路相通。

(二)特禽场的总体布局

1. 总体布局的原则

(1)便于隔离消毒,有利于卫生防疫 ①生产区与外界要严格隔离,使外来人员(包括非直接生产人员)、车辆、动物不能随便进入生产区;②各小区间要隔离,要根据不同类型特禽的抵抗力、排污量和经济价值等进行排列,各区间要有较大间隔距离并设置隔离设施;③净道与脏道要分开,两者不能混用。

(2)节约用地 规划设计时在保证特禽舍之间应有的卫生间隔的前提下,各建筑物排列要紧凑,同类型的禽舍尽可能缩短,间距要尽量缩小,以缩短修筑道路、铺设给排水管道和架设供电线路的距离,使饲料、粪便和产品等的运输呈直线往返,减少拐角,便于机械运行,同时也可以节省建筑材料和建场资金。

2. 生产区内的布局

(1)禽舍朝向 禽舍朝向事关采光、保温、通风等环境效果,要根据各个地区的太阳辐射和主导风向两个主要因素加以选择确定,并应注意所在地区的特殊情况,特有的地形、地貌都会形成附近地区不同的自然因素,在确定禽舍朝向时,要加以调整校正。在我国,禽舍应采取南向或稍偏西南或偏东南为宜,利于冬季防寒保温,夏季防暑。

(2)禽舍间距 关系着禽场的占地面积,与防疫、排污、防火的关系也很大。特禽舍间距的大小,根据不同要求与特禽舍高度(室外地坪至檐口的高度用"H"表示)的比值各有不同:排污间距为2H;防火间距为2~3H;日照间距1.5~2H;防疫间距视特禽舍类型的不同而有差别,为3~5H。综合上述几种因素的要求,取3~5H的间距,即可满足防疫、防火、通风、光照、排污等方面的要求。

(3)禽舍栋数和排列 特禽场禽舍的栋数与饲养方式有关,实行两阶段饲养:即育雏育成为一个阶段、成年特禽为一阶段,需建两种禽舍,一般两种禽舍的比例是1:2。三阶段饲养是育雏、育成、成特禽均分舍饲养,三种禽舍的比例一般是1:2:6。

特禽舍的排列应横向成排(东西)、纵向成列(南北),根据场地形状、禽舍的栋数和每栋禽舍的长度,布置为单列、双列或多列式。生产区最好按方形或近似方形布置,尽量避免狭长形布置。

(4)场内道路 分为净道和污道,净道用于生产联系和运送饲料、产品,污道用于运送粪便污物、病死特禽,两者不能相互交叉,净道和污道以草坪、池塘、沟渠或者是果木林带相隔。场内道路应不透水,材料可选择沥青、混凝土、砖、石或焦渣等,路面断面的坡度为1%~3%,道路宽度根据用途和车宽决定,场区主干道宽度应为5~6米,支道宽度有3~4米,相连处宜用弧形使之加宽,转弯处应考虑转弯半径和回车场。道路转弯半径视行车种类而定,一般吉普、三轮货车、小型货车(工具车)的转弯半径为6米;中型货(二轴载重)车的转弯半径为9米;大型化(三轴载重)车和大型客车的转弯半径为12米。特禽场的道路多为末端封闭,需要在道路的尽头设置回车的场地。

与场外相通的道路,至场内的道路末端终止在蛋库、料库及排污区的有关建筑物或建筑设施,绝不能直接与生产区道路相通。

3. 场区绿化 是特禽场规划建设的重要内容,绿化能改善场区的小气候和舍内环境,有利于提高生产率,要结合区与区之间、舍与舍之间的距离、遮阳及防风等需要进行。绿化设计必须注意不影响场区通风和特禽舍的自然通风效果。根据当地实际,种植能美化环境、净化空气的树种和花草,但不宜种植有毒、飞絮的植物。场内空闲地如生活区、禽舍间、生产路两旁可栽植树木,如速生杨、梧桐树等,也可以栽植冬青、小松柏、月季花等,并修剪整齐。特禽场周围可以栽植花椒、枸橘等代替围墙。禽舍两头,有条件的在禽舍近端(净道)设置 10 米左右的防护林带,特别在夏季既利于空气净化,又利于空气降温;在禽舍远端(污道)有必要预留 15 米左右的防护林带,否则纵向通风排出的污浊空气和粉尘会影响附近的庄稼、蔬菜和果树等,从而引起不必要的纠纷。

三、特禽场的隔离

1. 特禽场的场界要划分明确,四周应建有较高的围墙或坚固的防疫沟。在特禽场大门及各区入口处、各圈舍入口处,均应设有相应的消毒设施,如车辆消毒池、足踏消毒槽、喷雾消毒室和更衣间等。场内各区之间,特别是生产区周围应根据条件建立隔离网、隔离墙、防疫沟等隔离设施。

2. 禁止参观者进场,外来车辆未经允许不得进入;所有进入生产区的人员必须更衣、消毒、淋浴,更换好清洁的工作衣帽、鞋方可进入生产区;同时防止生活区、管理区的生活污水和地面水流入生产区。

3. 场内不饲养其他家禽。严禁外来禽蛋、鸟类及其产品进场。

4. 采用全进全出制,一栋禽舍只饲养同一年龄的禽群。

5. 特禽场及禽舍周围应保持良好的环境卫生,经常性地进行清洗和消毒,以减少和杀灭特禽场舍周围的病原微生物。

第二节　特禽场废弃物的处理

特禽场废弃物包括粪便、污水、垫草、病死禽尸体、残渣等。所有的废弃物不能随意弃置,使恶臭远逸,蚊蝇漫飞;也不可弃之于土壤、河道而污染周围环境,酿成公害,必须加以无害化处理和合理利用,达到 GB 18596—2001 的规定。

一、禽粪的处理与利用

禽粪是养禽业产生的主要废弃物,对其科学的处理和利用,是控制特禽场环境卫生、改善卫生防疫条件、减少公害的重要措施,实现变废为宝、化害为利,以获取良好的经济效益和社会效益。

(一)禽粪的异味处理

首先是禽粪的除臭处理,世界各国关于禽粪除臭技术的研究工作,目前可归纳为两类。

第一类是通过合理配制日粮,提高饲料消化率,从而减少粪便的排出量;增加饲料中蛋白质的消化吸收,以减少因氮的排放而产生的氨气。它又可分为三种不同的方法,一是调节特禽饲料中氨基酸的平衡;二是改进饲料的加工工艺或添加蛋白酶等;三是在饲料中加入臭气吸附剂,如蛭石、膨润土等。

第二类是以控制禽粪臭味为主要目的而采取的一些措施,主要有五个方面。一是使用遮蔽剂,即用一种混合型芳香化合物遮蔽粪臭味;二是使用中和剂,它是应用芳香性油与产生臭气的化合物发生化学反应,减少臭气的浓度;三是应用生物除臭剂,其原理是通过饲料中加入某种微生物,利用微生物产生的酶类降解产生臭气的化合物。欧洲各国的研究工作主要集中在筛选产酸菌方面,利用产酸菌进行发酵,降低粪便的酸度,减少氨的挥发。国内也有一些学者,通过选用不同酵母菌与放线菌发酵处理禽粪,使除臭效果达到 85%;使用有效微生物产品(EM 菌),使试验区空气中氨浓度下降了 75% 以上;四是使用吸附剂,如泥炭、沸石等化合物;五是使用化学除臭剂,应用一些具有强氧化作用的化学物质氧化气味物质或添加杀菌剂,减少粪便堆积过程中产气微生物的繁殖,目前常用的有过氧化氢、高锰酸钾、甲醛等。美国俄亥俄大学的研究人员在粪便中加入碱性物质,提高粪便的 pH 值,结果减少了恶臭气体的产生并杀死病原微生物,取得了较好的效果。

(二)禽粪的利用

1. 作肥料　利用土壤的容纳能力,将禽粪直接施于农田,既给土壤提供了丰富的有机质,又通过土壤中微生物发酵,改良了土壤结构,从而提高农作物的产量。但在使用前,应对禽粪进行处理。

(1)高温堆肥　又称腐熟堆肥,其方法是将粪便与其他有机物如作物秸秆、杂草、垃圾等混合堆积进行自然发酵。由于堆内疏松多孔且空气流通,温度容易升高,一般可达 60~70℃,基本可杀死虫卵和病菌;同时也会使杂草种子丧失生存能力,达到禽粪便无害化处理的目的,从而获得优质肥料。

①腐熟堆肥需要的条件:包括空气、温度、水分、碳氮比和 pH 值。

空气条件:初期,需要良好的好气环境,这是好氧菌发酵所必需的条件,可以促进有机物的氨化、硝化过程。腐熟过程完成之后则需要厌氧环境,以减少氨的损失,利于保存肥力。

温度条件:腐熟过程中,肥堆内的温度应按照低—高—低的顺序发展。初期处于中温阶段,温度低于 50℃,肥堆中以中温微生物为主,主要分解水溶性有机物和蛋白质。然后温度逐步提高,进入高温阶段——温度应达到 50~80℃ 并且持续 1 周左右。高温阶段肥堆中微生物纤维素菌,主要分解半纤维素和纤维素。后期肥堆中的温度再次下降至 50℃ 以下,以中温微生物为主,主要进行腐殖化过程。一般通过加大供气和减小供气的办法来控制堆肥温度。

水分条件:堆肥水分含量一定要适当,一般以 50%~60% 为宜,如果堆肥水分含量过低,则会影响微生物的生长;如果堆肥水分含量过高,则会影响堆肥物料的通气率,进而影响好氧微生物对堆肥有机物的充分分解。

适宜的碳氮比:肥堆中适宜的碳氮比为 C:N=26~35:1(比值低于 26:1 会造成氮的损失,高于 35:1 则分解效率低下,腐熟时间延长);畜粪中碳氮比分别为,猪粪 7.14~13.4:1,羊粪 12.3:1,牛粪 21.5:1。多数比例不适宜,因此常常需要在肥堆中加入适量的作物秸秆(麦秸、玉米秸等)以增加碳源。

pH 值:适当的酸碱度是细菌赖以生存的环境,对大多数细菌和原生动物来说,最适 pH 值为 6.5~7.5,细菌大多要求 pH 值为中性或偏碱性。因此,一般认为 pH 值 7.5~8.5 可获得最大堆肥速率。

②腐熟堆肥的制作过程:腐熟堆肥的制作主要是利用自然堆肥和机械堆肥。

自然堆肥,是指在堆肥过程中,依靠自然气流为粪便微生物活动提供氧气而使粪便腐熟。即在堆肥过程中将玉米秸捆或带小孔的竹竿插入粪堆,为粪便中的微生物提供充足氧气,以帮助好氧微生物发酵分解有机物。在一般情况下,经好氧微生物发酵 4~5 天就可使堆肥内温度升高至 60~70℃,2 周即可达粪肥均匀分解,充分腐熟的目的,这种方法适合于少量小规模堆肥。选择干燥结实的地面,周围开排水沟,在肥堆底部埋植通气管 2~3 条(或挖规格为高×宽=13 厘米×13 厘米且相互连通的纵向和横向通气沟 2~3

条,并在连通处竖立粗而长的秸秆,分层铺上禽粪及垫草,并喷洒水调节湿度。肥堆通常呈梯形,堆高 1.8 米左右,表层以泥浆封闭。1~2 天表泥干燥后,拔去竖杆,形成通气道。

机械堆肥,是在堆肥过程中,利用机械为粪便中微生物活动提供氧气而使粪便腐熟。方法之一是定期用推土机等机械翻堆,起到通气的效果,这种方法适合于大规模堆肥,腐熟期较长,夏季约需 1 个月,冬季约需 3 个月。

③腐熟堆肥的质量评价指标:一是看肥料质量,即经过腐熟粪便外观呈暗褐色,质地松软无臭。其成分特点主要是速效氮增加,总氮、磷、钾不应过分减少。二是看卫生指标,即经过腐熟后,有效地抑制苍蝇滋生,堆肥周围没有活蛆、蛹或新羽化的成蝇;蛔虫卵死亡率达 95%~100%;大肠杆菌值控制在 0.01~0.1 以内。

(2)药物处理法　如果农田急等用肥,而用高温堆肥又来不及时,可在粪便中直接加入适量的杀虫药剂,如 20%氨水、50%敌百虫或 40%福尔马林等,都能起到杀菌杀虫卵的作用。另外,在粪便中加入一些化学肥料,如尿素、硝酸铵等,也同样可以达到目的。若在加入药剂后密封 3~5 天再使用,效果则更佳。

2. **生产沼气**　沼气指有机物在厌氧条件下,被沼气微生物分解代谢,最后形成以甲烷和二氧化碳为主的混合气体。沼气无色略带酸味。从热效率来看,每立方米沼气所能利用的热量相当于燃烧 3.03 千克煤所能利用的热量。每千克禽粪产生 0.8~0.9 米³的可燃性气体,可以为生产和生活提供能源。沼气发酵后的沼渣和沼液是农业生产的优质有机肥料和土壤改良剂,沼渣可以作基肥,沼液适宜作追肥用,沼渣也可用于养鱼、栽培食用菌和蚯蚓养殖等。而且在沼气发酵过程中可杀灭 95%以上的病原微生物和寄生虫卵,能有效防止污染,净化环境。

沼气生产需要满足的条件包括:①厌氧的环境:充足的有机物,这使发酵的物质基础。②合适的碳氮比:发酵原料中 C:

N=25∶1为宜,因此制作时应加入一定量的作物秸秆,禽粪与秸秆以2~3∶1的比例。③合适的温度,因为甲烷菌生存的温度范围为8~70℃,35℃时活动性最强,产气速度最快,温度下降则产气速度减慢。④中性环境:以pH值6.5~7.5为宜。⑤发酵菌种:采用阴沟污泥作为发酵菌种时,菌种数量应占总发酵料液的10%~15%;采用沼气池沼渣作为发酵菌种时,菌种数量应占总发酵料液的30%以上。

3. 用作饲料 饲料被特禽采食之后,其营养物质不能完全地被消化利用,有相当一部分作为粪便排出。尤其是禽类因其消化道短、排空速度快,因而消化能力差。如鸡一般只能消化吸收日粮营养成分的30%左右,所以其粪便中所含的营养成分较高。禽粪便所含的营养物质中最有价值的是含氮化合物,除蛋白质外,还以尿酸等形式存在大量的非蛋白氮,粗蛋白质含量可达到27%~33.5%。在蛋白质饲料短缺的今天,开发利用粪便中的氮源,有一定实际意义。

(1)直接饲喂 禽粪与垫草混合直接饲喂。在美国进行的一项试验表明,可用散养禽舍内禽粪混合垫草,直接饲喂奶牛或肉牛。在每100千克饲料中混入粪草23.2千克饲喂奶牛时,其结果与饲喂含豆饼的饲料效果相同。但采用此法时需注意防止垫草中的农药残留和因粪便处理不当而引起的传染病的传播。

(2)干燥法处理禽粪 在生产中,干燥法处理禽粪又分为高温干燥法、塑料大棚搅拌风干法和自然干燥法。高温干燥法是在高温条件下,除去禽粪中的水分,制成干粪,便于营养成分的保存和产品的运输,并能有效杀灭粪中的病原体,防止疾病传播。塑料大棚搅拌风干法是在长45米、宽4.5米的塑料大棚内铺设2条铁轨,上置带有风扇的搅拌机,往复运动。将禽粪平铺在铁轨两侧地面上,在搅拌机的翻转和搅拌下蒸发水分。此法每天可干燥1 500千克禽粪,且成本很低。自然干燥法是在自然条件下风干晾晒至干燥的方法。后两种方法,同样可以长期保存禽粪,但在杀菌效果上,不及高温干燥法彻底。

(3)发酵法处理禽粪(禽粪酸贮)　该方法的原理是在厌氧条件下,粪中乳酸菌和酵母菌以原糖和氨基酸为养料,生长繁殖进行乳酸和乙醇发酵(以乳酸菌发酵为主),由于乳酸的大量增加,原料中腐败菌等杂菌受到抑制,大部分蛋白质被保存下来。当原料中 pH 值小于 4.5 且糖分耗尽时,乳酸菌也大量死亡,以菌体蛋白的形式留在其中。由于发酵过程中除乳酸以外,还有少量酯、醛(如乙醛等)产生,所以发酵后的粪便不仅含有较高的蛋白质等营养素,还具有乳酸、乙酸、醇和醛类的芳香气味,使适口性提高。

酸贮制作时可用塑料袋,是将禽粪等混合料按一定比例装入塑料袋内并踩实,然后密封起来。夏季经 20 天、冬季经 40 天以上才能饲喂。用于酸贮的塑料袋限选聚乙烯无毒塑料,其大小规格可自行确定,厚度以 0.8~1.0 毫米为宜。过厚不经济,过薄易破损。制作粪便酸贮一定要填实,不要残留空气。因此要分批小量装料,层层压实。装完后,须密封好酸贮袋,要扎紧袋口,不留空隙,再行贮藏。存放时以竖放为好,要注意不要损坏酸贮塑料袋,如空气进入,会使粪便腐败发酵变质。

经酸贮处理后的禽粪可用于饲喂牛、羊、猪等家畜,一般可占日粮的 15%,喂羊的试验显示甚至可占日粮的 15%~30%。

(4)青贮法　将禽粪单独或与其他饲料原料一起青贮。例如,用 60% 鲜禽粪、25% 青草或切短的青玉米秸、15% 麦麸混合青贮,经 35 天发酵即可作饲料。饲草与青贮后的禽粪可按 2∶1 的比例喂牛。此方法不仅可防止粗蛋白质过多损失,而且可将非蛋白氮转化为蛋白质;同时,青贮过程中几乎所有的病原微生物被杀灭,可防止疾病的传播。需注意的是,要调整好青粗料与粪的比例,并掌握好含水量,添加富含可溶性糖类的原料,一般将青贮物料水分控制在 40%~70%,保持青贮容器的厌氧环境,便可保证青贮饲料的质量。

（5）**膨化法**　因禽粪便中富含氮、磷等营养元素,通常可通过与常规饲料原料按一定比例送入膨化炉中膨化和烘干,也可作猪、鱼的饲料。

二、死禽的处理

对因烈性传染病而死的特禽必须进行焚烧火化处理,对其他伤病而死的禽可通过毁尸池、深埋或高温分解等进行处理。病死禽及其关联的废弃物品必须严格按照 GB16548—1996 的要求执行。

1. **焚尸炉**　应设在远离生产区的下风向处。应确保焚烧过程的安全与彻底,对焚化过程中产生的灰尘和臭气,须利用除尘除臭装置给予去除,不得对环境造成二次污染。

2. **毁尸池**　应建在远离特禽场的下风方向处。特禽场毁尸池通常建成长方形,长、宽、深分别为 2.5～3.6 米、1.2～1.8 米、1.2～1.48 米。池底及四周应用钢筋混凝土建造或砖砌后抹水泥,并做防渗处理;顶部为预制板,留一入口,做好防水处理。入口处应高出地面 0.6～1.0 米,平时用盖板盖严,池内应形成厌氧环境,避免有臭气散出。池内须加氢氧化钠等杀菌消毒药物,放进尸体时须同时喷洒消毒药液。

3. **深埋处理**　小型特禽场若暂时没有建毁尸池,对并非烈性传染病而死的禽可采用深埋法进行处理。可在远离特禽场的地方挖不小于 2 米的深坑,坑底铺撒 2～5 厘米的生石灰,放入尸体后,再铺撒 2～5 厘米的生石灰,最后用土埋实。

4. **高温分解处理**　规模较大的特禽场或特禽场比较集中的地区,可建立专门的病死禽高温处理设施或处理厂,利用高温高压蒸汽消毒机对病死禽尸体进行处理。

三、污水的处理

特禽场污水主要来自排出的粪污、清洗特禽舍和饲喂设备用水以及生活污水等,每天排放量大,成为环境的污染源,如对其进行合理的处理,既可减少对环境的污染,又可再循环利用,节约用水、节省开支。目前处理污水的方法,一般分为物理、化学、生物处理三类。

(一)物理处理法

物理处理法主要是利用污水中各种物质物理性质不同,采用物理的方法来分离废水中的有机污染物、悬浮物及其他固体物质的过程。主要包括重力沉淀、过滤等方法。

1. **重力沉淀法**　是借助于沉淀池来完成沉淀,即利用污水在沉淀池中的静置时,其不溶性较大颗粒的重力作用,将污水中的固形物沉淀而除去。沉淀池据其水流的方向可分为平流式、竖流式和辐射式。常用的平流式沉淀池其平面呈长方形,废水由一端的进水管流入池中,均匀分布在整个池子里,池底设1%~2%的坡度,前部设一污泥斗,沉淀于池底的污泥用刮泥机刮到污泥斗内。任何一种沉淀池都由水流部分、污泥部分和缓冲层三部分组成。污水在水流部分内流动,悬浮物也在其中进行沉淀分离;沉淀下来的悬浮物暂时聚集在污泥部分,并定期排出;分隔水流部分和污泥部分的便是缓冲层。

2. **过滤法**　是使用格栅(筛)或滤网等各种过滤设备,置于废水通过的渠道中以清除废水中的悬浮物或漂浮物,如羽毛、粪便及杂质的一种方法。

（二）化学处理法

通过向污水中加入化学试剂,利用化学反应来去除废水中溶解性物质或胶体物质的一种方法。常用的方法有混凝法和中和法等。

1. **混凝法**　是向废水中加入混凝剂,在混凝剂的作用下使细小的悬浮颗粒或胶粒聚集成较大的颗粒而沉淀。常用的混凝剂主要有铝盐和铁盐,如硫酸铝、明矾、硫酸亚铁、氯化铁等。

2. **中和法**　是利用酸碱中和反应的原理,向污水中加入酸性或碱性物质,以中和水中的碱性或酸性物质的过程。特禽场废水中含大量有机物,经微生物发酵会产生酸性物质。所以,一般向废水中加入碱性物质即可。

（三）生物处理法

利用微生物的代谢作用来分解废水中有机物,使水质达到净化的一种方法。一般包括生物膜法和活性污泥法。

1. **生物膜法**　生物膜是废水中各种微生物在过滤材料表面大量繁殖形成的一种胶状膜,依靠生物膜上的大量微生物,在氧充足的情况下,氧化废水中的有机物。利用生物膜来处理废水的设备有生物滤池和生物转盘等。

2. **活性污泥法（生物曝气法）**　指污水中加入活性污泥,经混合均匀并曝气,使污水中的有机物被活性污泥吸附和氧化的一种废水处理方法。所谓活性污泥,是含有机物的污水经连续通入空气后,其中好氧微生物大量繁殖,所形成的充满微生物的絮状物,这种污泥样絮状物具有吸附和氧化污水中有机物的能力。

（四）污水的综合处理与利用

按照生态学原理处理和利用废水,是一种行之有效的方法。

如在特禽生产实践中,处理粪水或污水的方法,一般先经物理处理,再进行生物处理,然后排放或循环使用。如图 13-1 所示,使之得到最大的经济效益、社会效益和生态效益。

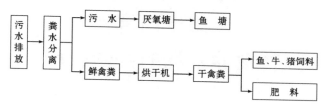

图 13-1　特禽场废水的处理流程

······· 第十四章 ·······

特禽养殖场的经营管理

近年来,我国特禽养殖业发展迅速,规模不断壮大,很多地方已经成为当地农民发家致富的首选项目,甚至一些刚毕业的大学生和有意创业的年轻人,也将特禽养殖作为自己创业的起点。但面对日益激烈的市场竞争,特禽场的经营管理的作用越来越大,它与遗传育种、营养与饲料、环境工程及疾病防治构成了特禽养殖的五大支柱,而且其他四项技术措施执行的好坏也直接受经营管理的制约。因此,特禽场的经营管理尤为重要。

一、特禽场的经营模式

(一)养殖—销售模式

目前,养殖户或养殖企业不论规模大小,多是自繁自养。这种模式资源浪费大,产品附加值低,养殖产品没有主动权,受经销商制约。同时产品单一,一般只有 1~2 个品种,而市场的需求是多样的,难以满足需求,与其供销关系也很脆弱,容易造成客户资源流失。另外一个最重要的经济收入渠道,即申报政府扶持资金项目,如果仅凭如此单一的经营模式,能够享受到政府扶持的项目资金也很有限。

(二)连锁经营模式

连锁经营是国际上企业经营成功率高的一种现代模式,特养连锁经营是将包括特养类加工生产的商标、产品、技术专利和经营模式作为资本而进行的合约式操作方式。

特禽养殖业的高产高效为发展特禽养殖连锁经营提供了广阔的市场前景。国内一批经营有方的特禽企业和初投资者,利用连锁经营的方式开拓特禽市场,以期获得更好的经济效益。由于特养连锁经营的特许人拥有知名品牌和计划管理能力但缺乏扩张资金,加盟者拥有资金但缺乏养殖加工、经营管理经验,双方在互利的基础上可以取长补短。因此,特养连锁经营作为一种新的融资手段和合作方式,有利于增加特禽行业的投资机会。

山东曹县野味食品有限公司曾率先在我国特禽界推出了鹧鸪养殖连锁经营模式,在全国推出了"加盟王泽铺,迈向成功路"的系列宣传,并在湖北、江苏、河南、山东、安徽等省市建起了十几家连锁分公司,利用强大的服务体系和科技实力为连锁加盟者提供统一供种、统一收购、统一培训等服务,改变了以往各自为战、管理混乱的经营状况,减少了养殖加盟者的创业风险。

(三)产业化经营模式

分散养殖、独立经营的格局难以形成产、供、销一条龙,科、工、贸一体化的产业链,无法与千变万化的大市场对接,最终导致三难:即引种难、商品销售难、技术服务难,增大了特禽养殖业品种、技术、市场的三大风险。只有实施特禽养殖的产业化,采用高新技术才能实现特禽的标准化生产,标准化的产品才能在市场上获得高的经济效益。当前,特禽养殖经营的模式正向产业化生产经营方向发展,涌现出如"公司+农户"、"公司+基地+农户"、"公司+合作社+农户"等多种形式的产业化经营模式,增强了特禽业抵御市场风险的能力,实现了生产、加工、销售规模化、产业化的生产经营。

(四)专业合作社经营模式

这是近几年新兴的一种特禽养殖与市场运作紧密结合的模式。如上海红艳山鸡孵化专业合作社,是以上海卫季珍禽场为基地、联合65户社员组建成立的集山鸡养殖、孵化、销售为一体的专业合作社。经多年发展,目前合作社的养殖规模已达到种山鸡近7万羽,带动周边农户155户,并以"申鸿"品牌每年销售各类商品山鸡(苗)400余万羽,年产值达2000余万元。

(五)原生态放养与新型营销模式

该模式典型案例如江苏省南京中顺君生态农业有限公司。该公司位于素有"南京绿肺、江北明珠"之称的南京浦口区老山林场。企业与中国贵妃鸡繁育研究中心合作,聘请专家作为其技术后盾,集10多年的珍禽贵妃鸡生态养殖经验,强调原生态,注重优越的养殖环境是其不懈追求。企业拥有的133公顷老山森林养殖场成了贵妃鸡的天然运动场,其品牌老山帽子贵妃鸡生长在古木参天、秀竹林立的森林中,吃的是天然野草、野生昆虫,喝的是山泉、雨露,因贵妃鸡活动范围大,体格健壮,瘦肉率高,含脂率低,集生态、健康、绿色于一身,深得客户信赖,年销售贵妃鸡10万只、贵妃鸡蛋50万枚。

(六)生态观光园区或农庄模式

珍禽生态农庄是一种以珍禽养殖、休闲娱乐、旅游观光和新型农业循环经济(包括部分种植)为一体的综合性生态休闲庄园。它拓展了农业发展的新空间,开辟了旅游业发展的新领域,紧跟时代步伐,满足了现代人们的需求。现代社会,人们渴望能在优美的环境中放松、休闲。于是,回归田野、自然的观光农业就成为人们最好的选择,吃农家饭、住农家屋、做农家活、看农家景成了新的热点,生态观光农业应运而生,全国各地农业生态观光园区或农业庄园建设方兴未艾。这些园区主要是以发展特色养殖、种植园为最主要的经营项目,养殖和种植品种力求做到新、奇、特,其中养殖品种多是珍禽异兽。人们在生态观光园内不但可吃到各种山珍野味,品尝到珍奇水果、蔬菜,还能看到各种动物表演,同时还能烧烤、垂钓、采果、制作栩栩如生的标本,使农产品在各种休闲、参与的项目中就地消费,利润和效益是普通种养业的 5~10 倍。

　　牧乐生产型珍禽农庄是以各类野味珍禽养殖生产经营为基础,根据市场需求进行创新的一种新模式农庄。例如,根据当地消费观念需求,饲养一些贵妃鸡、珍珠鸡、元宝鸡、七彩山鸡、孔雀等极具观赏性野味产品,农庄以特色珍禽养殖项目来发展生产、餐饮、娱乐等项目,让人与珍禽野味近距离接触,将生产、休闲、消费融合在一起,使产品就地消化升值。此种农庄经济适合各类投资者,投资小,见效快。投资资金在 10 万元左右,年利润 30 万元以上。

(七)深加工为主的规模化生产与销售模式

　　畜禽产品加工后以成品或半成品进入市场,这在发达国家所占的比例多在 50% 以上,但在我国,畜禽产品深加工的整体比例在 10% 以下,相比之下我国蛋品的加工更少得可怜,仅百分之几。而湖北神丹健康食品有限公司在蛋品深加工上走在全国前列,特别是在特禽鹌鹑蛋的深加工领域更是做出了特色,走出了一条崭新的道路。

　　我国是世界第一鹌鹑养殖大国,鹌鹑蛋产量占世界总产量的 20% 左右。湖北神丹健康食品有限公司是以鹌鹑蛋制品生产为主,融饲料加工、种禽饲养服务于一体的农业产业化国家级重点龙头企业,高新技术企业。公司主导产品有皮蛋、咸蛋、茶香蛋等传统蛋制品,近年开发了保洁蛋、蛋肠、蛋干、水煮蛋等产品,填补了行业和国内市场空白,品种、数量居行业第一。公司拥有国内最先进的皮蛋、咸蛋恒温腌制车间和出口蛋品加工车间,拥有世界最先进的保洁鸡蛋生产线和鸡蛋、鹌鹑蛋煮蛋剥壳生产线。

(八)产业化外向型出口模式

该模式的显著特点是全程高度产业化和标准化,瞄准的目标是出口为主,兼顾内销。广东省广州良田鸽业有限公司是最典型的一个企业。该公司创办于 1999 年,特聘我国养鸽行业权威陈益填研究员为企业首席专家,与广东省家禽科学研究所、华南农业大学、广东科贸学院形成了紧密的产学研结合联盟,在不到 5 年的时间,发展成为一个集肉鸽品种选育、良种配套、生产销售、育肥出口、屠宰加工、原料供应、技术服务及有机肥生产等环节于一体的鸽业产业化示范基地,成为国内鸽业最大规模、最现代化的农业产业化龙头企业,以及国内最大的乳鸽出口基地。现存栏种鸽 8.5 万对,年产优质良田乳鸽 170 万只,乳鸽年出口量达 250 万只,创汇 300 万~400 万美元。并配套有一现代化的屠宰加工厂,引进了一条日产 2 万只的自动化屠宰生产线及配套三个大型冷库,年可屠宰乳鸽 500 万只,加工乳鸽产品 200 万只。2014 年,公司带动农户超过 2 100 户,每个农户平均收入 3 万多元,养鸽存栏 200 多万对,年产乳鸽 4 000 多万只,占广州市场上市乳鸽的 60%以上,该公司生产的良田乳鸽出口香港,销量逐年上升,占香港市场乳鸽总量的 40%以上。

(九)产学研结合模式——品种选育研究与直接供种模式

随着特禽养殖业在我国的蓬勃兴起,涉猎此领域的人士及企业越来越多,而从事特禽品种选育、营养需要及疾病防控研究的人士或企业少之又少。随之而来的是品种逐渐退化,长此以往会严重影响特禽业的健康发展。

鉴于此,广东海洋大学家禽育种中心和湛江市晋盛牧业科技有限公司于 2003 年发起成立了"中国贵妃鸡繁育研究中心",通过产学研合作的模式,专门从事特禽贵妃鸡的品种选育、相关饲养标准的研究及新成果的直接推广应用,并先后承担了国家科技部、广东省科技厅、山西省科技厅、广东省农业厅等有关贵妃鸡的品种选育、种质特性研究、营养需要研究、繁育体系的建立等科研课题 12 项,经 13 年专门致力于贵妃鸡领域的探索和研发,终于取得了国际领先水平的研究成果,荣获省部级科技进步奖一等奖 1 项,二等奖 2 项,三等奖 1 项,特别是由于该中心拥有我国对贵妃鸡种质特性和生产性能的系统研究所获得的系列参数和最新成果,使得贵妃鸡于 2011 年被收入《中国畜禽遗传资源志——家禽志》,成为列入该著作的 116 个鸡种之一和 5 个引进品种之一,2014 年又被列为"国家科技基础条件平台建设—特种动物子平台—贵妃鸡保种场"建设项目。贵妃鸡研究首席专家、广东海洋大学杜炳旺教授也被誉为"中国贵妃鸡之父"。

中国贵妃鸡繁育研究中心自 2003 年成立以来,13 年中,已将其选育成功的珍禽贵妃鸡自别雌雄商业配套系及其相关新成果推广到全国 29 个省、直辖市、自治区,每年的推广量达到 150 万~200 万只,遍布全国的大江南北,该中心已成为全国乃至全世界最大规模的贵妃鸡繁育研究基地和供种中心。现在国内许多高校、科研院所、大型企业都将贵妃鸡作为配套生产的育种素材加以应用。

(十)特禽养殖与人类健康饮食有机结合模式

针对特禽所特有的优势,让其不再仅仅局限于原生态养殖这一初级水平,而是满足广大人群进一步提升的对健康饮食和良好生活方式的需求。山东梁山生态与健康产业研究所在珍禽贵妃鸡养殖与研究中,从人们的健康需求出发,采用健康养殖模式进行生态放养,重点从中草药及生物模式取代抗生素的应用模式入手,发展并形成了成熟的生态健康养殖体系。其产品"低脂贵妃鸡"味道独特,低脂无腥,胶原丰富,口感劲道,受到市场的热捧,已成为国内中高端市场非常受欢迎的产品。2014 年被钓鱼台国宾馆选为国宴优质食材,受到中央电视台《回家吃饭》栏目组、北京 301 医院营养学权威赵霖教授的高度评价,还得到英国驻上海领事馆、香港万福创建有限公司相关人士和企业家的普遍认可。该研究所所长孟祥兵博士将人类医学、营养学与特禽养殖实践有机结合起来,进行了卓有成效的探索和尝试。

该模式成功的重要元素不仅在于其有一支强有力的人才队伍——来自全国各地的 60 多位养殖领域、医学领域、营养领域的博士和专家创新研发团队,而且在于其针对不同市场需求进行专项研发对接,即针对当地消费者需求特点专门规划设计养殖方案,做到精细化定制,从而确保了推出的产品特色性更强——营养、健康、安全、高档。

该模式的成功引起了国内特禽养殖领域的关注。健康养殖已形成一个完整的产业链并已循环运转,最终解决全民极度关注的食品安全和饮食健康等问题,实现新型高效的优质农业经济发展模式。

上述列举了特禽养殖业近年来在我国呈现的十种主要养殖经营管理模式,这些模式多是根据各地区、各企业的特点逐渐发展形成的,既不是固定的,更不乏创新独到的模式。不论何种模式,还要在实践中不断总结和完善。

二、特禽场经营管理的内容

目前,我国特禽养殖场不断增多、规模不断扩大,在激烈的市场竞争前提下,如何做好特禽场的经营管理、提高劳动生产率及经济效益、提高养殖场的市场抗风险能力等对于特禽养殖场的长远发展至关重要。

(一)市场的预测和决策

1. **做好市场调查**　无论饲养哪一种特禽,都要以市场为导向,进行广泛的市场调查,对所养特禽的市场需求状况、市场分布特点、市场发展前景及市场波动幅度等都要有全面的把握,然后再决定取舍,千万不可只关心饲养而忽视销售,只看到市场利润的丰厚,却不见市场需求的变化。

市场调查的内容包括:市场需求产品的类型、规格、数量和价格的调查,消费者调查,产品调查,销售渠道调查,竞争形势调查等。调查的方法有询问法、观察法和实验调查法。所谓询问法就是直接向被调查者提出问题,收集所需要的资料,种禽场可以向下面的用户发出问卷,将信息反馈回来;观察法,即调查人员实地观察被调查者的行为和现场事实,如直接到批发市场调查产品的价格和供应情况等;实验调查法,即通过展销、试销等实验性市场的办法,了解消费者的需求和市场动向,以避免特禽生产的盲目性。除了报纸、杂志、广播、电视等能够获得有效的信息外,随着计算机的普及,互联网已成为获得有用信息的重要途径。

2. **加强市场预测**　市场预测是对特禽市场形势和运行状态进行分析,揭示市场的景气状态,分析其周期波动规律,以及当前和未来周期波动的走向,揭示供求变动而导致价格的波动,分析价格的变动趋向,为特禽场经营决策和计划提供重要依据。

由于特禽生产的周期相对较长,尤其是种禽先期投入较大,从开始饲养到产蛋(上市)一般要 6 个月以上的时间,而且一旦开始饲养,就要不断地投入,一天都不能间断,直到被淘汰。这种生产周期长的特点和市场的不规范要求必须能够较准确预测市场需求的变化,更要做好市场预测,根据市场未来的需求确定企业的规模、品种。

市场预测的内容主要包括:市场需求的产品类型、销售量、产品寿命周期、市场占有率等,可进行短期和长期预测。一般在开始引种或新上项目之前要进行长期预测,而决定是否要淘汰时进行短期预测就足够了。

3. **决策** 决策是对特禽场的建场方针、经营方向、经营目标以及实现目标的重大措施等做出选择和决定。要做到正确的决策,通常要在市场调查和市场预测的基础上采取定性分析和定量分析相结合的方法,按照如下步骤实施,即明确所要决策的内容,规定决策目标;集思广益,制定可行性方案;分析评估,选定最佳方案;执行方案,进行跟踪检查。同时还必须注意决策的整体性、经济性、有效性、创造性和民主性等基本要求,防止决策失误。

(1)经营方向的决策 特禽生产首先要决定养什么品种。而决策的依据是资金情况、技术实力、当地或要进入的市场需求产品类型等。饲养种禽需要的资金较多,技术水平要求较高,而且代次越高,对资金和技术力量的需求越高。

此外,还必须对是否配套建立饲料厂、孵化厂、屠宰加工厂等做出决策。有些特禽场采用一条龙生产,而有些特禽场只饲养,其他配套工作由社会提供。

(2)生产规模的决策 特禽场的规模应在商品经济意识和市场观念的指导下,全面衡量资金、技术力量、设备、劳力及市场等各要素的客观实际情况,即不宜规模太小,也不宜规模过大。适宜生产规模的确定,主要决定于投入产出效果和固定资金的利用效果。

只有具有一定的生产规模才能产生规模效益,从而降低生产成本,才能经营有利。但是如果不考虑自身经济实力和技术力量而盲目求大,或主要资金来源为银行贷款时,不但不能形成规模效益,而且可能被银行利息压垮。

(3)饲养方式方法的决策　应当根据特禽的品种类型、当地气候条件、管理水平、劳动力水平、资金等情况综合考虑。

密闭式禽舍可以人为地给特禽创造良好的生长环境,满足不同生长阶段特禽对温度、湿度、光照、通风等条件的需求,有利于发挥特禽的生产性能,管理方便。但是投资大、耗能多,并需备用发电设备。开放式或半开禽舍受自然环境左右,特禽的生产性能不能充分发挥出来,且表现极大的不稳定。但是投资少,节省能源,资金效率高。

(二)特禽场的计划管理

特禽养殖场的计划管理包括种群周转计划、生产计划、饲料计划等。

1. 种群周转计划　种群周转计划反应特禽场在一定时期内种群的变化情况,它是制定其他计划的依据。生产过程中,由于繁殖、生长、购入、出售、淘汰等原因,种群结构经常发生变动,为了有计划地控制种群的增减变化,保证完成生产计划任务,必须编制周转计划。一般根据计划年初种群结构、本年生产任务和扩大再生产的要求,确定年末的种群结构;根据种群交配计划,确定计划年内繁殖幼雏只数;根据成禽可使用年限及体质状况,确定各组的淘汰或出售只数,然后按照种群的转组关系,编制种群周转计划。

编制种群周转计划时,还应考虑以下因素:根据成禽舍的数量和市场行情确定本年度饲养的种群数量,安排好种群之间的间隔;每种群的饲养数量还要考虑公禽的数量;参考本场的生产水平,确定育雏、育成及产蛋期的死淘率;各饲养阶段的时间;禽舍清理、消毒及空闲时间等。

2. **产品生产计划** 特禽产品生产计划是养殖单位对所提供的肉、蛋等特禽产品生产的计划。编制产品生产计划应根据禽群周转计划中提供的禽群数量、日龄,参考饲养手册中该日龄的产蛋率、种蛋合格率、种蛋受精率、死淘率等指标,还要特别注意不同产品的生产规律。

3. **饲料计划** 包括饲料需要量计划和饲料平衡计划两部分。编制饲料需要量计划的依据是根据种群周转计划和各日龄阶段每只特禽的饲料消耗量,计算每周和全年各禽群的饲料用量。饲料计划要将各种饲料的数量分别列出,因为各种饲料的价格不同,制定财务计划时需要这些数据。另外,要在计算的基础上增加5%左右的保险系数。节假日要制定短期的饲料需求计划,提供给饲料厂。尤其是需要从饲料公司购买饲料的养殖场,放假前一定要储备足够的饲料。

编制饲料平衡计划,是为了检查饲料余缺情况。饲料供需平衡包括两部分,一部分是各种饲料总量的供需平衡,一部分是动物性饲料与植物性饲料、青绿饲料与粗饲料供需平衡。

4. **其他计划** 除了上述基本计划外,还应制订销售计划、财务计划、维修计划、设备更新计划、教育培训计划等。其中财务计划更为重要,整个特禽场的经营活动最终要以货币的形式表现出来,反映到财务的收支情况上。养殖场的盈亏最终通过财务决算来体现。

(三)劳动管理

劳动管理是养殖场在生产经营中对劳动力、技术人员和管理人员所进行的一系列组织和管理工作。要求充分有效地利用劳动力和技术人员,提高劳动力和科技人员的利用率,同时提高劳动生产率和经济效益。

1. **人员管理** 搞好特禽场的经营管理首先要做好对员工的管理工作,合理利用人力资源,充分调动劳动者的积极性,才能使养殖企业生产得以持续稳定发展。加强人员管理应注意做好以下工作:定期进行技术培训,不断提高人员的技术与管理水平;实行按劳取酬和绩效工资相结合措施,调动其工作积极性。

2. **劳动定额管理和岗位经济责任制** 实行劳动定额和岗位经济责任制的目的是充分发挥人的积极性,提高生产效率,用一定的劳动消耗取得最佳的经济效益。主要任务是明确各部门、各岗位人员的目标责任,并和经济利益挂钩,真正实现多劳多得。

劳动定额的形式主要有饲养定额和产量定额两种。饲养定额通常是指一个中等劳动力在一定的生产条件下,按一定的质量要求,在单位时间内饲养和管理的特禽数量。特禽种类、性别、年龄不同,对于技术及管理条件的要求不同,其饲养定额也不一样。产量定额是指单位劳动时间内应生产出来的产品数量。由于特禽养殖场生产要通过饲养各种特禽才能获得相应产品,因此,饲养定额可作为特禽养殖业中最基本的劳动定额。

岗位经济责任制是养殖企业实现制度化、规范化管理的基础。管理的重点是对工作岗位的设计上,并确定各岗位的职责范围、具体要求和奖惩措施,通过岗位经济责任制对企业员工进行约束。

养殖企业由于饲养动物种类不同,其工作岗位的设计各不相同。应根据养殖场的实际情况,特别是要根据整个生产经营过程中各生产经营环节的构成情况和实际需要,科学合理地确定工作岗位。保证各岗位既能紧密衔接,又能明确界定,便于各种规章制度的建立。

(四)成本核算

成本核算是财务管理的一部分,可以反映和监督养殖场的各项生产费用,计算各种产品的实际总成本和单位成本,这对于特禽场制定销售价格、降低成本、提高产品竞争力、节约资金增加盈利、促进生产发展有重要意义。

成本核算包括直接成本和间接成本。直接成本如饲料费、工资及福利、疫苗药品、引种费、水电费、交通费、燃料费、接待费、广告费、低值易耗品等。间接成本如管理费、共同生产费、固定资产折旧、设备费等。总成本还可以分为固定成本和可变成本。固定成本总量在一定时期内和特禽场的生产量关系不大,如固定资产折旧费、银行利息、正式职工工资、定期维修费用等,单位产品固定成本比例随产量的增加而减少。可变成本是指在一定时期内因产出的变动而变动的费用,主要包括饲料费、疫苗药品费、可变维修费、临时工工资、水电费、交通费、引种费、销售费用等,单位产品的可变成本一般变化很小。

对于特禽场来说,要降低成本可重点在以下三个方面挖掘潜力:

一是降低固定资产折旧费用。在小型养殖场的经营中,畜舍折旧费用占据很大的比例,常用的铁皮房、砖瓦房、钢筋混凝土房虽然安全耐用,但需要的折旧费用也很大,过多的资金投入对资金有限的小型养殖户来说也是一个不小的负担。

二是提高饲料利用效率。饲料是养殖业的支出重点之一,可占总成本的一半以上,特禽场在选择饲料时,应充分考虑:①尽量选择配合饲料,能够保证特禽的营养需要;②选择质量有保证的饲料品牌,最好是同行使用过并反映效果良好的。

三是加强防疫,避免病灾。随着养殖规模的扩大,特禽的疾病种类不断增加,病原的耐药性和防治费用也明显提高。可通过以下途径减少防病成本:做好日常消毒工作,根据所处地区及本场近年来的疫病流行情况,制定防疫程序,降低特禽死亡率,提高成活率。

（五）营销策略

1. **包装策略**　对于特禽类产品来说,精美的包装往往能刺激消费者的购买欲望。包装策略主要有类似包装、等级包装、附品包装策略。

2. **定价策略**

（1）**折扣定价策略**　卖方在正常价格的基础上,给予买主一定的价格优惠,以鼓励买主购买更多本场的产品。可以通过数量折扣、现金折扣、商业职能折扣等方式,将客户大量购买时养殖场所节约的销售费用的一部分转让给客户。

（2）**心理定价策略**　根据顾客在购买商品时接受价格的心理状态来制定价格的策略,如尾数定价、声望定价、习惯定价、招徕定价等。

3. **促销策略**　养殖场通过人员和非人员的推销方式,向广大客户介绍产品,促使客户产生购买兴趣,继而进行购买的活动。积极宣传开拓市场,重视网络营销,扩大销售渠道,通过超市、酒家、宾馆、农家乐、农贸市场、专卖店、旅游景点、企事业单位等增加销售量。

参考文献

［1］杨宁．家禽生产学[M]．北京:中国农业出版社,2010.

［2］王宝维．特禽生产学[M]．北京:科学出版社,2013.

［3］王宝维．特禽生产学[M]．北京:中国农业出版社,2004.

［4］余四九．特种经济动物生产学[M]．北京:中国农业出版社,2010.

［5］国家畜禽遗传资源委员会．中国畜禽遗传资源志——特种畜禽志[M]．北京:中国农业出版社,2012.

［6］国家畜禽遗传资源委员会．中国畜禽遗传资源志——家禽志[M]．北京:中国农业出版社,2011.

［7］蔡兴芳．特禽高效饲养[M]．贵阳:贵州科技出版社,2011.

［8］李昂．珍禽健康养殖技术[M]．福州:福建科技出版社,2011.

［9］谢金防,谢明贵．新编药用乌鸡饲养技术[M]．北京:金盾出版社,2009.

［10］白庆玉,白秀娟．特种经济鸟类养殖技术[M]．广州:广东经济出版社,1999.

［11］谷长勤．实用珍禽疾病诊疗新技术[M]．北京:中国农

业出版社,2006.

［12］李房全,谢金防．药用乌鸡饲养技术［M］．北京：金盾出版社,1992.

［13］席克奇,曲祖一．鸡病鉴别诊断与防治［M］．北京：科学技术文献出版社,2005.

［14］陈俊杰,张翼．我国特禽业发展要实施品牌化战略［N］．中国畜牧兽医报,2011.10.21.

［15］杜炳旺．畜牧兽医法规［M］．广东海洋大学.2014.

［16］杜炳旺,曹宁贤,王效京,等．中国珍禽贵妃鸡商用配套系的独有特性及发展前景［A］．安全优质的家禽生产——第十五次全国家禽学术讨论会论文集［C］．广州：华南理工大学出版社,2011.

三农编辑部新书推荐

书　名	定　价
西葫芦实用栽培技术	16.00
萝卜实用栽培技术	16.00
杏实用栽培技术	15.00
葡萄实用栽培技术	19.00
梨实用栽培技术	21.00
特种昆虫养殖实用技术	29.00
水蛭养殖实用技术	15.00
特禽养殖实用技术	36.00
牛蛙养殖实用技术	15.00
泥鳅养殖实用技术	19.00
设施蔬菜高效栽培与安全施肥	32.00
设施果树高效栽培与安全施肥	29.00
特色经济作物栽培与加工	26.00
砂糖橘实用栽培技术	28.00
黄瓜实用栽培技术	15.00
西瓜实用栽培技术	18.00
怎样当好猪场场长	26.00
林下养蜂技术	25.00
獭兔科学养殖技术	22.00
怎样当好猪场饲养员	18.00
毛兔科学养殖技术	24.00
肉兔科学养殖技术	26.00
羔羊育肥技术	16.00

三农编辑部即将出版的新书

序　号	书　名
1	提高肉鸡养殖效益关键技术
2	提高母猪繁殖率实用技术
3	种草养肉牛实用技术问答
4	怎样当好猪场兽医
5	肉羊养殖创业致富指导
6	肉鸽养殖致富指导
7	果园林地生态养鹅关键技术
8	鸡鸭鹅病中西医防治实用技术
9	毛皮动物疾病防治实用技术
10	天麻实用栽培技术
11	甘草实用栽培技术
12	金银花实用栽培技术
13	黄芪实用栽培技术
14	番茄栽培新技术
15	甜瓜栽培新技术
16	魔芋栽培与加工利用
17	香菇优质生产技术
18	茄子栽培新技术
19	蔬菜栽培关键技术与经验
20	李高产栽培技术
21	枸杞优质丰产栽培
22	草菇优质生产技术
23	山楂优质栽培技术
24	板栗高产栽培技术
25	猕猴桃丰产栽培新技术
26	食用菌菌种生产技术